职业教育课程改革创新规划教材

Java 程序设计案例教程

胡浩翔　郑冰洋　主　编

电子工业出版社.
Publishing House of Electronics Industry
北京·BEIJING

内 容 简 介

本书讲解了 Java 语言的基本知识及程序设计的基本方法，读者通过阅读本书可以掌握面向对象程序设计的基本概念，从而获得利用 Java 语言进行程序设计的能力，为将来从事软件开发，特别是 Web 应用程序开发打下良好的基础。全书共 11 章，从内容上可以理解为三个部分：第一部分为第 1 章至第 2 章，介绍 Java 程序设计的基础知识，包括 Java 语言概述、Java 基本语法与流程控制；第二部分为第 3 章至第 8 章，介绍 Java 的基本方法与技术，这是 Java 的核心与特色内容，具体包括 Java 面向对象、Java 异常处理、Java 数组、Java 常用数、Java 容器及 Java 输入与输出；第三部分为第 9 章至第 11 章，介绍 Java 的实际应用，包括多线程、网络编程及 GUI 编程。

本书既可供职业教育计算机相关专业的师生使用，也可供从事程序设计的相关人员参考。

图书在版编目（CIP）数据

Java 程序设计案例教程 / 胡浩翔，郑冰洋主编．—北京：电子工业出版社，2020.2

ISBN 978-7-121-35947-7

Ⅰ．①J… Ⅱ．①胡… ②郑… Ⅲ．①JAVA 语言－程序设计－高等学校－教材 Ⅳ．①TP312

中国版本图书馆 CIP 数据核字（2019）第 014610 号

责任编辑：杨　波　　特约编辑：李云霞
印　　刷：北京捷迅佳彩印刷有限公司
装　　订：北京捷迅佳彩印刷有限公司
出版发行：电子工业出版社
　　　　　北京市海淀区万寿路 173 信箱　邮编　100036
开　　本：787×1 092　1/16　印张：17.75　字数：454.4 千字
版　　次：2020 年 2 月第 1 版
印　　次：2025 年 2 月第 9 次印刷
定　　价：46.00 元

凡所购买电子工业出版社图书有缺损问题，请向购买书店调换。若书店售缺，请与本社发行部联系，联系及邮购电话：（010）88254888，88258888。

质量投诉请发邮件至 zlts@phei.com.cn，盗版侵权举报请发邮件至 dbqq@phei.com.cn。

本书咨询联系方式：（010）88254584，yangbo@phei.com.cn。

前言 | PREFACE

Java 是目前最为流行的编程语言之一。作为一门完全面向对象的语言，它汲取了其他语言的优点。本书是 Java 的入门书籍，涉及的知识有 Java 的基础知识、Java 的基本方法与技术、Java 的实际应用等。本书浅显易懂、突出知识点、强调实用，主要面向 Java 的初学者，帮助其掌握基本 Java 程序的编写。读者通过本书的学习可以掌握 Java 编程的基础，并掌握 Java 技术在实际项目中的应用方法。

在实际的教学过程中，最难的就是选择一本好的教材。它的内容不能太深，太深不适合初学者；它的出版时间不能太久，太久会与实际脱节；它的背景不能太工程化，因为太工程化会由于缺乏环境，而导致读者的学习无法进行。本书从教学实际出发，并依据计算机信息工程技术专业的人才培养目标和培养规格的要求编写而成。本书的编写强调"理论与实践相结合"，具有以下几个特点。

1．每个基本语法都按照"由浅入深、由易到难"的原则，遵循客观的认知规律。本书较大的优点是对每个语法知识点都按照"语法格式→格式解释→执行流程→流程分析"的思路进行剖析，内容概念清晰，学习门槛低，读者容易入门。

2．示例内容的讲解浅显易懂，对于较难的示例先从简单示例予以引入，然后再对知识点进行拆分，使读者更容易掌握。

3．对于 Java 中难以理解的面向对象的思想，书中结合实际应用中内存的运行状态，画出内存图，使读者更加清晰，从而能快速掌握面向对象的思想。

4．本书对知识点进行了拓展，使读者可以增强对该知识点的了解，以达到拓展知识面的效果。

5．本书每章都提供了丰富的实训任务和习题，方便读者及时检验学习效果。

本书共 11 章，内容包括 Java 语言的介绍，Java 语言的基础，标识符、关键字、变量、常量和流程控制语句，Java 面向对象，面向对象的思想、类与对象、多态等，常见异常、数组、常见类、容器、输入/输出、多线程、网络编程、GUI 编程。全部程序开发都可以在 Eclipse 和"命令提示行"中运行。为与程序代码对应，本书变量均为正体。

本书编者均为具有丰富教学经验的一线教师。本书由胡浩翔、郑冰洋任主编，负责编制大纲、核心章节的编写及全书的统稿、审阅；李利如、贺珂任副主编；参加编写的还有朱永强、张雪、郑彭昭、张彩虹。

虽然笔者在写作过程中深思熟虑，多方查阅资料，对于每个知识点和实例都经过仔细揣摩，但由于时间紧、任务重，加之编者水平有限，书中难免存在错漏或不当之处，敬请广大读者批评指正。

没有诸位同事及出版社各位编辑和领导的大力支持，本书进展得不会如此顺利，在此一并表示感谢。

编　者

目录 | CONTENTS

第 1 章

Java 语言概述

Java 是一种面向对象的程序设计语言，使用 Java 语言编写的程序是可以跨平台运行的。从手机 App 到个人计算机，从小型软件到大型服务器，Java 可以在不同操作系统和所有支持它的硬件设备上运行。

通过本章的学习，可以掌握以下内容：

☞ 了解 Java 语言的起源、发展和特性
☞ 了解 Java 语言的应用领域
☞ 掌握 Java 软件的下载、安装与配置
☞ 掌握使用"命令提示符"窗口编译与运行 Java 程序
☞ 掌握使用 Eclipse 编写、运行 Java 程序

1.1 Java 简介

1.1.1 Java 是什么

Java 起源于 Sun 公司，它是 Sun 公司在 1995 年 5 月推出的 Java 程序设计语言和 Java 平台的总称。Java 语言是一种可以撰写跨平台应用软件的面向对象的程序设计语言。Java 具有简单性、面向对象、分布式、健壮性、安全性、平台独立与可移植性、高性能、多线程等特点，使其成为当前最流行的网络编程语言之一。Java 是由 Java 之父詹姆斯·高斯林（James Gosling）博士亲手设计的，并完成了 Java 技术的原始编译器和虚拟机。Java 初始的名字叫 OAK，在 1995 年被重命名为 Java。

Java 语言设计者的思想就是设计一个面向对象、跨平台、易用性强、分布式的高效语言。因此，其被设计为半编译半解释型语言。程序的编译、解释、执行均由 Java 虚拟机（Java Virtual Machine Java，JVM）管理，由于程序执行编译不再依靠本地编译器，因此 Java 语言编写的程序能够做到跨平台运行。Java 语言号称一切均为对象，但是创建对象就意味着耗时、耗内存，为了兼顾效率，其仍旧支持基本的数据类型；同时，为了易用性和健壮性，其丢弃了 C++支持的指针，转而采用一种受限的指针，称为引用，来进行管理，这使语言的易用性更强；另外，Java 抛弃了 C++的多重继承，采用单继承和接口的方式替代复杂的多重继承。

Java 语言编写的程序是经过编译后，转换成 Java 字节码的中间语言。再由 JVM 对字节码进行解释。其间，编译进行一次，而解释在每次运行程序时都会进行。

1.1.2 Java 应用领域

Java 程序可以借助 Java 语言，自由使用现有的硬件和软件系统平台。Java 是独立于任何平台的，而且还可以应用在计算机之外的领域。Java 程序可以在便携式计算机、电视、电话及其他电子设备上运行。如此可见，Java 的用途已经数不胜数，拥有无可比拟的能力，而且节省开发时间和开发费用。其具体应用领域总结如下：

➢ 桌面应用系统开发
➢ 嵌入式系统开发
➢ 电子商务系统开发
➢ 企业级应用开发
➢ 交互式系统开发
➢ 多媒体系统开发
➢ 分布式系统开发
➢ Web 应用系统开发

1.1.3 Java 的版本

常用的 Java 程序分为 Java SE、Java EE 和 Java ME 三个版本，介绍如下：

1. Java SE（Java Platform，Standard Edition）

Java SE 以前称为 J2SE。它允许开发和部署在桌面、服务器、嵌入式环境和实时环境中使用的 Java 应用程序。Java SE 是基础包，但也包含了支持 Java Web 服务开发的类，并为 Java Platform 和 Enterprise Edition（Java EE）奠定基础。

2. Java EE（Java Platform，Enterprise Edition）

Java EE 以前称为 J2EE。企业版本帮助开发和部署可移植、健壮、可伸缩且安全的服务器端 Java 应用程序。Java EE 是在 Java SE 的基础上构建的，它提供 Web 服务、组件模型、管理和通信 API，可以用来实现企业级的面向服务体系结构（Service-Oriented Architecture，SOA）和 Web 2.0 应用程序。

3. Java ME（Java Platform，Micro Edition）

Java ME 以前称为 J2ME。Java ME 为在移动设备和嵌入式设备（如手机、平板电脑、电视机顶盒和打印机）上运行的应用程序提供一个健壮且灵活的环境。Java ME 包括灵活的用户界面、健壮的安全模型、许多内置的网络协议，以及对可以动态下载的联网和离线应用程序的丰富支持。基于 Java ME 规范的应用程序只要编写一次，就可以用于许多设备，而且可以利用每个设备的本机功能。

1.1.4 Java API 文档

Java API 文档提供了很多官方的介绍和类、方法、变量的解释。Java API 涉及所有的方面，如果开发人员对正在使用的类不熟悉，查看类里面的变量或者方法，就可以打开 Java API 文档进行阅读和查看。根据版本的不同，可以选择不同的 API 文档。

1.2 Java 语言的特性

1.2.1 简单

Java 语言的语法与 C 语言和 C++语言很接近，使大多数程序员很容易学习和使用。另外，Java 丢弃了 C++中很少使用的、难理解的特性，如操作符重载、多继承、自动的强制类型转换。特别地，Java 语言不使用指针，并提供了垃圾回收机制，使程序员不必为内存管理而担忧。

1.2.2 面向对象

Java 语言提供类、接口和继承等原语，为了简单起见，只支持类之间的单继承，但支持接口之间的多继承，并支持类与接口之间的实现机制（关键字为 implements）。Java 语言全面支持动态绑定，而 C++语言只对虚函数使用动态绑定。总之，Java 语言是一个面向对象的程序设计语言。

1.2.3 体系结构中立

Java 程序（后缀为.java 的文件）在 Java 平台上被编译为体系结构中立的字节码格式（后缀为.class 的文件），然后可在实现这个 Java 平台的任何系统中运行。这种途径适合于异构的网络环境和软件的分发。

1.2.4 可移植性

这种可移植性来源于体系结构中立性，另外，Java 还严格规定了各个基本数据类型的长度。Java 系统本身也具有很强的可移植性，Java 编译器是用 Java 实现的，Java 的运行环境是用 ANSIC 实现的。

1.2.5 健壮性

Java 的强类型机制、异常处理、废料的自动收集等是 Java 程序健壮性的重要保证。对指针的丢弃是 Java 的明智选择。Java 的安全检查机制使 Java 程序更具健壮性。

1.2.6 安全性

Java 通常适用于网络环境中，为此，Java 提供了一个安全机制以防恶意代码的攻击。Java 语言除具有的许多安全特性外，对通过网络下载的类具有一个安全防范机制（类 ClassLoader），如分配不同的名字空间以防替代本地的同名类、字节代码检查，并提供安全管理机制（类 SecurityManager）。

1.2.7　多线程

在 Java 语言中，线程是一种特殊的对象，它必须由 Thread 类或其子（孙）类来创建。通常有两种方法来创建线程：其一，使用型构为 Thread（Runnable）的构造子类将一个实现了 Runnable 接口的对象包装成一个线程；其二，从 Thread 类派生出子类并重写 run 方法，使用该子类创建的对象即线程。值得注意的是，Thread 类已经实现了 Runnable 接口，因此，任何一个线程均有自己的 run 方法，而 run 方法中包含了线程所要运行的代码。线程的活动由一组方法来控制。Java 语言支持多个线程同时执行，并提供多线程间的同步机制（关键字为 synchronized）。

1.2.8　高性能

与解释型的高级脚本语言相比，Java 的确是高性能的。事实上，Java 的运行速度随着 JIT（Just-In-Time）编译器技术的发展越来越接近于 C++。

1.2.9　动态

Java 语言的设计目标之一是适应动态变化的环境。Java 程序需要的类能够动态地载入运行环境，也可以通过网络来载入所需要的类。这就有利于软件的升级。另外，Java 中的类有一个运行时刻的表示，能进行运行时刻的类型检查。

1.3　搭建 Java 环境

在使用和学习 Java 语言前，首先要搭建 Java 所需要开发和运行的环境。JDK 是 Java 编译和执行所必需的。

1.3.1　JDK 介绍与下载

JDK 是整个 Java 开发的核心，它包括 Java 的运行环境（JVM+Java 系统类库）和 Java 工具。Java 的 JDK 是 Sun 公司的产品，后来 Sun 公司被 Oracle 收购。下面以最新版本的 JDK10 为例，介绍下载 JDK 的方法，具体方法如下：

（1）打开谷歌浏览器或其他浏览器，直接搜索 Oracle，打开 Oracle 主页，如图 1-1 所示。

（2）单击 JDK 下面的 DOWNLOAD 按钮（见图 1-2），跳转到如图 1-3 所示的页面，在默认的情况下 JDK 是不可以直接下载的，需要选择 Accept License Agreement 选项才可以下载。本书中的 Java 讲解都以 Windows 操作系统为例。

图 1-1　Oracle 主页

图 1-2　Downloads 跳转页面

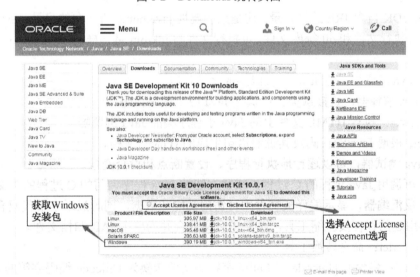

图 1-3　JDK 的下载列表

1.3.2　Windows 系统安装 JDK

1. 运行 JDK 文件

本书以 jdk-8u111-windows-i586_8.0.1110.14 为例，在 JDK 下载完成后，jdk-8u111-windows-i586_8.0.1110.14 是一个.exe 文件，在 Windows 下，.exe 文件是可以直接运行的。

2. 安装 JDK 文件

在安装的过程中，需要安装 Java 运行环境和 Java 的类库等，并且需要选取 2 次文件，但是在选取文件夹时需要注意，最好将 Java 运行环境和 Java 的类库放在同一个文件夹中。具体情况如图 1-4 所示，其中，JDK 文件夹自身所包含的文件和子文件如图 1-5 所示。

图 1-4　JDK 安装路径及子文件夹

图 1-5　JDK 所包含的内容

3．JDK 文件中相应的文件说明

➤ bin：存放 Java 启动命令及其他开发工具命令（如 Javac）。

➤ db：安装 Java DB 的路径。

➤ include：C 语言头文件，支持用 Java 本地接口和 Java 虚拟机接口来实现本机代码编程。

➤ jre：JDK 自含 JRE 的根目录，这是系统属性 java.home 所指向的目录，目录文件如下：

bin：包含执行文件和 dll 等库文件，可执行文件与 jdk/bin 是一样的，本目录不需要被 PATH 所包含。

javac：Java 编译器，将 Java 源代码换成字节代码。

java：Java 解释器，直接从类文件执行 Java 应用程序代码。

appletviewer：执行 HTML 文件上的 Java 小程序类的 Java 浏览器。

javadoc：根据 Java 源代码及其说明语句生成的 HTML 文档。

jdb：Java 调试器，可以逐行地执行程序、设置断点和检查变量。

javah：可调用 Java 过程的 C 过程，或建立能被 Java 程序调用的 C 过程的头文件。

javap：反汇编器，显示编译类文件中可访问功能和数据，同时显示字节代码含义。

jar：多用途的存档及压缩工具，可将多个文件合并为单个 JAR 归档文件。

HtmlConverter：命令转换工具。

native2ascii：将含非 Unicode 或 Latinl 字符的文件转换为 Unicode 编码字符的文件。

serialver：返回 serialverUID。serialver[show] 命令选项 show 用来显示一个简单的界面，输入完整的类名按 Enter 键或"显示"按钮，可显示 serialverUID。

client：包含用 Client 模式的 VM 时需要的 dll 库。

server：包含用 Server 模式的 VM 时需要的 dll 库。

➤ lib：Java 运行环境所使用的核心类库、属性设置和资源文件。

➤ COPYRIGHT：版权。

➤ javafx-src.zip：JavaFX 脚本是一种声明式、静态类型编程语言。

➤ LICENSE：许可证。

➤ README：信息说明。

➤ release：发布版本。

➤ src.zip：Java 所有核心类库的源代码。

➤ THIRDPARTYLICENSEREADME：第三方许可证信息。

➤ THIRDPARTYLICENSEREADME-JAVAFX.txt：JavaFX 的第三方许可证信息。

4．JDK 的参数配置

JDK 安装完成就可以使用了，但是为了方便，需要进行简单的配置，本书中主要以 Windows 7 操作系统为例。

由于 JDK 提供的编译和运行工具是基于命令执行的，所以需要进行环境的配置，也就是将 Java 安装目录下的 bin 文件夹中的可执行文件都添加到系统中，这样可以在任意路径下直接使用 bin 文件的可执行程序了，具体步骤如下：

（1）首先右击"计算机"，在弹出的快捷菜单中选择"属性"选项，在弹出的窗口中单击"高级系统设置"→"环境变量"命令，如图 1-6 所示。

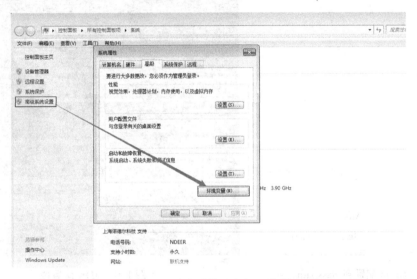

图 1-6　选取系统"高级"选项

（2）在弹出的"环境变量"对话框中，可以设置"Administrator 的用户变量"和"系统变量"，这里编辑"系统变量"，找到 Path。如果安装的是 D:\java01\jdk，则配置如图 1-7 和图 1-8 所示。

图 1-7　"环境变量"对话框　　　　　　　图 1-8　将 bin 配置到 Path

注意：在配置环境中需要前后都用英文状态下的分号隔开。

（3）配置公共的 jre，在 jdk 文件中有专属的 jre，这是 Java 供 Java 编译时内部使用的，所以配置需要公共的 jre。先新建"classpath"，再将 D:\java01\jre\lib 文件书写到变量中，如图 1-9 所示。

注意：在配置环境中需要用英文状态下的分号隔开并且最后用小数点"."结尾，意思表示当前路径。

配置完成后，可使用 DOS 窗口测试是否成功，同时按 Win+R 键，在弹出的"运行"窗口中输入"cmd"后，单击"运行"按钮，将进入 DOS 环境中。在命令提示符后面直接输入"javac"，按 Enter 键，系统就会输出 javac 的帮助信息，如图 1-10 所示。

图 1-9　将 lib 配置到 classpath　　　　　　　　图 1-10　JDK 配置成功

注意：首先在 DOS 中输入 Javas 来测试 JDK 是否安装成功，若没有成功则需要重新安装。Javac 是测试 JDK 是否配置成功，若配置未成功则会出现 javac，但不会出现图 1-10 所示的情况，需要检查安装 bin 文件中的 javac.exe 是否被激活，若未被激活则双击运行一次即可。

1.3.3　Eclipse 开发环境

Eclipse 是一个开放源代码的、基于 Java 的可扩展开发平台。就其本身而言，它只是一个框架和一组服务，用于通过插件组件构建开发环境。Eclipse 附带了一个标准的插件集，包括 Java 开发工具（Java Development Kit，JDK）。Eclipse 最初是由 IBM 公司开发的替代商业软件 Visual Age for Java 的下一代 IDE 开发环境，2001 年 11 月贡献给开源社区，现在它由非营利性软件供应商联盟 Eclipse 基金会（Eclipse Foundation）管理。2003 年，Eclipse 3.0 选择 OSGi 服务平台规范为运行时架构。2007 年 6 月，稳定版 3.3 发布；2008 年 6 月，发布代号为 Ganymede 的 3.4 版；2009 年 6 月，发布代号为 Galileo 的 3.5 版；2010 年 6 月，发布代号为 Helios 的 3.6 版；2011 年 6 月，发布代号为 Indigo 的 3.7 版；2012 年 6 月，发布代号为 Juno 的 4.2 版；2013 年 6 月，发布代号为 Kepler 的 4.3 版；2014 年 6 月，发布代号为 Luna 的 4.4 版；2015 年 6 月，发布代号为 Mars 的 4.5 版。

在 JDK 配置完全后，使用 Eclipse 创建 Java 项目的步骤如下：

● 下载 Eclipse 官方地址：http://www.eclipse.org/downloads/。

● 解压并运行 eclipse.exe。

● 建立工作空间并新建项目。

（1）双击 eclipse.exe 会出现图 1-11 所示的对话框，设置工作空间，并放在 E:\JavaSEWorkSpace
目录下，单击"OK"按钮即可。

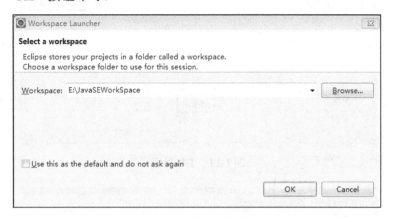

图 1-11　设置工作空间

（2）单击工作区域右上角的"Workbench"链接，进入工作台，如图 1-12 所示。

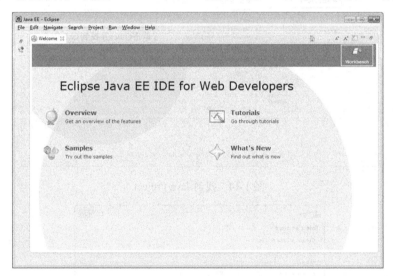

图 1-12　第一次的工作界面

（3）打开工作界面，如图 1-13 所示。

（4）创建一个 java 项目，在弹出的页面中选择"Java Project"，如图 1-14 和图 1-15 所示。

（5）在"Project name"框中填写自己的项目名称，并在"JRE"选择"JavaSE 1.6 或者
JavaSE 1.7"，其他的选项均采用默认值，单击"Finish"按钮，如图 1-16 所示。

（6）右击项目中的"src"包，选择 new→package。填写自己 package 的名称，在相应
的 Package 上右击，新建一个 Class 文件并填写名称，此时就可以开始编写程序了，如图 1-17
所示。

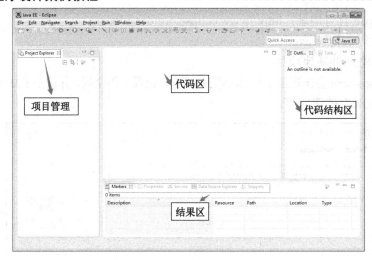

图 1-13　工作界面

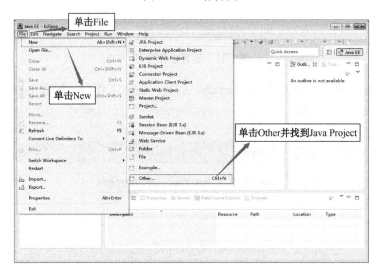

图 1-14　找到 Java Project

图 1-15　选择 Java Project

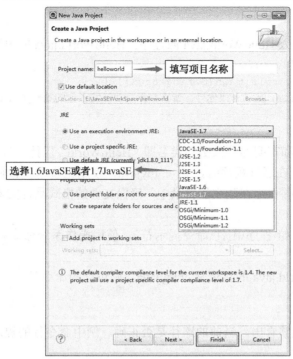

图 1-16　填写项目名称并选择 JRE

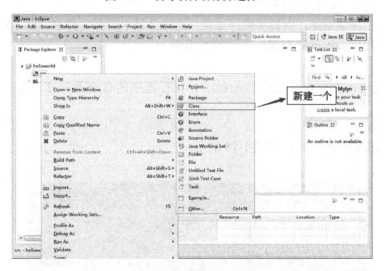

图 1-17　新建一个 Class

Java 的编写不仅可以使用 Eclipse，还可以使用 UltraEdit、EditPlus 和 Jcreator 等。

1.4　第一个小程序

1.4.1　第一个 Java 应用程序

对于书写的第一个程序，选择 Hello World 为例。目前可以选取以下两种方式：

1. JDK+记事本

使用记事本编辑输入 HelloWorld.java 源程序。HelloWorld.java 的内容如下：

```java
public class HelloWorld{
    public static void main(String args[]){
        System.out.println("你好，恭喜！你成功开发了你的第一个Java程序！");
    }
}
```

注意：文件名必须和声明的公共类的类名即"HelloWorld"保持一致，且扩展名为".java"；java 是区分大小写的。在运行程序时，如 e:\myjava，使用记事本编辑输入实验内容中给出的 HelloWorld.java 程序，并保存在建立的目录中。确保文件的格式是纯文本文件，文件的扩展名为".java"。

进入命令窗口（开始\程序\附件\命令提示符），使用操作系统命令将存放 HelloWorld.java 的目录设为当前目录。

假如存放 HelloWorld.java 的目录是 e:\myjava，则可能的命令是：

```
e:
cd myjava
```

从命令行提示符能够看出，当前的路径是否正确。例中命令行的提示应该变成：

```
E:\myjava>
```

编译HelloWorld.java.

输入命令：javac HelloWorld.java

如果没有给出错误信息，则说明编译成功，此时目录中应有文件 HelloWorld.class。如果发生错误，则说明程序输入可能有误，应修改源程序。

执行程序

如果编译成功，则可执行编译好的程序。执行程序的命令是，在命令行状态下输入以下命令：

```
java HelloWorld
```

此时程序运行输出的结果，如图 1-18 所示。

图 1-18　HelloWorld 运行成功

尝试编辑、编译、运行课本上的其他程序，或者自己对 HelloWorld 程序做修改扩展。

2. Eclipse

（1）新建一个 Class，并填写文件的名称为"HelloWorld"，如图 1-19 所示。

图 1-19　新建一个 HelloWorld 的类

（2）在 HelloWorld 的类中进行编写，并运行程序，如图 1-20 所示。

Eclipse 运行可以使用 Ctrl+F11 组合键或单击 ，也可以右击该程序的任意位置弹出快捷菜单，在快捷菜单中选择"run as java application"命令，即可运行。HelloWorld 运行结果如图 1-21 所示。

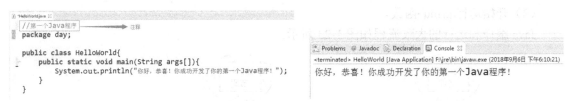

图 1-20　用 Eclipse 编写的 HelloWord　　　　　　图 1-21　HelloWord 运行结果

1.4.2　Java 应用程序开发过程

Java 程序从源文件创建到程序运行要经过以下两个步骤：

1. 源文件由编译器编译成字节码（Byte Code）

编译：在创建完源文件后，程序会先被编译为.class 文件。在 Java 编译一个类时，如果这个类所依赖的类还没有被编译，编译器就会先编译这个被依赖的类，然后引用，否则直接引用。如果 java 编译器在指定目录下找不到该类所依赖的类的.class 文件或者.java 源文件，编译器就会报出"cant find symbol"的错误。编译后的字节码文件格式主要分为两部分：常量池和方法字节码。常量池记录的是代码出现过的所有 token（类名、成员变量名等）以及符号引用（方法引用、成员变量引用等）；方法字节码是类中各个方法的字节码，具体流程如图 1-22 所示。

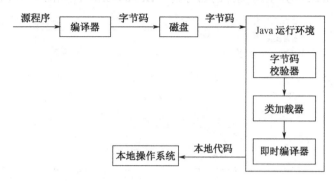

图 1-22　java 编译的流程

2. 字节码由 java 虚拟机解释运行

因为 java 程序既要编译也要经过 JVM 的解释运行，所以 Java 被称为半解释语言（"semi-interpreted" language）。

Java 类运行的过程大概可分为两个，即类的加载和类的执行。需要说明的是：JVM 主要在程序第一次主动使用类时，才会去加载该类。也就是说，JVM 并不是在一开始就把一个程序所有的类都加载到内存中，而是到不得不用时才把它加载进来，且只加载一次。

下面是程序运行的详细步骤，以 HelloWorld 为例：

（1）当编译好 java 程序得到 HelloWorld.class 文件后，在命令行上输入"java HelloWorld"。系统就会启动一个 jvm 进程，jvm 进程从 classpath 路径中找到一个名称为 HelloWorld.class 的二进制文件，将 HelloWorld 的类信息加载到运行时数据区的方法区内，这个过程称为 HelloWorld 类的加载。

（2）然后 JVM 找到 HelloWorld 的主函数入口，开始执行 main 函数。

（3）开始运行 print()函数。

Java 编译和运行的大致流程如图 1-23 所示。

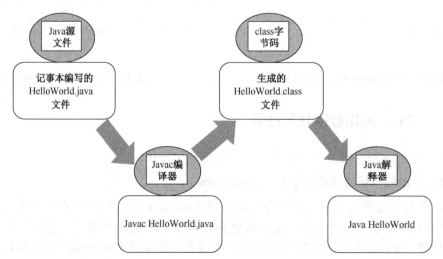

图 1-23　Java 编译和运行的大致流程

小　　结

本章要求读者能够正确认识 JDK 和 JDK 的安装、配置，并能正确在 Eclipse 开发环境中编写、调试、运行一个简单的 Java 程序，还要求能使用记事本正确地书写、编译、运行 Java 程序。但在安装 JDK、编写和运行程序时会出现以下错误：

错误一： 在完成 JDK 安装后，DOS 会出现输入 javac，显示 javac 不是内部或外部命令，也不是可运行的程序或批处理文件的错误提示。

解决办法： 在系统环境变量中配置 JDK 环境，其中包括编译环境和解释环境，例如安装文件目录为 D:\java01，那么需要在系统变量 Ptah 中添加并确定 JDK 的 bin 目录，同时系统变量中额外添加新建环境变量名字 classpath，并将外部 JRE 的 lib 目录加入其中。示例为"D:\java01\jdk\bin;"和"D:\java01\jre\lib;."。注意分号为英文状态下的分号，且"D:\java01\jre\lib;."文件后的小数点不能省略。

错误二： 找不到或无法加载主类 XXX。

解决方法： 造成这个问题的原因是环境变量的配置问题，需要重新配置环境变量。

错误三： 用记事本编写代码，在用 javac 编译时会出现找不到文件的情况。

解决办法： 将记事本的后缀名（.txt）修改为（.java）。

错误四： 用记事本编写代码，在用 javac HelloWorld 编译时出现：公共类 HelloWorld 必须被定义在 HelloWorld.java 文件中。

解决办法： 文件名与 public 类的类名要一致。

错误五： 系统提示 Exception in thread "main" java.Lang.NoClass－DefFoundError。

解决办法： java 对大小写是很敏感的，此时要检查文件名的拼写是否正确。

课 后 练 习

1．简述 Java 语言的特点。

2．在安装 JDK 后，如何配置环境变量？

3．编写一个介绍自己的名片，打印格式如下：

```
姓名：***
学号：***
班级：***
爱好：***、***
```

4．打印三角形，打印格式如下：

```
*********
*******
*****
***
*
```

5．简要说明 Java 程序编译和运行的基本原理。

第 2 章

Java 基本语法与流程控制

在学习 Java 语言中，本章起着重要的作用，Java 基本语法规则与规范是程序员编写代码必不可少的重要能力，而流程控制语句则是表达程序员逻辑思维能力的最基本体现。本章在 Java 中起着承上启下的作用。

通过本章的学习，可以掌握以下内容：

- ☞ 了解 Java 语言中的基本数据类型
- ☞ 了解标识符、关键字并能区分和书写标识符
- ☞ 理解 Java 中的变量与常量
- ☞ 掌握 Java 语言运算符的使用
- ☞ 掌握 Java 语言数据类型的转换
- ☞ 了解 Java 语言中代码注释和编码规范
- ☞ 理解 Java 语言复合语句的使用方法
- ☞ 掌握条件语句
- ☞ 掌握循环语句
- ☞ 了解增强 for 循环
- ☞ 了解引入类库的目的

2.1 数 据 类 型

数据类型在计算机语言中，是对内存位置的一个抽象表达方式，可以理解为针对内存的一种抽象表达方式。在接触各种语言时，都会存在数据类型的认识，有复杂的、简单的，各种数据类型都需要在学习初期去了解，Java 是强类型语言，所以 Java 对于数据类型的规范会相对严格。数据类型是语言的抽象原子概念，可以说是语言中最基本的单元定义，在 Java 中本质上将数据类型分为两种：基本数据类型和引用数据类型。Java 的数据类型结构如图 2-1 所示。

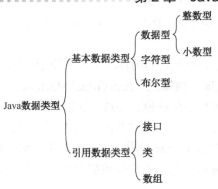

图 2-1　Java 的数据类型结构

2.1.1　基本数据类型

简单数据类型是不能简化的、内置的数据类型，由编程语言本身定义，它表示了真实的数字、字符和整数。简单数据类型见表 2-1。

表 2-1　简单数据类型

数 据 类 型	简 单 类 型	位 数	范 围	封 装 类
整数型	byte	8	−128～127	Byte
	short	16	−32768～32767	Character
	int	32	-2^{31}～$2^{31}-1$	Short
	long	64	-2^{64}～$2^{64}-1$	Integer
小数型	float	32	3.4E−45～1.4E38	Long
	double	64	4.9E−324～1.8E308	Float
字符型	char	16	—	Double
布尔型	boolean	1	true 和 false	Boolean

对于数据类型的基本类型的取值范围，无须强制去记忆，因为它们的值都已经以常量的形式定义在对应的包装类中，例如：

基本类型 byte。二进制位数：Byte.SIZE；最小值：Byte.MIN_VALUE；最大值：Byte.MAX_VALUE。

基本类型 short。二进制位数：Short.SIZE；最小值：Short.MIN_VALUE；最大值：Short.MAX_VALUE。

基本类型 char。二进制位数：Character.SIZE；最小值：Character.MIN_VALUE；最大值：Character.MAX_VALUE。

基本类型 double。二进制位数：Double.SIZE；最小值：Double.MIN_VALUE；最大值：Double.MAX_VALUE。

注意：float、double 两种类型的最小值与 Float.MIN_VALUE、 Double.MIN_VALUE 的值并不相同，实际上 Float.MIN_VALUE 和 Double.MIN_VALUE 分别指的是 float 和 double 类型所能表示的最小正数。也就是说，0 到 ±Float.MIN_VALUE 之间的值 float 类型无法表示，0 到 ±Double.MIN_VALUE 之间的值 double 类型无法表示。这并没有什么好奇怪的，因为这些范围内的数值超出了它们的精度范围。

Float 和 Double 的最小值和最大值都是以科学记数法的形式输出的，结尾的"E+数字"表示 E 之前的数字要乘以 10 的多少倍。例如，3.14E3 就是 $3.14 \times 10^3 = 3140$，3.14E-3 就是 $3.14 \times 10^{-3} = 0.00314$。

Java 基本类型存储在栈中，因此它们的存取速度要快于存储在堆中的对应包装类的实例对象。从 Java 5.0（1.5）开始，Java 虚拟机（JavaVirtual Machine）可以完成基本类型和它们对应包装类之间的自动转换。因此我们在赋值、参数传递以及数学运算时，像使用基本类型一样使用它们的包装类，但这并不意味着可以通过基本类型调用它们的包装类才具有的方法。另外，所有基本类型（包括 void）的包装类都使用了 final 修饰，因此无法继承它们扩展新的类，也无法重写它们的任何方法。基本类型的优势是数据存储相对简单、运算效率比较高。

2.1.2 引用数据类型

Java 语言本身不支持 C++中的结构（struct）或联合（union）数据类型，它的复合数据类型一般都是通过类或接口进行构造的，类提供了捆绑数据和方法的方式，同时可以针对程序外部进行信息隐藏。引用类型是指除基本的变量类型外的所有类型（如通过 class 定义的类型）。所有的类型在内存中都会分配一定的存储空间（形参在使用时也会分配存储空间，方法调用完成后，这块存储空间自动消失），基本的变量类型只有一块存储空间（分配在 stack 中），而引用类型有两块存储空间（一块在 stack 中，另一块在 heap 中），在函数调用时，Java 是传值还是传引用呢？见下面的例子：

类 Person，有属性 name,age，带有参数的构造方法，

Person p = new Person("zhangsan",20);

在内存中的具体创建过程如下：

（1）在栈内存中为其 p 分配一块空间。

（2）在堆内存中为 Person 对象分配一块空间，并为其 3 个属性设初值""或 0。

（3）根据类 Person 中对属性的定义，为该对象的两个属性进行赋值操作。

（4）调用构造方法给两个属性赋值为"Tom",20；（注意这个时候 p 与 Person 对象之间还没有建立联系）

（5）将 Person 对象在堆内存中的地址赋值给栈中的 p；通过引用（句柄）p 可以找到堆中对象的具体信息。

基本数据类型被创建时，在栈上给其分配一块内存，将数值直接存储在栈上。

引用数据类型被创建时，首先在栈上给其引用（句柄）分配一块内存，而对象的具体信息都存储在堆内存上，然后由栈上面的引用指向堆中对象的地址。

2.1.3 数据类型的转换

数据类型的转换分为自动转换和强制转换。自动转换是程序在执行过程中"悄然"进行的转换，不需要用户提前声明，一般是从位数低的类型向位数高的类型转换；强制类型转换则必须在代码中声明，转换顺序不受限制。自动转换和强制转换的顺序如图 2-2 所示。

1. 自动转换

自动转换按从低类型数据到高类型数据的顺序转换。不同类型数据间的优先关系如下：

低 ────────────────────► 高

byte ->short(char)->int->long->float->double

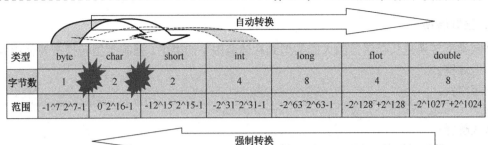

类型	byte	char	short	int	long	flot	double
字节数	1	2	2	4	8	4	8
范围	-1^7~2^7-1	0~2^16-1	-12^15~2^15-1	-2^31~2^31-1	-2^63~2^63-1	-2^128~+2^128	-2^1027~+2^1024

图 2-2　自动转换和强制转换的顺序

示例【C02_01】 将低类型数据转换为高类型数据，代码如下：

```
public class C02_01 { //自动类型转换
    public static void main(String[] args) {
        int testNo1 = 3;
        byte testNo2 = 3;
        int testNo3 = testNo2 + testNo1; //将testNo2的类型自动转换为int类型
        System.out.println(testNo3);
    }
}
```

运行结果：

```
6
```

testNo1 是 int 类型，testNo2 是 byte 类型，当两者进行加法运算时（根据同类型相加结果还是同类型的原则，jvm 会将低类型的先转换成高类型的然后再进行运算，最后的结果是高类型）由于 int 的取值范围比 byte 的取值范围大，因此 jvm 会自动将 testNo2 转换成 int 类型。

基本类型转换原则：

类型转换主要在赋值和方法调用、算术运算两种情况下发生。

（1）赋值和方法调用转换规则：从低类型到高类型自动转换，从高类型到低类型强制转换。

① 布尔型和其他基本数据类型之间不能相互转换。

② byte 类型可转换为 short、int、long、float 和 double 类型。

③ short 类型可转换为 int、long、float 和 double 类型。

④ char 类型可转换为 int、long、float 和 double 类型。

⑤ int 类型可转换为 long、float 和 double 类型。

⑥ long 类型可转换为 float 和 double 类型。

⑦ float 类型可转换为 double 类型。

（2）算术运算中的类型转换：基本就是先转换为高类型，再参加运算，结果也是高类型。

① 若操作数之一为 double，则另一个操作数先被转换为 double，再参与算术运算。

② 若两个操作数均不为 double，当操作数之一为 float 时，则另一操作数先被转换为 float，再参与算术运算。

③ 若两个操作数均不为 double 或 float，当操作数之一为 long 时，则另一操作数先被转换为 long，再参与算术运算。

④ 若两个操作数均不为 double、float 或 long，则两个操作数先被转换为 int，再参与算术运算。

2. 强制转换

强制类型转换是从存储范围大的类型到存储范围小的类型。强制类型转换需要使用强制类型转换运算符。

书写格式：

type（<expression>）或（type）<expression>

格式解释：

type：为类型描述符，如 int、float 等。

<expression>为表达式。

经强制类型转换运算符运算后，返回一个具有 type 类型的数值，这种强制类型转换操作并不改变操作数本身，运算后操作数本身未改变，例如：

int nVar = 0xab65;

char cChar = char(nVar);

上述强制类型转换的结果是将整型值 0xab65 的高端两个字节删掉，将低端两个字节的内容作为 char 型数值赋值给变量 cChar，而经过类型转换后 nVar 的值并未改变。

示例【C02_02】 将 double 类型数据强制转换为 int 类型，代码如下：

```
public class C02_02 {//强制类型转换
    public static void main(String[] args) {
        int testNo1 = 3;
        double testNo2 = 8.8;
        int testNo3 = (int)testNo2 + testNo1;//将testNo2的类型强制转换为int类型
        System.out.println(testNo3);
    }
}
```

运行结果：

11

testNo3 是一个整型数据，但是 testNo2 是一个 double 类型的数据，在计算时，需要显示将 testNo2 转换为 int 类型的数据，否则会报错。

✳ 知识拓展

◇ 在上述的两种情况之外还存在特殊的情况：

（1）如采用 +=、*= 等缩略形式的运算符，系统会自动强制将运算结果转换为目标变量的类型。

（2）当运算符为自动递增运算符（++）或自动递减运算符（--）时，如果操作数为 byte，则 short 或 char 类型不发生改变。

引用类型间转换：

① 子类能直接转换为父类或接口类型。

② 父类转换为子类要进行强制转换；且在运行时若实际不是对应的对象，则会抛出 Class Cast Exception 运行异常。

2.2　变量与常量

变量与常量在 Java 中的使用，犹如"水对鱼"一样必不可少，但是变量与常量的使用要符合一定的规定和规范才能使程序更好地运行。

2.2.1　标识符

在 Java 语言中，对于变量、常量、函数及语句块的名字，均称为 Java 标识符，标识符是用来给类、对象、方法、变量、接口和自定义数据类型命名的。简单来说，标识符是为有效的程序段或者有效成分起名字的。在使用标识符时，要遵循以下的规定和规范：

1．标识符命名的规定

（1）标识符由字母、数字、下画线"_"、美元符号"$"或者人民币符号"￥"组成，并且首字母不能是数字。

（2）不能把关键字和保留字作为标识符。例如，class 不能作为标识符，因为 class 是 Java 定义的关键字，虽然可以将 class 定义为标识符，但是不鼓励这样做。

（3）标识符没有长度限制。虽然 Java 对标识符的长度没有限制但也不宜过长。

（4）标识符对大小写很敏感。

常见正确的标识符：

Apple_01、_age_、￥Money、学生

常见不正确的标识符：

Happy day	非法字符空格键
Book？	非法字符问号
Lame%	非法字符百分号
01age	数字开头
class	与关键字相同

2．标识符命名的规范

（1）类名和接口名：首字母大写，其余字母小写。

（2）方法名和变量名：首字母小写，其余字母大写，如 bothEyesOfDoll。

（3）包名：字母全部小写，如 com.abc。

（4）常量名：采用大写形式，单词之间用下画线"_"隔开。

示例【C02_03】计算圆的周长与面积，代码如下：

```
//计算圆的周长与面积
public class C02_03 {
    public static void main(String[] args) {
        double  radius = 5.0,perimeter,area;
        final double PI = 3.14;
        perimeter = PI * 2 * radius;//计算周长
        area = radius * radius * PI;//计算面积
        System.out.println(perimeter);
        System.out.println(area);
    }
}
```

以上代码能很好地说明和反映出这个代码在计算上的功能。再看示例【C02_04】，并进行对比，即命名不规范的代码：

示例【C02_04】 计算圆的周长与面积，代码如下：

```
//计算圆的周长与面积
public class C02_04 {
    public static void main(String[] args) {
        double  r=5.0,p,a;
        final double pi=3.14;
        P=pi * 2 * radius;//计算周长
        P=r * r * pi;//计算面积
        System.out.println(p);
        System.out.println(a);
    }
}
```

对比两个代码虽然都能准确计算圆的周长和面积，但示例【C02_03】与示例【C02_04】相比，有效地增强了代码的可读性。

2.2.2　关键字

Java 的关键字对 java 的编译器有特殊的意义，它们用来表示一种数据类型，或者表示程序的结构等，关键字不能用作变量名、方法名、类名、包名和参数。关键字是计算机语言事先定义的有特别意义的标识符，又称保留字，还有表示特别意义的变量。

关键字（keyword）有 52 个，其中包括两个保留字（Java 语言的保留字是指预留的关键字）。

1．两个保留字

const：用于修改字段或局部变量的声明。它指定字段或局部变量的值是常数，不能被修改。
goto：指定跳转到标签，找到标签后，程序将处理从下一行开始的命令。

2．50 个关键字

50 个关键字见表 2-2。

表 2-2　50 个关键字

关键字	关键字	关键字	关键字	关键字
abstract	assert	boolean	break	byte
case	catch	char	class	const
continue	default	do	double	else
enum	extends	final	finally	float
for	goto	if	implements	import
instanceof	int	interface	long	native
new	package	private	protected	public
return	strictfp	short	static	super
switch	synchronized	this	throw	throws
transient	try	void	volatile	while

在 Eclipse 等编译工具中输入关键字时，关键字会自动显示成和其他字符不同的颜色，这样能有效防止用户错误使用关键字作为标识符，所以 Java 中的关键字无须强记。

2.2.3　变量类型、声明和使用范围

变量是指内存中的一个存储区域，该区域要有自己的名称（变量名）、类型（数据类型），该区域的数据可以在同一数据类型的范围内不断变化。

1．变量的类型

Java 中有三大变量，分别是类变量（静态变量）、局部变量（本地变量）和实例变量。

类变量： 也称静态变量，在类中用 static 关键字声明，但是它在方法、构造器或块外。每个类只有一个类变量，不管这个类有多少个对象。除作为常量被声明外，类变量很少被应用。常量是作为 public、private、final 和 static 被声明的变量。类变量随着程序的开始和结束而开始和结束。可见性和实例变量类似，然而大多数类变量被声明为 public，因为它们必须为类的使用者所用。默认值和实例变量类似，此外，可以在特殊的静态初始化区赋值，类变量可以用类的名称访问 ClassName.VariableName。当类变量被作为 public、static、final 声明时，变量（常量）名称都要用大写字母。如果类变量不是 public 和 final，它的命名方法和实例变量与本地变量相同。类变量不仅可以直接通过类名+点操作符+变量名来操作，也可以通过类的实例+点操作符+变量来操作，大多数情况下，采用前者操作方式，一是不能有效地使用该变量，二是不能表示该变量就是类变量。

局部变量： 也称本地变量，在方法、构造器或块中使用。当方法、构造器或块进入时被创建，一旦退出该变量就会被销毁。局部变量没有默认值，因此必须被声明，并且在第一次使用前给它赋值。

实例变量： 在类中声明，但是它在方法、构造器或块外。当堆中的对象被分配一个空间时，每个实例变量的位置就被创建了。当对象采用关键字"new"创建时，实例变量就被创建了；当对象被销毁时，它也会被销毁。实例变量的值必须被一个以上的方法、构造器、块，或类中必须出现的对象的状态的重要部分所引用，实例变量可以用访问描述符，实例变量有默认值。数字的默认值为 0，boolean 的默认值为 false，对象引用默认值为 NULL。实例变量可以直接采用在类中称为名字方式访问，然而在静态方法和不同的类中应当使用完全限定名称，即 ObjectReference. VariableName。

2．变量的声明

数据类型　变量名 = 初始化值;

变量的使用是通过变量名来访问所指向的内存区域中存储的值。

例如：

```
int a＝5;
String className＝"jsj";
Scanner sc＝new Scanner(System.in);
```

其中的 a、className、sc 都是变量名。

使用变量的注意事项：

（1）Java 中的变量需要先声明，然后才能使用。

（2）在使用变量时，可以在声明变量的同时进行初始化，String className ="jsj"；也可以先声明后赋值，String className; lassName = "jsj"。

（3）变量中每次只能赋一个值，但可以修改多次。

（4）main 方法中定义的变量必须先赋值，然后才能输出。

（5）虽然语法中变量定义为中文没有提示错误，但在实际开发中，变量名不建议使用中文，因为容易产生安全隐患，比如后期跨平台操作时会出现乱码等。

3. 变量的使用范围

变量的使用范围是指程序代码能够访问该变量的区域，如果超出该区域，则编译时会出现错误。

根据变量的使用范围将变量分为成员变量（全局变量）和局部变量。

成员变量：也称全局变量，在类体中定义的变量，成员变量在整个类中都是有效的。成员变量分为类变量和实例变量。

类变量可以跨类，甚至可达到整个应用程序之内。除了能在定义它的类内存区外，还能通过"类名.类变量"的方式在其他类中使用。

局部变量：只在当前代码块中有效。类中声明的变量、方法的参数都属于局部变量。局部变量的生命周期取决于方法。局部变量可与成员变量的名字相同，若成员变量被隐藏，则成员变量暂时失效。

2.2.4 常量

常量代表程序运行过程中不能改变的值。常量在程序运行过程中主要有两个作用：

（1）代表常数，便于程序的修改（例如：圆周率的值）。

（2）增强程序的可读性（例如：常量 UP、DOWN、LEFT 和 RIGHT 分别代表上、下、左和右，其数值分别是 1、2、3 和 4）。

常量的语法格式和变量类型，只需要在变量的语法格式前面添加关键字 final 即可。在 Java 编码规范中，要求常量名必须大写。

常量的语法格式如下：

final 数据类型 常量名称 = 值；

final 数据类型 常量名称 1 = 值 1， 常量名称 2 = 值 2，……，常量名称 n = 值 n；

例如：

final double PI = 3.14;

final char MALE='M', FEMALE='F';

在 Java 语法中，常量也可以先声明，再进行赋值，但只能赋值一次，示例代码如下：

final int UP;UP = 1;

字符型常量：字符型常量需用两个单引号括起来（注意字符串常量是用两个双引号括起来）。Java 中的字符占两个字节。一些常用的转义字符见表 2-3。

表 2-3　常用的转义字符

字 符 常 量	含　　义
\r	接收键盘输入，相当于 Enter 键
\n	换行
\t	表示制表符，相当于 Table 键
\b	表示退格键，相当于 Back Space 键

字 符 常 量	含 义
\'	表示单引号
\"	表示双引号
\\	表示一个斜杠\

2.3　运　算　符

前面讲述了标识符、关键字及如何定义变量和常量。定义变量和常量的目的是操作数据，在 Java 语言中提供了专门用来操作数据的符号，通常称为运算符。运算符指明对操作数的运算方式。组成表达式的 Java 运算符有很多种。运算符按照其要求的操作数目可分为单目运算符、双目运算符和三目运算符，它们分别对应一个、两个和三个操作数。运算符按其功能可分为赋值运算符、算术运算符、比较运算符、逻辑运算符、位运算符和三元运算符等。

2.3.1　赋值运算符

赋值运算是用“=”进行的，赋值运算符的作用就是将等号右边常量、变量或表达式的值赋给等号左边变量，而左边必须是类型明确、已命名的变量。例如，将 7 赋值给 No，写作 int No=7。除基本的赋值运算符外，还有复合赋值运算符。

示例【C02_05】使用赋值运算符为变量赋值，代码如下：

```
public class C02_05 {
    public static void main(String args[]) {
        int testNo1=10;
        int testNo2=20;
        int testNo3=0;
        testNo3=testNo1 + testNo2;
        System.out.println("c=a + b=" + testNo3);
        testNo3 +=testNo1;
        System.out.println("c +=a  =" + testNo3);
        testNo3 -=testNo1;
        System.out.println("c -=a=" + testNo3);
        testNo3 *=testNo1;
        System.out.println("c *=a=" + testNo3);
        testNo1=10;
        testNo3=15;
        testNo3 /=testNo1;
        System.out.println("c /=a=" + testNo3);
        testNo1=10;
        testNo3=15;
        testNo3 %=testNo1;
        System.out.println("c %=a =" + testNo3);
        testNo3 <<=2;
        System.out.println("c <<=2=" + testNo3);
        testNo3 >>=2;
```

```
        System.out.println("c >>= 2 = " + testNo3);
        testNo3 >>= 2;
        System.out.println("c >>= a = " + testNo3);
        testNo3 &= testNo1;
        System.out.println("c &= 2  = " + testNo3);
        testNo3 ^= testNo1;
        System.out.println("c ^= a  = " + testNo3);
        testNo3 |= testNo1;
        System.out.println("c |= a  = " + testNo3);
    }
}
```

运行结果：

```
c = a + b = 30
c += a = 40
c -= a = 30
c *= a = 300
c /= a = 1
c %= a = 5
c <<= 2 = 20
c >>= 2 = 5
c >>= a = 1
c &= 2  = 0
c ^= a  = 10
c |= a  = 10
```

复合赋值运算符见表 2-4。

表 2-4　复合赋值运算符

复合赋值运算符	名　　称	示　　例	作　　用
+=	加赋值	a+=1	a=a+1
-=	减赋值	a-=1	a=a-1
*=	乘赋值	a*=10	a=a*10
/=	除赋值	a/=10	a=a/10
%=	取余赋值	a%=10	a=a%10
<<	左移操作	a<<b	a=a<<b
>>	右移操作	a>>b	a=a>>b
&=	赋值与运算	a&=1	a=a&b
|=	赋值或运算	a|=1	a=a|b

2.3.2　算术运算符

算术运算符主要用于基本算术运算，如加法、减法、乘法、除法等，在不同类型运算时，会遵循类型转换的原则。

示例【C02_06】使用算术运算符对数据进行运算，并将运算结果输出，代码如下：

```
public class C02_06 {
  public static void main(String[] args) {
    int a = 10;
```

```
        int b = 20;
        int c = 25;
        int d = 25;
        System.out.println("a + b=" + (a + b) );
        System.out.println("a - b=" + (a - b) );
        System.out.println("a * b=" + (a * b) );
        System.out.println("b / a=" + (b / a) );
        System.out.println("b % a=" + (b % a) );
        System.out.println("c % a=" + (c % a) );
        System.out.println("a++=" + (a++) );
        System.out.println("a--=" + (a--) );
        // 查看 d++ 与 ++d 的不同
        System.out.println("d++=" + (d++) );
        System.out.println("++d=" + (++d) );
    }
}
```

运行结果:

```
a + b=30
a - b=-10
a * b=200
b / a=2
b % a=0
c % a=5
a++=10
a--=11
d++=25
++d=27
```

算数运算符见表 2-5。

表 2-5　算数运算符

算数运算符	名　称	示　例	作　用
+	加	a+b	a=a+b
−	减	a-b	a=a-b
*	乘	a*b	a=a*b
/	求商	a/b	a=a/b
%	取余	a%b	a=a%b
++	自加	a++, ++a	a=a+1
−−	自减	a--, --a	a=a-1

在算数运算的过程中需要注意 "/" "%" "++" "−−", "/" 取得的是商, "%" 取得的是余数, "++"
"−−" 分别为操作数在前和操作数在后。

示例【C02_07】使用 "/" "%" 等算数运算符对数据进行计算, 并将计算结果输出,
代码如下:

```
//求商、求余 (/、%)
public class C02_07 {
    public static void main(String[] args){
```

```
        int a=8;
        int b=5;
        double c=8.0;
        double d=5.6;
        System.out.println("a/b的结果为: "+(a/b));//整数获得取商的结果
        System.out.println("a%b的结果为: "+(a%b));//整数获得取余的结果
        System.out.println("c/b的结果为: "+(c/b));//任意一个浮点数获得取商的结果
        System.out.println("c%b的结果为: "+(c%b));//任意一个浮点数获得取余的结果
        System.out.println("a/d的结果为: "+(a/d));//任意一个浮点数获得取商的结果
        System.out.println("a%d的结果为: "+(a%d));//任意一个浮点数获得取余的结果
        System.out.println("c/d的结果为: "+(c/d));//两个都为浮点数获得取商的结果
        System.out.println("c%d的结果为: "+(c%d));//两个都为浮点数获得取余的结果
    }
}
```

运行结果：

```
a/b的结果为: 1
a%b的结果为: 3
c/b的结果为: 1.6
c%b的结果为: 3.0
a/d的结果为: 1.4285714285714286
a%d的结果为: 2.4000000000000004
c/d的结果为: 1.4285714285714286
c%d的结果为: 2.4000000000000004
```

分析：整数间的取商、取余的结果都是一个整数，浮点数和整数间的取商和取余的结果会自动将类型转换为较大范围的类型。浮点数间的取商与数学计算的大致相同。浮点数间取余的计算公式：a % b = a-(b * q)，其中：q = int(a / b)，浮点数的计算设计到底层二进制的计算，在这里就不再赘述。

示例【C02_08】使用 "++" "−−" 等算数运算符对数据进行计算，并将计算结果输出，代码如下：

```
//自加、自减（++、--）
public class C02_08{
    public static void main(String[] args){
        int a=3;//定义一个变量;
        int b=++a;//操作数在后自增运算
        System.out.println("进行自增运算后的值b等于"+b);
        System.out.println("进行自增运算后的值a等于"+a);
        int c=3;
        int d=--c;//操作数在后自减运算
        System.out.println("进行自减运算后的值d等于"+d);
        System.out.println("进行自减运算后的值c等于"+c);
        int e=a++;//操作数在前自增运算
        System.out.println("进行自减运算后的值e等于"+e);
        System.out.println("进行自增运算后的值a等于"+a);
        int f=c--;//操作数在前自减运算
        System.out.println("进行自减运算后的值f等于"+f);
        System.out.println("进行自减运算后的值c等于"+c);
    }
```

```
    }
```

运行结果：

进行自增运算后的值b等于4
进行自增运算后的值a等于4
进行自减运算后的值d等于2
进行自减运算后的值c等于2
进行自减运算后的值e等于4
进行自增运算后的值a等于5
进行自减运算后的值f等于2
进行自减运算后的值c等于1

分析：

b = ++a;→a=a+1;b=a;最终的 b=4,a=4。

e = a++;→e=a;a=a+1;最终的 e=4,a=5。

d = --c;→c=c-1;d=c;最终的 d=2,c=2。

e = c--;→e=c;c=c-1;最终的 e=2,c=1。

2.3.3　比较运算符

比较运算是常见的运算之一，通常分为大于、小于和等于，返回的值的类型是布尔类型。

示例【C02_09】 使用比较运算符对数据进行比较，并将运算结果输出，代码如下：

```java
//比较运算符
public class C02_09 {
    public static void main(String[] args) {
        int a = 15;
        int b = 20;
        int c = 20;
        System.out.println("a == b = " + (a == b) );
        System.out.println("a == c = " + (c == b) );
        System.out.println("a != b = " + (a != b) );
        System.out.println("c != b = " + (a != b) );
        System.out.println("a > b = " + (a > b) );
        System.out.println("c < b = " + (c < b) );
        System.out.println("c > b = " + (c > b) );
        System.out.println("a < b = " + (a < b) );
        System.out.println("b >= a = " + (b >= a) );
        System.out.println("b <= c = " + (b <= c) );
        System.out.println("b <= a = " + (b <= a) );
        System.out.println("b <= c = " + (b <= c) );
    }
}
```

运行的结果：

```
a == b = false
a == c = true
a != b = true
c != b = true
a > b = false
c < b = false
```

```
c > b = false
a < b = true
b >= a = true
b <= c = true
b <= a = false
b <= c = true
```

比较运算符见表 2-6。

表 2-6 比较运算符

比较运算符	名 称	示 例	结 果
==	等于	3==4	false
>	大于	3>4	false
<	小于	3<4	true
!=	不等于	3!=4	true
>=	大于等于	3>=4	false
<=	小于等于	3<=4	true

对于比较运算的运算结果是一个布尔类型的值，需要注意的是：

（1）比较运算符 "==" 不能误写成 "="。

（2）> 、< 、>= 、<= 只支持左、右两边，操作数是数值类型。

（3）== 、!= 两边的操作数既可以是数值类型，也可以是引用类型。

2.3.4 逻辑运算符

逻辑运算主要用于布尔类型的值的数据运算，运算的结果仍然是一个布尔类型的值。Java 内部有6个逻辑运算符，见表2-7。

表 2-7 逻辑运算符

逻辑运算符	名 称	示 例	作 用
&	逻辑与	a & b	a、b 同真为真，否则为假
&&	短路与	a && b	a、b 同真为真，否则为假
|	逻辑或	a|b	a、b 同假为假，否则为真
||	短路或	a||b	a、b 同假为假，否则为真
!	非	!b	b为真，! b 为假
^	异或	a^b	相同为假、不同为真

示例【C02_10】使用逻辑运算符对数据进行运算，并将运算结果输出，代码如下：

```
//逻辑运算符
public class C02_10 {
    public static void main(String[] args) {
        boolean a = true;
        boolean b = false;
        System.out.println("a & b 的值为"+(a&b));
        System.out.println("a && b的值为"+(a&&b));//短路与
        System.out.println("a | b 的值为"+(a|b));
        System.out.println("a || b的值为 "+(a||b));//短路或
```

```
        System.out.println("!b  的值为"+(!b));
        System.out.println("a^b 的值为 "+(a^b));
    }
}
```

运行结果：

```
a&b 的值为 false
a&&b的值为 false
a|b 的值为 true
a||b的值为 true
!b  的值为 true
a^b 的值为 true
```

在逻辑运算符中需要注意的是"&&"与"&"的区别，在"&"中判断最终的结果是"&"符号两边都需要判断，对于"&&"如果左边为假，则右边不会判断。"|"与"||"的区别和"&"与"&&"的区别相同。

2.3.5 位运算符

在 Java 中存在着这样一类操作符，它是针对二进制进行操作的。它们各自是&、|、^、~、>>、<<和>>>位操作符。不管初始值是依照何种进制，都会换算成二进制进行位操作。位运算符见表 2-8。

表 2-8 位运算符

位 运 算 符	名 称	示 例	用 法 实 例
&	按位与	a & b	如果相对应位值都是 1，则结果为 1，否则为 0
|	按位或	a | b	如果相对应位值都是 0，则结果为 0，否则为 1
~	取反	~a	按位取反运算符翻转操作数的每一位，即 0 变成 1，1 变成 0
^	按位异或	a ^ b	如果相对应位值相同，则结果为 0，否则为 1
<<	左移	a << b	按位左移运算符。左操作数按位左移右操作数指定的位数
>>	右移	a >> b	按位右移运算符。左操作数按位右移右操作数指定的位数
>>>	特殊右移	a>>>b	按位右移补零操作符。左操作数的值按右操作数指定的位数右移，移动得到的空位以零填充

示例【C02_11】使用位运算符对数据进行运算，并将运算结果输出，代码如下：

```
public class C02_11 {
    public static void main(String[] args) {
        int a = 60;/* 60 = 0011 1100 */
        int b = 13;/* 13 = 0000 1101 */
        int c = 0;
        c = a & b;/* 12 = 0000 1100 */
        c = a | b;  /* 61 = 0011 1101 */
        c = a ^ b;/* 49 = 0011 0001 */
        c = ~a;/*-61 = 1100 0011 */
        c = a << 2;/* 240 = 1111 0000 */
        c = a >> 2;/* 15 = 1111 */
        c = a >>> 2;/* 15 = 0000 1111 */
        System.out.println("a & b = " + c );
```

```
            System.out.println("a | b = " + c );
            System.out.println("a ^ b = " + c );
            System.out.println("~ a = " + c );
            System.out.println("a << 2 = " + c );
            System.out.println("a >>> 2 = " + c );
            System.out.println("a >> 2  = " + c );
        }
}
```

运行的结果如下：

```
a & b = 15
a | b = 15
a ^ b = 15
~ a = 15
a << 2 = 15
a >>> 2 = 15
a >> 2  = 15
```

位运算符是二进制数的运算符，为更加深刻地了解位运算符，还需要知道 AND、OR、XOR 和 NOT 基本二进制的计算：

（1）与运算（AND）两位全为 1，结果为 1，即 1AND1 = 1、1AND0 = 0、0AND1 = 0、0AND0 = 0。

（2）或运算（OR）两位只要有一位为 1，结果为 1，即 1OR1 = 1、1OR0 = 1、0OR1 = 1、0OR0 = 0。

（3）异或运算（XOR）两位为"异"，一位为 1，一位为 0，则结果为 1，否则为 0，即 1XOR1 = 0、1XOR0 = 1、0XOR1 = 1、0XOR0 = 0。

（4）取反运算（NOT）将一个数按位取反，即 NOT 0 = 1、NOT 1 = 0。

2.3.6 三元运算符

三元运算符是软件编程中的一个固定格式，使用这个算法可以在调用数据时逐级筛选。三元运算符基础表达式：

(条件表达式)?结果1:结果2。

示例【C02_12】 使用三元运算符对数据进行运算，并将运算结果输出，代码如下：

```
public class C02_12 {
    public static void main(String[] args) {
        int age = 18;
        boolean a = 45 > 60 ? true :false;//布尔类型的值判断大小
        String ageNo = age>=18 ? "成年了" :"未成年";//String类型的值判断年龄
        System.out.println(a);
        System.out.println(ageNo);
    }
}
```

运行结果：

```
false
成年了
```

三元运算符可以有效地简化代码，但三元运算符有局限性，因为三元运算符的运算必须有运算结果，如果没有结果将无法输出。

2.3.7　表达式

表达式（expression）是将同类型的数据（如常量、变量、函数等），用运算符号按一定的规则连接起来的、有意义的式子。例如：算术表达式、逻辑表达式和字符表达式等。运算是对数据进行加工处理的过程，得到运算结果的数学公式或其他式子统称为表达式。表达式可以是常量也可以是变量或算式。在表达式中又可分为算术表达式、逻辑表达式和字符串表达式。其中，运算符按操作数的数目：有一元运算符（++、--）、二元运算符（+、-、>）和三元运算符（？:），它们分别对应 1～3 个操作数。

表达式一般按运算符来分：

➢　算术表达式（float x=8.3f、i++）

➢　关系表达式（3>7、3<7）

➢　布尔逻辑表达式（(5>4)&&true、!false）

➢　位运算表达式（a=34^3）

➢　赋值表达式

➢　条件表达式（b=100>89?a=true:a=false）

➢　复合表达式

还有一种称为"表达式语句"，就是在表达式后面加上分号作为语句来使用（例如：int i=123;）。

2.3.8　运算符的优先级

在一个表达式中可能包含多个由不同运算符连接起来的、具有不同数据类型的数据对象。由于表达式有多种运算，不同的运算顺序可能得出不同的结果甚至出现运算错误，因为当表达式中含多种运算时，必须按一定顺序进行结合，才能保证运算的合理性和结果的正确性、唯一性。

优先级从上到下依次递减，最上面具有最高的优先级，逗号操作符是最低的优先级。表达式的结合次序取决于表达式中各种运算符的优先级。优先级高的运算符先结合，优先级低的运算符后结合，同一行中的运算符的优先级相同。运算符的优先级见表 2-9。

表 2-9　运算符的优先级

运　算　符	优　先　级
[ ] . ( ) (方法调用)	从左向右
! ~ ++ -- +(一元运算) -(一元运算)	从右向左
* / %	从左向右
+ -	从左向右
<< >> >>>	从左向右
< <= > >= instanceof	从左向右
== !=	从左向右
&	从左向右
^	从左向右
|	从左向右
&&	从左向右

运　算　符	优　先　级
||	从左向右
?:	从右向左
=	从右向左

Java 是强类型语言，对运算符优先级有着严格的规定，先按优先级运行顺序运行，再从左到右运行。在平时的 Java 运算开发中，最好还是带上括号。

2.4　注释、分隔符和编码规范

在编写代码时，良好的编程习惯是不可缺少的，其中涉及注释、分隔符和编码规范。

2.4.1　注释

在 Java 的编写过程中需要对一些程序进行注释，除自己方便阅读外，也方便他人更好地理解自己的程序，所以需要进行注释，可以是编程思路或是程序语句的作用，总之就是方便自己和他人更好地阅读。注释分为以下三种：

1．单行注释

形式：//注释内容

2．多行注释

形式 1：/*注释内容*/

形式 2：/*

　　　注释内容

　　　*/

3．文档注释

形式：/**

　　　*注释内容

　　　*/

注意在文档注释中可以添加@符号用于自动生成 API 文档，并标注作者、版本、历史变化、参考、功能和参数说明等相关信息。

2.4.2　分隔符

在 Java 的编写过程中，分隔符就是将字符串分割成几段小的字符串的符号，分隔符可以是空格、逗号、#号等。从某种意义上讲，各种各样的符号都可以是分隔符。在 Java 中主要的分隔符有两种：

1．空白符

空白符在程序中主要起间隔作用，没有其他的意义。空白符包括空格、制表符、回车和换行等，每个程序段间有一个或多个空白符进行间隔。

2. 分隔符

分隔符在程序中同样起间隔作用，但是分隔符有其他的意义。在 Java 程序中，主要有 6 种分隔符。

（1）"{}"大括号，用于定义程序块、类、方法及局部范围，也用来包括自动初始化的数组的值。

（2）"[]"中括号，用来进行对数组的声明，也用来表示撤销对数组值的引用。

（3）"()"小括号，在定义或调用方法时用于容纳方法参数表，在控制语句或强制类型转换组成的表达式中，用于表示执行或计算的优先权。

（4）";"分号，用于表示一条语句的结束。

（5）","逗号，在变量声明中用于分隔各个变量；在 for 循环语句中，用来将小括号内的语句连接起来。

（6）"."点号，用来将软件包的名字与它的子包或类分隔，也用来引用变量，与变量或方法分隔。

2.4.3　编码规范

编码规范是 Java 开发者容易忽视的最重要的基本功之一，遵循编码规范会大大提高代码的可阅读性。Java 的编码规范有以下注意事项：

1. 统一

统一是指对同一个概念，在程序中用同一种表示方法。例如，对供应商，既可以用 supplier，也可以用 provider，但是我们只能选定一个使用，至少在一个 Java 项目中保持统一。统一是很重要的，如果对同一概念有不同的表示方法，会使代码混乱且难以理解。即使不能取好的名称，但是只要统一，阅读起来也不会太困难。

2. 达意

达意是指标识符能够准确表达出它所代表的意义。例如：newSupplier、OrderPayment-GatewayService 等；而 supplier1、service2 和 idtts 等，则不是好的命名方式。达意有两成含义：一是正确；二是丰富。如果给一个代表供应商的变量起名是 order，显然没有正确表达。同样地，supplier1，远没有 targetSupplier 意义丰富。

3. 简洁

简洁是指在统一和达意的前提下，用尽量少的标识符。如果不能达意，则不要简洁。如 theOrderNameOfTheTargetSupplierWhichIsTransfered 太长，transferredTarget 和 SupplierOrderName 则较好，但是 transTgtSplOrdNm 就不太好，因为省略元音的缩写方式尽量不要使用。

4. 骆驼法则

在 Java 中，除了包名、静态常量等特殊情况外，大部分标识符使用骆驼法则，即单词间不使用特殊符号分割，而是通过首字母大写来分割。例如，SupplierName、addContract，而不是 supplier_name、add_contract。

5. 英文 vs 拼音

尽量使用通俗易懂的英文单词，如果不会可以向他人求助，实在不行则使用汉语拼音，以避免英文与拼音混用。例如，表示归档时用 archive 比较好，用 pigeonhole 则不好，用 guiDang

尚可接受。

2.5 条 件 语 句

在 Java 中，条件语句有两种：一种是 if 语句，另一种是 switch 语句。这两种语句用于告诉程序在某一个条件成立的情况下执行某段代码，在另一种情况下执行额外的语句。

2.5.1 if 语句

if 关键字的中文意思是如果，其细致的语法归纳来说总共有四种：if 语句、if…else 语句、if…else if 语句及嵌套 if 语句。

1. 【if 语句】

语法格式：

```
if(条件表达式){
        语句组;
}
```

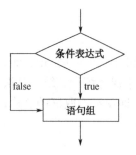

图 2-3 if 语句执行流程图

格式解释：

if：语句是一个条件语句。

()：包含的表达式。

条件表达式：要求 if 中返回一个布尔类型的值。

{}：要包含的语句组。

语句组是条件表达式为 true 时，要执行的代码。

执行流程：

首先判断关系表达式，看其结果是 true 还是 false，如果是 true 就执行语句组，如果是 false 就不执行语句组。if 语句执行流程图如图 2-3 所示。

示例【C02_13】如果考试成绩大于或等于 90 分，则奖励一部 iPhone 手机，如果考试成绩大于或等于 80 分且小于 90 分，则奖励一双 NIKE 鞋。代码如下：

```java
public class C02_13 {
    public static void main(String[] args) {
        int grade = 95 ;
        if(grade >= 90){                        //当满足grade>=90时
            System.out.println("iPhone");
        }
        if(grade >= 80 && grade < 90){          //当满足80=<grade<90时
            System.out.println("NIKE");
        }
    }
}
```

运行结果：

```
IPHONE
```

2. 【if…else 语句】

语法格式：

```
if(条件表达式) {
    语句组1;
}else {
    语句组2;
}
```

格式解释：

if：该语句是一个条件语句。

()：包含的表达式。

条件表达式：要求 if 中返回一个布尔类型的值。

{}：要包含的语句组。

else：在 if 不成立时要执行的代码。

语句组 1 是条件表达式为 true 时，要执行的代码。

语句组 2 是条件表达式为 false 时，要执行的代码。

执行流程：

首先判断关系表达式，看其结果是 true 还是 false，如果是 true 就执行语句组 1，如果是 false 就执行语句组 2。if…else 语句执行流程图如图 2-4 所示。

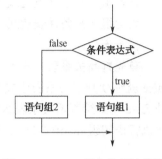

图 2-4　if…else 语句执行流程图

示例【C02_14】如果考试成绩大于或等于 70 分，则奖励一部 iPhone，如果成绩小于 70 分，则罚抄书 1 遍。代码如下：

```java
public class C02_14 {
    public static void main(String[] args) {
        int grade = 65 ;
        if(grade>=70){                    //当满足grade>=70时
            System.out.println("iPhone");
        }else{                            //其他情况
            System.out.println("抄书1遍");
        }
    }
}
```

运行结果：

```
抄书1遍
```

3. 【if…else if 语句】

语法格式：

```
    if(条件表达式1) {
        语句组1;
    }else if (条件表达式2) {
        语句组2;
    } …
    else {
        语句组n+1;
    }
```

格式解释：

if：这是一个 if 语句。

()：包含的表达式。

条件表达式 1：要求 if 中返回一个布尔类型的值。

条件表达式 2：要求 else if 中返回一个布尔类型的值。

…：可能有多个 else if。

{}：要包含的语句组。

else if：在 if 不成立时要执行的代码。

else：所有的条件表达式都不成立时要执行代码。

语句组 1 是条件表达式 1 为 true 时，要执行的代码。

语句组 2 是条件表达式 2 为 true 时，要执行的代码。

语句组 n 是条件表达式 n 为 false 时，要执行的代码。

执行流程：

首先判断关系表达式 1，看其结果是 true 还是 false，如果是 true 就执行语句组 1，如果是 false 就继续判断关系表达式 2，看其结果是 true 还是 false。如果是 true 就执行语句组 2，如果是 false 就继续判断关系表达式，看其结果是 true 还是 false。如果没有任何关系表达式为 true，就执行语句组 n。if…else if 语句执行流程图如图 2-5 所示。

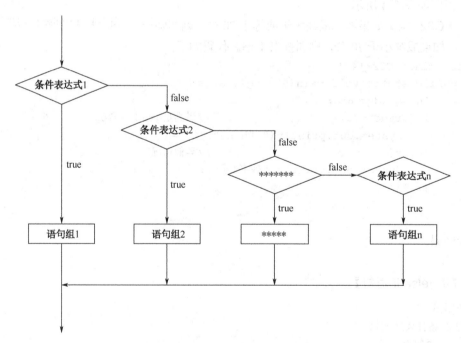

图 2-5　if…else if 语句执行流程图

示例【C02_15】 如果考试成绩大于或等于 90 分，则记成绩为 A；如果成绩大于或等于 80 分并小于 90，则记成绩为 B；如果成绩大于等于 70 分并小于 80，则记成绩为 C；如果成绩大于或等于 60 分并小于 70，则记成绩为 D；其他记成绩为 E。代码如下：

```
public class C02_15 {
    public static void main(String[] args) {
```

```
            int grade = 65 ;
            if(grade>=90){                        //当满足grade>=90时
                System.out.println("A");
            }else if(grade<90&&grade>=80){        //grade<90&&grade>=80时
                System.out.println("B");
            }else if(grade<80&&grade>=70){        //grade<80&&grade>=70时
                System.out.println("C");
            }else if(grade<70&&grade>=60){        //grade<70&&grade>=60时
                System.out.println("D");
            }else{                                //其他情况
                System.out.println("E");
            }
        }
}
```

运行结果:

```
D
```

4.【嵌套 if 语句】

语法格式:

```
if(关系表达式1) {
    if(关系表达式2){
        语句组1;
    }else {
        语句组2;
    }
}else {
    语句组3;
}
```

格式解释:

第一个 if: 该语句是一个条件语句。

第二个 if: 在条件表达式 1 成立后包含的条件语句。

(): 包含的表达式。

条件表达式 1: 要求 if 中返回一个布尔类型的值。

条件表达式 2: 要求条件表达式 1 成立后返回一个布尔类型的值。

{}: 要包含的语句组。

第一个 else: 条件表达式 1 成立、条件表达式 2 不成立时, 要执行的代码。

第二个 else: 条件表达式 1 不成立时, 要执行的代码。

语句组 1 是条件表达式 1 为 true 并且条件表达式 2 也为 true 时, 要执行的代码。

语句组 2 是条件表达式 2 为 true 并且条件表达式 2 为 false 时, 要执行的代码。

语句组 3 是条件表达式 1 为 false 时, 要执行的代码。

执行流程:

首先判断关系表达式 1, 看其结果是 true 还是 false, 如果是 true 就判断关系表达式 2, 看其结果是 true 还是 false。如果是 true 就执行语句组 1, 如果是 false 就执行语句组 2。关系表达式 1 是 false 就执行语句组 3。嵌套 if 语句执行流程图如图 2-6 所示。

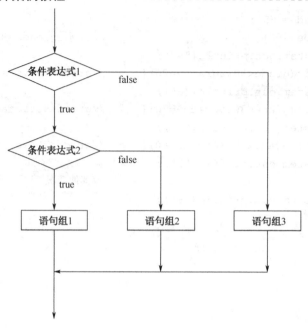

图 2-6　嵌套 if 语句执行流程图

示例【C02_16】活动计划的安排，如果今天是工作日，则去上班；如果今天是周末，则外出游玩；同时，如果周末天气晴朗，则去室外游玩；否则，在室内游玩。代码如下：

```java
public class C02_16 {
    public static void main(String[] args) {
        String today = "周末";
        String weather = "晴朗";
        if(today.equals("周末")){
            if(weather.equals("晴朗")){
                System.out.println("去室外游玩！！！");
            }else{
                System.out.println("在室内游玩！！！");
            }
        }else{
            System.out.println("去上班");
        }
    }
}
```

运行结果：

去室外游玩！！！

2.5.2　switch 语句

switch 语句的用法和 if 语句的作用是相似的，但在细节方面有些不同，if 语句主要用作范围性的判断选择，而 switch 语句判断得比较准确，类似于等值判断。

【switch 语句】

语法格式：

```
switch(表达式) {
    case 值1:
        语句组1;
        break;
    case 值2:
        语句组2;
        break;
    ...
    default:
        语句组n+1;
        break;
}
```

格式解释：

switch：这是一个 switch 语句。

表达式的取值：byte、short、int、char，JDK5 以后可以是枚举，JDK7 以后可以是 String。

case：后面跟的是要和表达式进行比较的值。

语句体：可以是一条或多条语句。

break：中断、结束的意思，可以结束 switch 语句。

default：所有情况都不匹配时，就执行该处的内容，和 if 语句的 else 相似。

执行流程：

首先计算出表达式的值，其次和 case 依次比较，一旦有对应的值，就会执行相应的语句，在执行的过程中，遇到 break 就会结束。最后，如果所有的 case 都和表达式的值不匹配，就会执行 default 语句体部分，然后程序结束。switch 语句执行流程图如图 2-7 所示。

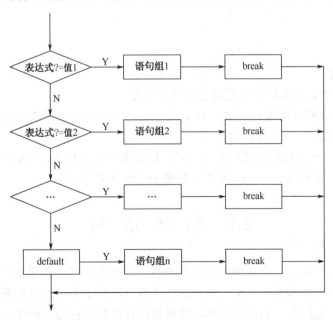

图 2-7　switch 语句执行流程图

示例【C02_17】如果考试成绩大于或等于 90 分，则记成绩为 A；如果成绩大于或等于 80

分并小于 90，则记成绩为 B；如果成绩大于或等于 70 分并小于 80，则记成绩为 C；如果成绩大于或等于 60 分并小于 70，则记成绩为 D；其他记成绩为 E。代码如下：

```java
public class C02_17 {
    public static void main(String[] args) {
        int grade = 65 ;
        int b = grade/10;
        switch(b){
        case 10:                       //获得90~100分结果是A
        case 9:
            System.out.println("A");
            break;
        case 8:
            System.out.println("B");
            break;
        case 7:
            System.out.println("C");
            break;
        case 6:
            System.out.println("D");
            break;
        default:
            System.out.println("E");
            break;
        }
    }
}
```

运行结果：

```
D
```

✳知识拓展

switch 注意事项：

◇ 后面小括号中表达式的值必须是整型或字符型。

◇ case 后面的值可以是常量数值，如 1、2；也可以是一个常量表达式，如 2+2。但不能是变量或带有变量的表达式，如 a*2。

◇ case 匹配后，执行匹配块里的程序代码，如果没有遇见 break 语句块会继续执行下一个 case 语句块的内容，直到遇到 break 语句块或者 switch 语句块结束。

2.6　循　环　语　句

在实际问题中，有许多具有规律性的重复操作，因此在程序中就需要重复执行某些语句。一组被重复执行的语句称为循环语句，能否继续重复，取决于循环的终止条件。循环结构是在一定条件下反复执行某段程序的流程结构，被反复执行的程序称为循环体。循环语句由循环体及循环的终止条件两部分组成。

2.6.1 while 循环语句

while 关键字的中文意思是"当······的时候",也就是当条件成立的时候循环执行对应的代码。while 循环语句是循环语句中基本的结构,语法格式比较简单。

【while 循环语句】

语法格式:

```
while(表达式){
        循环体;
    }
```

格式解释:

while:这是一个 while 循环语句。

表达式:返回一个布尔类型的值。

循环体:当表达式一直成立时,会一直执行循环体,可以在循环中加入条件控制循环。

执行流程:

执行 while 循环语句,首先判断循环条件,如果循环条件为 false,则直接执行 while 语句后续的代码;如果循环条件为 true,则执行循环体代码,然后再判断循环条件,一直到循环条件不成立为止。while 循环语句执行流程图如图 2-8 所示。

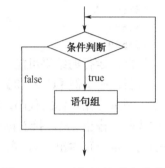

图 2-8 while 循环语句执行流程图

示例【C02_18】while 语句输出 0~9 这 10 个数字,程序实现的原理是使用一个变量代表 0~9 的数字,每次输出该变量的值,则对该变量的值加 1。变量的值从 0 开始,只要小于数字 10 就执行该循环。代码如下:

```java
public class C02_18 {
    public static void main(String[] args) {
        int i = 0;
        while(i < 10){
                System.out.println(i); //输出变量的值
                i++; //变量的值增加1
        }
    }
}
```

运行结果:

```
0
1
2
3
4
5
6
7
8
9
```

示例【C02_19】在 while 循环语句中有一种特殊的循环,代码如下:

```
public class C02_19 {
    public static void main(String[] args) {
        int i = 0;
        while(true){
            System.out.println(i); //输出变量的值
            i++; //变量的值增加1
        }
    }
}
```

运行结果：

```
165584
165585
165587
165588
165589
```

注意：运行的结果可能不同。

分析：在示例【C02_18】的代码中出现了死循环，首先判断 while 语句的循环条件，条件成立，则执行循环体的代码，输出数字 i，然后再判别循环条件，若条件成立，则继续执行循环体代码，输出 i+1，接着再判断循环条件……依次类推，因为循环条件一直成立，所以该程序的功能是一直输出 i+1，永不停止。

2.6.2 do…while 循环语句

do…while 循环语句由关键字 do 和 while 组成，是循环语句中最典型的"先循环再判断"的流程控制结构，这个和其他两个循环语句都不相同。

【do…while 循环语句】

语法格式：

```
do{
    循环体;
}while(循环条件);
```

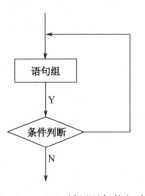

图 2-9　do…while 循环语句执行流程图

格式解释：

do…while：这是一个 do…while 循环语句。

循环体：是重复执行的代码部分。

循环条件：指循环成立的条件，要求循环条件是 boolean 类型，当值为 true 时循环执行，否则循环结束，最后整个语句以分号结束。

执行流程：

当执行到 do…while 循环语句时，首先执行循环体，然后再判断循环条件，如果循环条件不成立，则循环结束；如果循环条件成立，则继续执行循环体，循环体执行完成后再判断循环条件……依次类推。do…while 循环语句执行流程图如图 2-9 所示。

示例【C02_20】计算从 1 开始的连续 n 个自然数之和，当其和值刚好超过 100 时结束，求 n 的值。代码如下：

```java
public class C02_20 {
    public static void main(String[] args) {
        int i = 1;
        int sum = 0;
        do {
            sum = sum + i;                //将sum先累加i
            i = i + 1;
        } while(i <= 100);
        System.out.println(sum);
    }
}
```

运行结果：

```
5050
```

do…while 循环语句与 while 循环语句不同的是，它先执行大括号内的循环体，再判断条件，如果条件不满足，下次不再执行循环体。也就是说，在判断条件前，就已经执行大括号内的循环体了。

2.6.3　for 循环语句

虽然所有循环结构都可以用 while 或 do…while 表示，但 Java 提供了另一种语句 for 循环语句，使一些循环结构变得更简单。

1.【for 语句】

语法格式：

```
for(单次表达式;条件表达式;末尾循环体) {
    中间循环体;
}
```

格式解释：

for：代表执行的是一个 for 循环体。

单次表达式：一个可以初始化的、控制循环的变量。

条件表达式：控制循环的条件。

末尾循环体：控制并更新控制变量。

中间循环体：在条件表达式为 true 时执行，在条件表达式是 false 时不执行。

执行流程：

首先，执行初始化步骤，可以声明一种类型，但可初始化一个或多个循环控制变量，也可以是空语句。其次，检测布尔表达式的值，如果是 true，则循环体被执行；如果是 false，则循环体终止，开始执行循环后面的语句，在执行一次循环后，更新循环控制变量。最后，检测布尔表达式，循环执行上面的过程。for 循环语句执行流程图如图 2-10 所示。

示例【C02_21】 判断一个数为否为素数。代码如下：

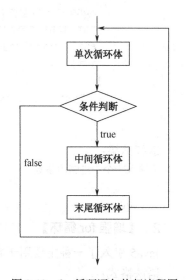

图 2-10　for 循环语句执行流程图

```java
import java.util.*;
public class C02_21{
```

```java
        public static void main(String[] args){
            Scanner sc = new Scanner(System.in);
            System.out.println("请输入一个数: ");
            int c = sc.nextInt();
            int w = 0;
            for(int i = 2;i<c;i++){
                if(c%i == 0){
                    w++;
                    }
            }
            if(w == 0){
              System.out.println(c+"是素数");
             }else{
              System.out.println(c+"不是素数");
            }
        }
}
```

运行结果:

请输入一个数:

50

50不是素数

示例【C02_22】 从键盘输入某个十进制整数，转换成对应的二进制数并输出。代码如下:

```java
import java.util.*;
public class C02_22{
        public static void main(String[] args){
        Scanner sc = new Scanner(System.in);
        System.out.println("请输入一个十进制的整数");
        int i = sc.nextInt();
        long j = 1;long sum = 0;
        for (int n = i;n>0 ;n = n/2 ){                          //二进制的计算方式
        sum = sum+n%2*j;
        j = j*10
        }
            System.out.println(sum);
    }
}
```

运行结果:

请输入一个十进制的整数

60

111100

2. 【增强 for 循环】

Java5 引入了一种主要用于数组的增强 for 循环。

语法格式:

```
for(声明语句: 表达式){
        循环体;
}
```

格式解释：

for：代表执行的是一个 for 循环体。

声明语句：该变量的类型必须和数组元素的类型匹配，其作用域限定在循环语句块，而其值与此时数组元素的值相等。

表达式：要访问的数组名，或是返回值为数组的方法。

循环体：循环执行的代码。

执行流程：

增强 for 循环主要用于数组，在声明语句中自我累加，表达式是数组或容器的变量名，在不溢出的情况下，循环体会一直进行。

示例【C02_23】声明两个数组，分别使用增强 for 循环输出数值的值。代码如下：

```java
public class C02_23 {
    public static void main(String args[]) {
        int[] numbers = { 10, 20, 30, 40, 50 };
        for (int x : numbers) {
            System.out.print(x);
            System.out.print(",");
        }
        System.out.print("\n");
        String[] names = { "James", "Larry", "Tom", "Lacy" };
        for (String name : names) {
            System.out.print(name);
            System.out.print(",");
        }
    }
}
```

运行结果如下：

```
10,20,30,40,50
James,Larry,Tom,Lacy
```

3. 【嵌套 for 循环】

语法格式：

```
for(单次表达式;条件表达式;末尾循环体){
    for(单次表达式;条件表达式;末尾循环体){
        ……
        中间循环体;
    }
}
```

格式解释：

外层的 for 循环包裹内层的 for 循环。

外层的 for 循环的单次表达式、条件表达式和末尾循环体都控制内部的执行。

执行流程：

每一个单层的 for 循环执行都与单个 for 执行的顺序一样，但是外部执行一次，内部的 for 循环执行一遍，如双层 for 循环：

```
for(int i=1;i<=n;i++){
    for(nt j=1;i<=m;i++){
```

```
                中间循环体;
            }
    }
```

外部执行一次，内部的 for 循环执行一遍的意思是中间循环体会执行 m*n 次。

示例【C02_24】打印一个九九乘法表。代码如下：

```
public class C02_24{
    public static void main(String args[]) {
        for (int i=1; i < 10; i++) {
            for (int j=1; j <=i; j++){
                System.out.print(i + " * " + j + "=" + i * j + "\t");
            }
            System.out.println();
        }
    }
}
```

运行结果：

```
1*1=1
2*1=2   2*2=4
3*1=3   3*2=6   3*3=9
4*1=4   4*2=8   4*3=12   4*4=16
5*1=5   5*2=10  5*3=15   5*4=20   5*5=25
6*1=6   6*2=12  6*3=18   6*4=24   6*5=30   6*6=36
7*1=7   7*2=14  7*3=21   7*4=28   7*5=35   7*6=42   7*7=49
8*1=8   8*2=16  8*3=24   8*4=32   8*5=40   8*6=48   8*7=56   8*8=64
9*1=9   9*2=18  9*3=27   9*4=36   9*5=45   9*6=54   9*7=63   9*8=72   9*9=81
```

while、do…while 和 for 的区别如下：

while 在执行是先判断条件语句结果 true 或 false，如果结果为 true，则继续执行循环语句；如果结果为 false，则结束循环。

do…while 和 while 类似，只是在执行条件语句前就已经执行了一次循环体，也就是说，无论条件语句的结果是 true 还是 false 都会先执行一遍。

for 循环是一个循环控制结构，执行特定次数的循环，执行顺序是：先执行初始语句，再执行条件语句，若条件语句结果为 true 才执行循环体，最后执行控制语句。

2.7 return、break 和 continue 的区别

Java 中的跳出关键字分别为：return、break 和 continue。对于这三个关键字的作用，详情见以下测试示例。

1. return

return 关键字并不是专门用于跳出循环的，return 的功能是结束一个方法。一旦在循环体内执行到一个 return 语句，return 语句将会结束该方法，循环自然也随之结束。与 continue 和 break 不同的是，return 直接结束整个方法，不管这个 return 处于多少层循环内。

示例【C02_25】使用 return 结束方法。代码如下：

```
public class C02_25 {
```

```
public static void main(String[] args) {
    int  a = 3;
    for (int i = 0; i <=5; i++) {
        if(i == a){//当i == a时，跳出方法
            return; //当i == a,return的作用
        }
        System.out.println(i);
    }
    System.out.println("程序到这就结束了！！！");
}
}
```

运行结果：

```
0
1
2
```

return 语句的总结：

return 从当前的方法中退出，返回到该调用的方法的语句处，继续执行。

（1）return 返回一个值给调用该方法的语句，返回值的数据类型必须与方法声明中的返回值的类型一致，可以使用强制类型转换与声明中的数据类型保持一致。

（2）return 方法说明中用 void 声明返回类型为空时，应使用这种格式，不返回任何值。

2．break

break 用于完全结束一个循环，并跳出循环体。无论是哪种循环，一旦在循环体中遇到 break，系统将完全结束循环，开始执行循环后的代码。break 不仅可以结束其所在的循环，还可以结束其外层循环。此时需要在 break 后紧跟一个标签，这个标签用于标识外层循环。Java 中的标签就是紧跟着英文冒号（:）的标识符，且它必须放在循环语句之前才有作用。

示例【C02_26】使用 break 跳出循环。代码如下：

```
public class C02_26 {
    public static void main(String[] args) {
        int  a = 3;
        for (int i = 0; i <=5; i++) {
            if(i == a){//当i == a时，跳出循环
                break;//当i == a, break的作用
            }
            System.out.println(i);
        }
        System.out.println("程序到里这就结束了！！！");
    }
}
```

运行的结果：

```
0
1
2
程序到这里就结束了！！！
```

break 语句的总结：

（1）只能在循环体内和 switch 语句体内使用 break 语句。

（2）当 break 出现在循环体中的 switch 语句体内时，其作用是跳出 switch 语句体。

（3）当 break 出现在循环体中但并不在 switch 语句体内时，则在执行 break 后，跳出本层循环体。

（4）在循环结构中，应用 break 语句使流程跳出本层循环体，从而提前结束本层循环。

3．continue

continue 的功能和 break 有点儿类似，区别是 continue 只是终止本次循环，接着开始下一次循环，而 break 则是完全终止循环。

示例【C02_27】使用 continue 跳出本次循环。代码如下：

```java
public class C02_27 {
    public static void main(String[] args) {
        int  a = 3;
        for (int i = 0; i <=5; i++) {
            if(i == a){//当i == a时，只有本次跳出循环
                continue;//当i == a, continue的作用
            }
            System.out.println(i);
        }
        System.out.println("程序到这里就结束了！！！");
    }
}
```

运行的结果：

```
0
1
2
4
5
程序到这里就结束了！！！
```

continue 语句的总结：

（1）continue 语句的一般形式为：continue。

（2）其作用是结束本次循环，即跳过本次循环体中余下尚未执行的语句，接着再一次进行循环的条件判定。

（3）注意：执行 continue 语句并没有使整个循环终止。在 while 循环和 do…while 循环中，continue 语句使流程直接跳到循环控制条件的测试部分，然后决定循环是否继续进行。

（4）在 for 循环中，当遇到 continue 后，首先跳过循环体中余下的语句，而去对 for 语句中的"表达式 3"求值，其次进行"表达式 2"的条件测试，最后根据"表达式 2"的值来决定 for 循环是否执行。在循环体内，无论 continue 是作为何种语句中的语句成分，都将按上述功能执行，这点与 break 有所不同。

2.8 引 入 类 库

2.8.1 什么是类库

Java 官方为开发者提供了很多功能强大的类，这些类被分别放在各个包中，随 JDK 一起

发布，称为 Java 类库或 Java API。应用程序编程接口（Application Programming Interface, API）是一个通用概念。

Java 类库中有很多包：

以 java.*开头的是 Java 的核心包，所有程序都会使用这些包中的类；以 javax.* 开头的是扩展包，x 是 extension 的意思，也就是扩展。虽然 javax.*是对 java.*的优化和扩展，但是由于 javax.* 使用得越来越多，很多程序都依赖 javax.*，因此 javax.*也是核心的一部分，也随 JDK 一起发布。

以 org.*开头的是各个机构或组织发布的包，因为这些组织很有影响力，它们的代码质量很高，所以也将它们开发的部分常用的类伴随 JDK 一起发布。

在包的命名方面，为了防止重名，有一个惯例：大家都以自己域名的倒写形式作为开头来为自己开发的包命名。例如，百度发布的包会以 com.baidu.* 开头；w3c 组织发布的包会以 org.w3c.*开头；微学苑发布的包会以 net.weixueyuan.* 开头。

组织机构的域名后缀一般为 org，公司的域名后缀一般为 com，可以认为 org.* 开头的包为非营利性组织机构发布的包，它们一般是开源的，可以免费应用在自己的产品中，不用考虑侵权问题，而以 com.* 开头的包，往往是由营利性公司发布的，可能会有版权问题，在使用时要注意。

2.8.2　如何导入类库

如果要使用 Java 包中的类，就必须先使用 import 语句将其导入。

示例：

```
import java.util.Date; // 导入 java.util 包下的 Date 类
import java.util.Scanner; // 导入 java.util 包下的 Scanner 类
import javax.swing.*; // 导入 javax.swing 包下的所有类，* 表示所有类
```

import 只能导入包所包含的类，而不能导入包。为了方便起见，一般不导入单独的类，而是导入包下所有的类，如 "import java.util.*;"。Java 编译器默认为 Java 程序导入了 JDK 的 java.lang 包中所有的类（import java.lang.*;），其中定义了一些常用类，如 System、String、Object、Math 等，因此可以直接使用这些类而不必显式导入，但是使用其他类必须先导入。前面讲到的 "Hello World" 程序使用了 System.out.println();语句，System 类位于 java.lang 包，虽然没有显式导入这个包中的类，但是 Java 编译器默认已经导入了，否则程序会执行失败。Java 类的搜索路径 Java 程序运行时要导入相应的类，也就是加载.class 文件的过程。

小　　结

本章要求读者能够认识标识符、关键字、运算符和数据类型；掌握标识符的书写格式、常见的基本数据类型以及运算符的使用方式；了解强制数据类型转换和自动类型转换；掌握 Java 表达式的书写；掌握简单常用工具类；掌握条件语句（if、switch）；掌握流程控制中的 for、while 和 do…while；掌握跳转语句的使用方法。

错误一：

```
byte b1 = 3;
byte b2 = 4;
```

```
byte b3 = b1 + b2;
byte b4 = 3 + 4;
```

b3 类型转换出错，需强制转换成 byte 类型，b4 正确。

解决办法：b1 和 b2 是两个变量，变量里面存储的值都是变化的，所以在程序运行中 JVM 无法判断里面具体的值。byte 类型的变量在进行运算时，会自动将类型提升为 int 类型。所以将 b1+b2 得到的 int 类型赋值给 b3 需强制转换成 byte 类型。而 3 和 4 都是常量，Java 有常量优化机制，在编译时会直接把 3 和 4 的结果赋值给 b4，所以 b4 未出错。这就引出隐式转换与显式转换（强制转换）的问题。

错误二：Syntax error on token "class", invalid VariableDeclaratorId

解决方法：造成这个问题的原因是将关键字定义成变量名称。

错误三：Syntax error, insert "}" to complete ClassBody

解决办法：大括号前后不是一对，仔细检查代码。

错误四：Scanner cannot be resolved to a type

解决办法：Scanner 的类库没有导入，需要在前面加上 import java.util.Scanner。

错误五：The final local variable GRADE cannot be assigned. It must be blank and not using a compound assignment

解决办法：对常量重新赋值，删去 final 关键字或重新定义一个变量接收数据。

错误六：Cannot switch on a value of type boolean. Only convertible int values, strings or enum variables are permitted

解决办法：switch 能接收的数据类型有四个：char、byte、short 和 int。

错误七：

```
int i = 0;
while(i<10);{
    System.out.println(i);
    i++;
}
```

解决办法：在这个程序当中，while()语句后面有一个 "；"，导致循环一直在运行，形成一个死循环，致使后面的语句不能正常执行，这是面试或笔试当中容易忽略的一点，程序员新手需注意一下。

错误八：

```
Exception in thread "main" java.lang.NumberFormatException: For input string:
"2"
    at java.lang.NumberFormatException.forInputString(Unknown Source)
    at java.lang.Integer.parseInt(Unknown Source)
    at java.lang.Integer.parseInt(Unknown Source)
    at basic.IntegerTest.main(IntegerTest.java:7)
```

解决办法：实际上这里的错误原因涉及一个概念——零宽度空格，可能有人接触过，但相信更多的人没有听说过，什么是零宽度空格？它实际上是一个 Unicode 字符，即一个空格，关键是它没有宽度，因此一般肉眼看不到。但在 vim 下可以看到，上面的第一条语句中的 "2" 前面就有一个零宽度空格。

课 后 练 习

1．编写应用程序，用不同的数据类型或不同的进制定义 5 个不同 byte 型整数，并用一个输出语句分 5 行输出。

2．定义一个半径为 R 的圆，计算圆的周长与面积。

3．编写一个 Java 应用程序。在运行时向用户提问"你考试考了多少分？（0～100）"，接收输入后判断其等级，显示出来。规则如下：（if 和 switch 各写出来一种）

$$
等级 = \begin{cases} 优 & 90 \leq 分数 \leq 100 \\ 良 & 80 \leq 分数 < 90 \\ 中 & 70 \leq 分数 < 80 \\ 及格 & 60 \leq 分数 < 70 \\ 差 & 0 \leq 分数 < 60 \end{cases}
$$

4．求 $1+2+3+\cdots+100$。

5．有一函数 $y = \begin{cases} x & (x < 1) \\ 2x - 1 & (1 \leq x < 10) \\ 3x - 11 & (x \geq 10) \end{cases}$ 编写程序：输入 x 值，输出 y 值。

6．有口井 7 米深，一只青蛙白天爬 3 米，晚上往下坠 2 米，问这青蛙几天能爬出这口井。

7．从键盘输入 10 个整数，求最大数。

8．请打印出 16×16 乘法表。

9．实现一个课程名称和课程代号的转换器：输入课程代号，输出课程的名称。用户可以循环进行输入，如果输入 n 就退出系统。（使用 do-while 循环语句实现）

10．将本金 10000 元存入银行，年利率是千分之三。每过 1 年，将本金和利息相加作为新的本金。计算 5 年后，获得的本金是多少？（使用 for 循环语句实现）

11．求整数 1～100 的累加值，但要求跳过所有个位数为 3 的数。（使用 for 循环语句实现）

12．幸运猜猜猜：游戏随机给出一个 0～99（包括 0 和 99）的数字，然后让你猜是什么数字。你可以随便猜一个数字，游戏会提示太大或太小，从而缩小结果范围。经过几次猜测与提示后，最终推导出答案。在游戏过程中，记录你最终猜对时所需要的次数，在游戏结束后公布结果。控制最多可以猜 20 次。

第3章

Java 面向对象

面向对象程序设计（OOP）是现在被程序员所熟知的一个名词，面向对象并不是指哪一种语言，而是思维方式的转变。虽然本书以 Java 语言为基础，但是本章会先引领读者树立一种面向对象的编程思想，再进一步了解 Java 语言面向对象的编程方法。

通过本章的学习，可以掌握以下内容：

☞ 了解面向对象编程思想

☞ 掌握如何定义类、类的成员

☞ 掌握类与对象之间的关系

☞ 掌握构造方法和方法重载

☞ 掌握 this 和 static 关键字

☞ 掌握权限修饰

☞ 掌握继承、重写、对象转型与多态的关系

☞ 掌握抽象类、接口

3.1　面向对象概述

本节主要介绍什么是对象、什么是类、对象与对象之间的关系、类与类之间的关系、类与对象之间的关系。本节主要强调的是面向对象的基本概念。

3.1.1　对象

对象是一种现实存在或可描述为具体行为的事物。例如，"一张桌子""一个人""一只猫"等，世界中的任何一个事物，都可以称为对象。

对象是简单的又是复杂的。例如，一个人去开车，简单来说，人和车都是一个对象，但这句话中也包含了其他对象，如车包含车轮、车灯等，人包含手、脚等。当细化时可以发现对象中还包含其他对象。

3.1.2　类

类是一系列相似事物的模板，简单来说，就是分类，如"人类""汽车类""动物类"这些都是类。在"人类"这个概念里，不难理解到有一些长期不变的属性，如性别、姓名等。Java 把这些定义成静态行为，又称属性或成员变量。在"人类"这个概念里不仅存在静态行为也存在动态行为，如跑步、吃饭、学习等。动态行为又称方法或成员方法。

在上述描述中，类是由属性和方法组成的。属性中定义类的信息，在程序中可以把属性看作一个特殊的变量。而对于方法是一些操作行为的，在程序中则按照具体的语法要求来完成。

3.1.3　抽象

抽象这个名词对于读者一定不陌生，无论是理工科的学生还是文科的学生都会使用到，抽象并不只是面向对象程序设计中存在的。在很多书籍中都不会单独讲解抽象的作用，但是在面向对象的学习中首先要学会的，就是如何从众多相同或相似的对象中抽取共同的特征来形成一个模板，这个模板就是这些对象的类。

从具体事物抽出、概括出它们共同的方面、本质属性与关系等，而将个别的、非本质的方面、属性与关系舍弃，这种思维过程称为抽象。抽象就如许多人抽象出人类这个概念一样，如图 3-1 所示。

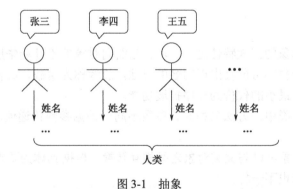

图 3-1　抽象

❋ 知识拓展

◇　对于刚把抽象的思维运用到面向对象的读者可能觉得有点儿难，在抽象上还有另一种解释，如一个人想去制造一辆车，但是他没有头绪，这时最好的解决方案就是先去看看别人已经可以开动的车，并总结出规律或特征。这个思考的过程就是面向对象的抽象，而其他人的车是对象，总结出来的规律或特征构成一个车的类。

3.1.4　封装

封装是面向对象的三大特性之一，从字面的意思看是将一个东西装在盒子里封存起来。封装是面向对象最基本的原则，若没有封装，面向对象中的继承和多态就无法实现。封装有两层含义：一是将类实例化的对象中的属性和方法看成一个密不可分的整体，将这两者"封装"到一个对象中；二是一种信息隐藏，有些信息是不能被外界知道的，被外界知道可能会使程序遭到破坏，用封装的属性，则只需要给出行为即可。

第一层含义在面向对象的程序设计中是通过类抽象出对象之间的共有特性。在实例化对象时，对象的状态都是单独的，对于其他的成员则是屏蔽的。

第二层含义在面向对象中，为封装的不同等级可设置不同的访问权限。

3.1.5 继承

继承也是面向对象的三大特性之一，继承可以高效地复用代码。面向对象中的继承和日常生活中的继承有一定的区别，也有一定的相似性。

在日常生活中，继承是指继承物件、血统等，面向对象中的继承是复制父类的功能存放在子类中，而表现形式却是对象表现出来的。无论是日常生活中的继承还是面向对象中的继承，都是发生在父类与子类之间的。

面向对象首先由若干对象抽象出类，抽象出来的类拥有一般特性，如果发现在该类的基础上又有特殊一类对象存在，继承就出现了。综上所述，面向对象中的继承首先需要一个特性的类，然后在其基础上派生子类。例如，现在有人类这个概念，该类只能反映一般人拥有的行为和属性，再进一步提出学生这个类，学生类继承了人类，不仅拥有人类所有的属性和行为，还增加了自己的属性和行为。

继承机制大大增强了代码的复用性，提高了软件的开发效率，而且降低了程序产生错误的概率，为调试 Bug 和程序的修改、扩充提供了便利。

3.1.6 多态

多态同样是面向对象的三大特性之一，多态是面向对象的设计精华所在。在程序中，某一个类或该类的父类和子类中可能会出现同名的方法，前者称为重载，后者称为重写。无论是哪一种多态形式，都是以最小的代价为程序扩展功能。

方法重载：在一个类中，方法名相同、参数不同，根据参数传递值形成不同的执行流程，最终结果也不一样。

方法重写：子类对象可以与父类对象之间相互转换，根据具体的要求和场景，调用不同的方法流程，完成的功能也不一样。

❋ **知识拓展**

◇ 上述是 Java 中存在的两种多态，在面向对象中存在四种多态，即参数多态、包含多态、过载多态和强制多态。其中包含多态和过载多态是上述的重载与重写。参数多态：采用参数化模板，通过给出不同类型的参数，使一个结构有多种类型。强制多态：编译程序通过语义操作，把操作对象的类型强行加以转换，以符合函数或操作符的要求。

3.2 类、对象的创建与使用

本节将用 Java 语言来描述类、对象和引用，掌握本节的内容是深入理解 Java 面向对象的基础。

3.2.1　类的书写格式

类是一系列相似事物的模板，类是一个很抽象的概念，如"人类"这个名词我们很熟悉，但却不知道如何定义。这是一个看似很简单却很难回答的问题。在概述中也提到了可以将类分为两种行为：第一种是静态行为；第二种是动态行为。而 Java 也以同样的方式定义和书写类的格式。

语法格式：

```
权限修饰 class 类名{
        静态行为；
        动态行为；
}
```

静态行为称为成员变量，动态行为称为成员方法。在 Java 中成员变量和成员方法都存在权限修饰和值类型，类的具体定义如下：

```
权限修饰 class 类名{
        权限修饰 数据类型 成员变量名称；
        …；

        权限修饰 返回值 成员方法名称（参数类型 参数名称，…）{
                程序块；
                [return 表达式]；
        }
        …；
}
```

成员变量

成员方法

格式解释：

class：声明一个类。

类名：类的名称。

成员变量：

权限修饰有四种：public、default、protected 和 private。

数据类型：基本数据类型、引用数据类型。

成员变量名称：成员变量的表示。

…：有多个成员变量。

成员方法：

权限修饰有四种：public、default、protected 和 private。

返回值类型：基本数据类型、引用数据类型和 void。

成员方法名称：成员方法的表示。

参数类型 参数名称：表示形参。

程序块：要执行的程序。

return：返回的值，值的类型要与返回值的类型相同。

…：有多种方法。

示例【C03_01】 定义一个 Person 类。代码如下：

```
public class Person {
    public String name;//定义姓名
    public int age;//定义年龄
    public void showInfo(){//显示信息
```

```
        System.out.println("姓名为: "+name);
        System.out.println("年龄为: "+age);
    }
}
```

以上程序在 Person 类定义 "name" "age" 两个属性, 分别表示人的姓名和年龄, 在之后定义一个 showInfo 方法, 此方法的功能就是打印这两个属性。

3.2.2 对象的创建与使用

如果在创建 Person 类后, 不能直接使用类, 则需要对类进行实例化, 使其成为对象才可以使用。实例化后的对象才能调用属性和方法。

1．对象的创建

语法格式：

类名 对象名 = null;//对象的声明
对象名 = new 类名([数据类型 参数]);//对象的实例化

这两个步骤也可以合在一起。

类名 对象名 = new 类名([数据类型 参数]);//声明和实例化一步完成

格式解释：

类名：对象的类型。

对象名：对象的引用。

new：关键字表示创建了一个新的对象。

类名()：利用这个类的某一个构造函数创建的对象。

[数据类型 参数]：对象创建时需要参数。

执行流程：

在执行语法 "类名 对象名 = new 类名()" 时, 首先要在栈内存中开辟一小块空间存储对象名, 然后在堆内存中开辟一块空间存储对象。

执行内存分析：

执行 "类名 对象名 = new 类名()" 内存, 如图 3-2 所示。

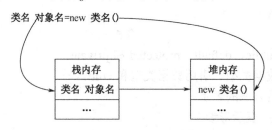

图 3-2　创建对象内存图

示例【C03_02】 定义一个 Person 类, 并实例化一个对象。代码如下：

```
public class Person {
    public String name;//定义姓名
    public int age;//定义年龄
    public void showInfo(){//显示信息
        System.out.println("姓名为: "+name);
        System.out.println("年龄为: "+age);
```

```
    }
    public static void main(String[] args) {//实例化对象
        Person p = new Person();
    }
}
```

2．使用对象

在对象被实例化后就可以使用对象的成员变量和成员方法了，具体的使用格式如下。

语法格式：

访问属性：对象名.成员变量名
访问方法：对象名.成员方法名

格式解释：

对象名：被实例化的对象。

.：使用的意思。

成员变量名：声明在类体中的成员变量名称。

成员方法名：声明在类体中的成员方法名称。

执行流程：

在创建对象时，成员变量是在对象的内部创建的，与此同时将成员变量设置为设定的值（如果没有设定，系统将会给成员变量设置默认值）。而成员方法在代码区也就是在用 Javac 编译的 class 文件中，在使用方法时，对象会根据内存存放方法的地址去代码区寻找相应的方法。

执行内存分析：

对象在使用属性和方法的内存，如图 3-3 所示。

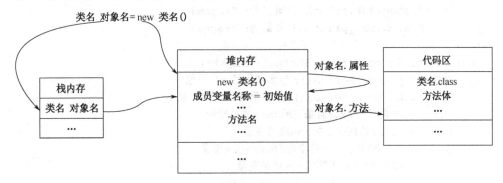

图 3-3　使用对象内存

示例【C03_03】定义一个 Person 类，实例化一个对象，并使用这个对象对成员变量和成员方法进行访问。代码如下：

```
public class Person {
        public String name;//定义姓名
        public int age;//定义年龄
        public void showInfo(){//显示信息
            System.out.println("姓名为: "+name);
            System.out.println("年龄为: "+age);
        }
    public static void main(String[] args) {
```

```
        Person p=new Person();//实例化对象
        p.name="张三";//访问name属性
        p.age=18;//访问age属性
        p.showInfo();//访问showInfo方法
    }
}
```

运行结果：

```
姓名为：张三
年龄为：18
```

❋ 知识拓展

◇ 内存中共有四个区域，分别是：栈区、堆区、方法区和数据区。栈区的作用是存放基本数据类型和引用数据类型的对象名；堆区主要存放的是对象；方法区主要存放的是方法；数据区主要存放的是常量、静态变量。

◇ Java 中使用 "." 的形式调用成员变量和成员方法。

3. 使用多个对象

可以使用上述方法创建并使用多个对象，具体方式见示例【C03_04】。

示例【C03_04】定义一个 Person 类，实例化多个对象，并使用这些对象对成员变量和成员方法进行访问。代码如下：

```
public class Person {
        public String name;//定义姓名
        public int age;//定义年龄
        public void showInfo(){//显示信息
            System.out.println("姓名为："+name);
            System.out.println("年龄为："+age);
        }
    public static void main(String[] args) {
        Person p=new Person();//实例化第一个对象
        Person p1=new Person();//实例化第二个对象
        p.name="张三";//访问张三的name成员变量
        p.age=18;//访问张三的age成员变量
        p1.name="李四";//访问李四的name成员变量
        p1.age=29;//访问李四的age成员变量
        p.showInfo();//访问张三的showInfo方法
        p1.showInfo();//访问李四的showInfo方法
    }
}
```

运行结果：

```
姓名为：张三
年龄为：18
姓名为：李四
年龄为：29
```

在该示例中创建了两个对象，这两个对象分别调用自身的成员变量和成员方法。相同类型不同对象的内存分析如图 3-4 所示。

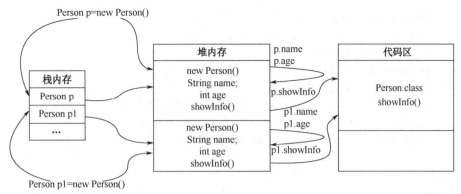

图 3-4 相同类型不同对象的内存分析

由图 3-4 可以发现，每次创建一个新的对象都是独立的一块。每个对象中都包含成员变量和成员方法在堆中的"注册"，对象通过"."就可以调用相应的成员变量和成员方法。

3.3 类 的 构 成

类的基本构成有成员变量和成员方法，其中类还包含构造方法、构造代码块等。本节主要讲解类中的成员变量、成员方法重载和构造方法及类中 this 与 static 关键字。

3.3.1 成员变量

成员变量是类的基本组成之一，通常用于承载数据，其格式定义如下。

语法格式：

权限修饰 数据类型 成员变量名称；

形式如：

```
public String name="张三";
public int age=18;
public char gender ;
```

格式解释：

权限修饰：public、default、protected 和 private。

数据类型：基本数据类型、引用数据类型。

成员变量名称：成员变量名与变量的书写相同。

在成员变量中可以有初始值，也可以没有初始值。在没有给出初始值的情况下，系统会给出默认的初始值。

示例【C03_05】定义一个 Person 类，添加三个成员变量，并创建对象对成员变量进行赋值和访问。代码如下：

```
public class Person {
    public String name="张三";//定义姓名
    public int age ;//定义年龄
    public char gender;//定义性别
    public static void main(String[] args) {
        Person p=new Person();
        System.out.println(p.name);//打印姓名
```

```
            System.out.println(p.age);//打印年龄
            System.out.println(p.gender);//打印性别
            p.name = "李四";//修改姓名
            p.age = 18;//添加年龄
            p.gender = '女';//添加性别
            System.out.println(p.name);//修改之后打印姓名
            System.out.println(p.age);//修改之后打印年龄
            System.out.println(p.gender);//修改之后打印性别
        }
    }
```

运行结果：

张三

0

——

李四

18

女

结合示例和结果可以看出，在定义类并且没有给出 age 和 gender 的初始值时，访问的是系统给出的初始值。Java 中引用数据类型给出的默认值都是 null。基本数据类型成员变量的初始值见表 3-1。

表 3-1   基本数据类型成员变量的初始值

数 据 类 型	初 始 值
byte	0
short	0
int	0
long	0L
double	0.0d
float	0.0f
char	'\u0000'
boolean	false

❋**知识拓展**

◇**成员变量**：静态行为、字段、数据域在含义上与属性相同，但是与属性在详细的定义中有一些区别。

◇**成员变量与变量的区别**：变量在不给出初始值时，是无法使用的；而成员变量不给出初始值系统默认给出初始值时，是可以使用的。

3.3.2   成员方法

方法又称成员方法，同样是 Java 类中的基本组成之一，成员方法描述对象所具有的功能或操作、反映的行为，是具有某种相对独立功能的程序模块。

语法格式：

```
权限修饰 返回值 方法名称([数据类型 参数],…){
    程序块;
```

```
[return 表达式];
}
```

格式解释：

权限修饰：public、default、protected 和 private。

返回值：void（空）、基本数据类型、引用数据类型。

方法名称：方法的名字。

[数据类型 参数]：形参。

…：可以有多个参数。

程序块：要执行的程序。

[return 表达式]：与返回值的类型相同，当返回值是 void 时这个表达式不存在。

在格式()中的参数可以存在也可以不存在，如果有则表示有参方法，如果没有则代表无参方法。return 是根据返回值的类型给出值的，如果是 void 类型则没有返回值。这样就形成了方法的四种形式：

- 有参有返；
- 有参无返；
- 无参有返；
- 无参无返。

示例【C03_06】定义一个 Person 类，添加四个成员变量，使用成员方法的四种形式构建不同的方法，并创建对象对成员变量进行赋值和访问。本例中身份证号码未按身份证编码规律设计，仅用于说明编程思路。代码如下：

```java
public class Person {
    public long id = 4115211887564215241;//定义身份证号码
    public String name = "张三";//定义姓名
    public int age = 18 ;//定义年龄
    public char gender = "女";//定义性别
    /*修改身份证号*/
    public long modifierId(long id){//有参有返
        this.id = id;
        return id;
    }
    /*修改姓名*/
    public void modifierName(String name){//有参无返
        this.name = name;
        System.out.println(name);
    }
    /*输出年龄*/
    public int receiveAge(){//无参有返
        return age;
    }
    /*获得性别*/
    public void receiveGender(){//无参无返
        System.out.println(gender);
    }
    public static void main(String[] args) {//测试类
        Person p = new Person();//新建对象
```

```
        /*使用四种类型的方法*/
        System.out.println(p.modifierId(4521879455545115441));
        p.modifierName("李四");
        System.out.println(p.receiveAge());
        p.receiveGender();
    }
}
```

运行结果：

```
4521879455545511544
李四
18
女
```

方法的四种形式适用于不同的场景，有需要输入的就使用有参数的方法，有需要返回一个结果的可以使用有返回的方法。读者需要灵活地根据场景使用不同的方法类型。

✸知识拓展

◇方法与成员变量一样，在方法名和成员变量名前面的修饰成分还可以使用 static、final 等关键字，后续会讲到这些关键字的使用方式和修饰作用。

3.3.3 重载

重载是一个很重要的概念，它是使用方法执行同类型功能，根据输出的参数不同，执行的过程也不同。重载是一种多态，是同一个类面对不同的输入执行不同的过程。

示例【C03_07】定义一个 Tools 类，类实例化的对象可以与整数、浮点数、字符 ASCII 码和字符串长度比较大小。代码如下：

```
public class Tools {
    public void compareMax(int a ,int b){//比较整型数据的大小
        if(a >=b){
            System.out.println(a);
        }
        System.out.println(b);
    }
    public double compareMax(double a ,double b){//比较两个浮点型数据的大小
        if(a >=b){
            return a;
        }
        return b;
    }
    public void compareMax(double a,double b,double c){//比较三个浮点型数据的大小
        if(a >=c && a >=b){
            System.out.println(a);
        }else if(b >=c && b >=a ){
            System.out.println(b);
        }else{
            System.out.println(c);
        }
    }
    public void compareMax(char a ,char b){//比较字符ASCII码的大小
```

```
        if(a >=b){
            System.out.println(a);
        }
        System.out.println(b);
    }
    public void compareMax(String a ,String b){//比较字符串长度的大小
        if(a.length() >=b.length()){
            System.out.println("字符串较长的是" + a +"长度为"+a.length());
        }
        System.out.println("字符串较长的是" + b +"长度为"+b.length());

    }
    public static void main(String[] args) {
        Tools t = new Tools();
        t.compareMax(5,3);
    }
}
```

在该示例中会获取最大值，根据传入值的类型或个数不同，展现不同的执行过程。

示例一：

```
t.compareMax(5,3);
```

运行结果：

```
5
```

示例二：

```
t.compareMax('a','b');
```

运行结果：

```
b
```

示例三：

```
t.compareMax("hello","java");
```

运行结果：

```
字符串较长的是hello长度为5
```

示例四：

```
t.compareMax(5.3,5.4,6.1);
```

运行结果：

```
6.1
```

由示例和运行结果可以看出，"方法名相同，参数不同"就可以构成方法的重载，参数包括参数的个数和参数的类型，与方法的返回值没有关系。

3.3.4　构造方法

构造方法同样是方法的一种，只不过使用构造方法是用实例化对象的。构造方法除返回值外，与普通的方法相同，构造方法也可以重载。

语法格式：

```
权限修饰 构造方法名([数据类型 参数],…){
    程序块;
}
```

格式解释：

权限修饰：public、default、protected 和 private。

构造方法名：与类名相同。

[数据类型 参数]：形参。

…：可以有多个形参。

程序块：要执行的代码。

需要注意的是构造方法的方法名与类的名称要一致，在程序没有给出构造方法时，该类会自动给出一个无参构造方法。如果显示写出的构造方法，则该类不会再自动给出默认的构造方法，想使用默认无参构造方法，需要将无参构造函数书写出来，否则在实例化对象时，无法使用无参的构造方法创建对象。

示例【C03_08】创建一个 Person 类，定义成员变量和成员方法，并书写测试程序。代码如下：

```java
public class Person {
    Person(){//构造方法        ——与类名相同,在不显示书
    }                            写时,类会自动给出
    public String name;//定义姓名
    public int age;//定义年龄
    public void showInfo(){//显示信息
        System.out.println("姓名为: "+name);
        System.out.println("年龄为: "+age);
    }
    public static void main(String[] args) {
        Person p = new Person();//实例化对象    ——构造方法功能实例化
        p.showInfo();                            对象
    }
}
```

运行结果：

```
姓名为: null
年龄为: 0
```

示例【C03_09】创建一个 Person 类，定义成员变量和成员方法，在构造方法中初始化成员变量，并书写测试程序。代码如下：

```java
public class Person {
    Person(String name,int age){//构造方法    ——含有参数的构造方
        this.name = name;                        法,书写之后,类给出
        this.age = age;                          的无参构造方法会消失
    }
    public String name;//定义成员变量
    public int age;//定义年龄
    public void showInfo(){//显示信息
        System.out.println("姓名为: "+name);
        System.out.println("年龄为: "+age);
    }
    public static void main(String[] args) {    ——不能调用无参的
        Person p = new Person("张三",18);//实例化对象   构造方法
        p.showInfo();
    }
}
```

运行结果：

```
姓名为：张三
年龄为：18
```

示例【C03_10】 创建一个 Person 类，定义成员变量和成员方法，在构造方法中初始化成员变量，并可使用无参构造方法创建对象。书写测试类测试程序，代码如下：

```
public class Person {
        Person(){//无参构造方法
        }
        Person(String name,int age){//有参构造方法
            this.name=name;
            this.age=age;
        }
        public String name;//定义成员变量
        public int age;//定义年龄
        public void showInfo(){//显示信息
            System.out.println("姓名为："+name);
            System.out.println("年龄为："+age);
        }
    public static void main(String[] args) {
        Person p=new Person("张三",18);//利用有参实例化对象
        Person p1=new Person();//利用无参实例化对象
        p.showInfo();
        p1.showInfo();
    }
}
```

两个构造方法构成重载

运行结果：

```
姓名为：张三
年龄为：18
姓名为：null
年龄为：0
```

由示例【C03_08】到示例【C03_10】可知，对象的实例化依据的是构造方法，一个类可以拥有多个构造方法。含有参数的构造方法在创建对象的一开始就能使用初始化数值，可以在实例化对象时传入对象需要的数值。

3.3.5 this 与 static 关键字

this 与 static 关键字是 Java 语言中必须掌握的两个关键字，这两个关键字使用得比较频繁。在很多地方 this 与 static 比较难理解，本节将详细讲述这两个关键字。

1. this 关键字

this 关键字在 Java 中，指代表当前对象自身的关键字。主要用途有以下四个方面：

（1）使用 this 关键字在自身构造方法内部引用其他构造方法；

（2）使用 this 关键字代表自身类的对象；

（3）使用 this 关键字引用成员变量；

（4）使用 this 关键字引用成员方法。

示例【C03_11】 定义一个 Student 类，测试 this 关键字用途的四个方面。代码如下：

```java
public class Student {
    public int id=2018140452;//学生学号
    public String name="张三";//学生姓名
    Student(){
        System.out.println("学生类的无参构造方法");
    }
    Student(int id){
        this();//this调用无参构造函数
        this.id=id;
        System.out.println("学生类的有参构造方法");
    }
    public void setName(String name){
        this.name=name;//引用成员变量
    }
    public String getName(){
        return name;
    }
    public int getId() {
        return id;
    }
    public void setId(int id) {
        this.id=id;
    }
    public void showInfo(){
        System.out.println("学生的学号为："+this.getId());//引用成员方法
        System.out.println("学生的姓名为："+this.getName());
    }
    public Student createObject(){
        return this;//代表自身对象
    }
    public static void main(String[] args) {
        Student s=new Student();//无参创建s
        Student s1=new Student(2018140453);//有参创建s1
        Student s2=s1.createObject();
        s2.showInfo();
    }
}
```

运行结果：

学生类的无参构造方法
学生类的无参构造方法
学生类的有参构造方法
学生的学号为：2018140453
学生的姓名为：张三

　　s 利用无参构造方法创建了一个对象，在 s1 创建时是根据值传递创建对象。当一个类内部的构造方法比较多时，可以只书写一个构造方法的内部功能代码，然后其他的构造方法都通过调用该构造方法来实现，这样既保证了所有的构造是统一的，也降低了代码的重复。s1 调用的 createObject()返回的是自身，事实上 s1 和 s2 指的是同一个对象（形式如 s2＝s1）。

2. static 关键字

static 关键字表示静态，被 static 修饰的成员一般称为静态成员。由于静态成员不依赖任何对象就可以进行访问，因此对于静态方法来说是没有 this 的，因为它不依附任何对象，并且由于这个特性，在静态方法中不能访问类的非静态成员变量和非静态成员方法，所以非静态成员方法和非静态成员变量都是必须依赖具体的对象才能够被调用的。static 可以修饰的成分有块、成员变量、成员方法等。

示例【C03_12】定义一个 Student 类，测试 static 关键字修饰的类成员与非 static 关键字修饰的类成员的区别。代码如下：

```java
public class Student {
    public static String school = "**学院";
    public static int phoneNumber = 18388886666;
    public int id = 2018140452;//学生学号
    public String name = "张三";//学生姓名
    Student(){
        this.say(); //使用静态方法
    }
    public static void say(){//静态方法
        System.out.println("我是一名**学院的学生！");
    }
    public void showInfo(){
        System.out.println("学生的学号为："+this.id);//非静态成员
        System.out.println("学生的姓名为："+this.name);
    }
    public static void main(String[] args){
        System.out.println(Student.school);//通过类名直接调用静态成员
        System.out.println(Student.phoneNumber);
        Student s = new Student();
        s.showInfo();
    }
}
```

运行结果：

```
**学院
18388886666
我是一名**学院的学生！
学生的学号为：2018140452
学生的姓名为：张三
```

静态成员在数据区中，资源是被所有对象共享的，如一个对象对其进行修改，那么所有对象在访问到这个资源时都会被改变。静态变量和非静态变量的区别是：静态变量被所有对象所共享，在内存中只有一个副本，在类初次加载时会被初始化；而非静态变量是对象所拥有的，在创建对象时被初始化，存在多个副本，各个对象拥有的副本互不影响。示例【C03_12】的内存分析如图 3-5 所示。

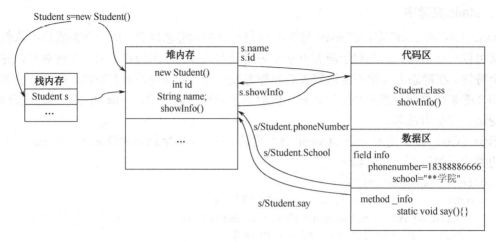

图 3-5　示例【C03_12】的内存分析

改变以下代码：

```
System.out.println(Student.School);
System.out.println(Student.phoneNumber);
Student s = new Student();
s.phoneNumber = 18388886667;
s.showInfo();
System.out.println(Student.phoneNumber);
```

运行结果：

```
**学院
18388886666
我是一名**学院的学生！
学生的学号为：2018140452
学生的姓名为：张三
18388886667
```

虽然在静态方法中不能访问非静态成员方法和非静态成员变量，但在非静态成员方法中是可以访问静态成员方法和静态成员变量的。用静态修饰的成员可直接被类名访问，同样也可被对象访问。

3.4　继　　承

继承是面向对象重要的特性之一，也是 Java 语言中较为重要的知识点。继承是代码复用的一种体现。

3.4.1　继承的基本概念

继承就是子类继承父类的特征和行为，使子类对象（实例）具有父类的实例域和方法，或子类从父类继承方法，使子类具有与父类相同的行为。交通工具的继承实例如图 3-6 所示。

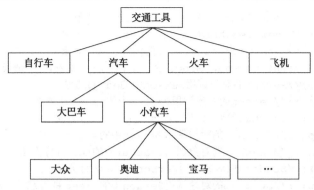

图 3-6　交通工具的继承实例

在 Java 语言中继承的语法格式如下。

语法格式：

```
权限修饰 class 父类名{
    …
}
权限修饰 class 子类名 extends 父类名{
    …
}
```

格式解释：

权限修饰：可以使用权限修饰符。

class：类的关键字。

父类名：被继承的类名。

子类名：继承的类名。

extends：发生继承的关键字。

发生继承关系需要两个或者两个以上的类，在类中，被直接或间接继承的称为父类、超类、基类，直接或间接继承的称为子类、派生类。

示例【C03_13】 创建四个类，即 Person 类、Teacher 类、Student 类和 MiddleStudent 类。Person 类中有成员变量 name、age、gender 和成员方法（无参无返回的）eat()、sleep()方法。Teacher 类继承 Person 类，额外添加成员变量 jobNumber 和成员方法 teach()。Student 类继承 Person 类，额外添加成员变量 studentNumber 和成员方法 Study()。MiddleStudent 类继承 Student 类，额外添加成员变量 school 和成员方法 homeWork()。书写测试程序测试各个类的信息，代码如下：

```
public class Person{//其他类的父类
    public String name;
    public int age;
    public char gender;
    public void eat(){
        System.out.println("Person is eating…");
    }
    public void sleep(){
        System.out.println("Person is sleeping…");
    }
    public static void main(String[] args) {
```

```java
        Person p= new Person();//实例化Person对象
        Teacher t=new Teacher();//实例化Teacher对象
        Student s=new Student();//实例化Student对象
        MiddleStudent ms=new MiddleStudent();//实例化MiddleStudent对象
        p.eat();//Person的对象调用Person中的eat()方法
        p.sleep();//Person的对象调用Person中的sleep()方法
        t.eat();//Teacher的对象调用Person中的eat()方法
        t.sleep();//Teacher的对象调用Person中的sleep()方法
        t.teach();//Teacher的对象调用Teacher中的teach()方法
        s.eat();//Student的对象调用Person中的eat()方法
        s.sleep();//Student的对象调用Person中的sleep()方法
        s.study();//Student的对象调用Student中的study()方法
        ms.eat();//MiddleStudent的对象调用Person中的eat()方法
        ms.sleep();//MiddleStudent的对象调用Person中的sleep()方法
        ms.study();//MiddleStudent的对象调用Student中的study()方法
        ms.homeWork();//MiddleStudent的对象调用Person中的homeWork()方法
    }
}
class Teacher extends Person{//Person类的子类
    public int jobNumber;
    public void teach(){
        System.out.println("Teacher is teaching…");
    }
}
class Student extends Person{//MiddleStudent的父类
    public int studentNumber;
    public void study(){
        System.out.println("Student is studying…");
    }
}
class MiddleStudent extends Person{
    public int school;
    public void homeWork(){
        System.out.println("MiddleStudent is doing homework…");
    }
}
```

运行结果：

```
Person is eating…
Person is sleeping…
Person is eating…
Person is sleeping…
Teacher is teaching…
Person is eating…
Person is sleeping…
Student is studying…
Person is eating…
Person is sleeping…
Student is studying…
MiddleStudent is doing homework…
```

在示例【C03_13】中可以看出即使子类没有定义父类的方法也可以直接调用父类中拥有的方法，而且子类中可以调用添加额外的成员方法和成员变量。MiddleStudent 即使没有直接继承 Person 类，但是依然可以使用 Person 中的方法。

Java 中的继承是单根继承，没有明确指出父类的都被认为是从 Object 继承的。

✳ 知识拓展

◇子类中没有定义的成员变量，父类中定义了，子类也可以使用。无论是父类定义的成员变量还是成员方法，在权限修饰范围允许的情况下子类都可以显式地调用。

◇无论能不能显式地调用父类的成员变量，子类都会在实例化自身对象之前先实例化父类对象。

3.4.2　super 和 final 关键字

1. super 关键字

在 3.3.5 节中讲述过 this 关键字指向的是自身，而对于 super 关键字指向的是父类。super 有两种通用形式：

（1）访问被子类成员隐藏的父类成员；

（2）可以调用父类的构造函数。

示例【C03_14】定义一个 Student 类，测试 super 关键字的两种形式。代码如下：

```
public class Student {
    private String name ;//设置成员变量为私有
    private int StudentId;
    private char gerder;
    Student( String name,int StudentId){//父类的构造方法
        this.StudentId=StudentId;
        this.name = name;
        System.out.println("Student的构造方法");
    }
    /*成员变量的访问器和修改器*/
    public String getName() {
        return name;
    }
    public void setName(String name) {
        this.name = name;
    }
    public int getStudentId() {
        return StudentId;
    }
    public void setStudentId(int studentId) {
        StudentId = studentId;
    }
    public char getGerder() {
        return gerder;
    }
    public void setGerder(char gerder) {
        this.gerder = gerder;
```

```
    }
    public void showInfo(){
        System.out.println("这个学生的姓名: "+name);
        System.out.println("这个学生的年龄: "+StudentId);
    }
    public static void main(String[] args) {
        MiddleStudent ms = new MiddleStudent("张三",20181452);
        //创建MiddleStudent的对象
        ms.showInfo();//ms调用父类的方法
        ms.showGerder('男');//ms调用自身方法
    }
}
class MiddleStudent extends Student{
    MiddleStudent(String name, int StudentId) {//子类的构造方法
        super(name, StudentId);//必须先构建父类
        System.out.println("MiddleStudent的构造方法");
    }
    public void showGerder(char gerder){
        super.setGerder(gerder);//通过super调用父类的方法
        System.out.println("这个学生性别为: "+super.getGerder());
    }
}
```

运行结果:
```
Student的构造方法
MiddleStudent的构造方法
这个学生的姓名: 张三
这个学生的年龄: 20181452
这个学生性别为: 男
```

示例【C03_14】的内存分析如图 3-7 所示。

图 3-7 示例【C03_14】的内存分析

通过示例【C03_14】可以看出 super 在子类中相当于父类的一个对象，其中成员变量被设置成私有的，访问和修改要通过 get 和 set 方法，这样做的目的是不破坏类的封装性原则。权限修饰详情参见 3.5.2 节。

❊知识拓展

◇成员变量与属性的区别：在很多地方属性与成员变量都不做区分，属性是 JavaBean 中的概念，成员变量拥有修改器和访问器之后称为属性。

2. final 关键字

Java 中的 final 关键字非常重要，它可以应用于类、方法及变量。一旦将引用声明做 final，

将不能再改变这个引用，因为编译器会检查代码，如果试图将变量再次初始化，编译器就会报编译错误。

示例【C03_15】定义一个 Person 类，测试由 final 关键字修饰的类成员与普通类成员的区别。代码如下：

```java
public class Person {
    public String name ;//姓名
    public final String NATIONALITY = "China" ;//国籍
    public int IDNumber ;//身份证号
    public final void eat(){
        System.out.println("正在吃饭…");
    }
    public void eat(String s){//eat()重载
        System.out.println("使用"+s+"正在吃饭…");
    }
    public static void main(String[] args) {
        Person p = new Person();
        p.name = "张三";
        p.IDNumber = 4152165;
        //p.NATIONALITY = "美国";//被final修饰不能被重新定义
        System.out.println(p.IDNumber);
        System.out.println(p.name);
        System.out.println(p.NATIONALITY );
        p.eat();
        p.eat("筷子");
    }
}
```

运行结果：

```
4152165
张三
China
正在吃饭…
使用筷子正在吃饭…
```

由示例【C03_15】可以看出，被 final 修饰的成员变量使用时是不能再次进行修改的。同样被 final 修饰的成员方法也是不能被重写的，但被 final 修饰的成员方法是可以被重载的。

```java
public class Person {
public final void eat(){
    }
}
class student extends Person{
public void eat(){
}
}
```

如果重写，final 修饰的成员方法则会出现以下错误：

```
Cannot override the final method from Person
```

被 final 修饰的类也不能被继承，代码如下：

```java
public final class Person {
}
```

```
class student extends Person{
}
```

如果继承，final 修饰的类则会出现以下错误：

```
The type student cannot subclass the final class Person
```

✳知识拓展

◇重写（override）是构成多态的基本条件之一。

◇按照 Java 代码惯例，final 变量就是常量，而且通常常量名要大写。

3.5 控 制 访 问

在开发一些程序，尤其是较大的程序时，存在一些类不能被另一些类访问的情况或是一些类不能直接访问到另一些类的类成员。但在 Java 程序设计中，可以通过包和权限修饰做到访问。

3.5.1 包的概念

为了更好地组织类，Java 提供了包机制，用于区别类名的命名空间，它是类的一种文件组织和管理方式，是一组功能相似或相关的类或接口的集合。Java package 提供了访问权限和命名的管理机制，它是 Java 中基础的却又非常重要的一个概念。包的作用有以下几点：

（1）把功能相似或相关的类或接口组织在同一个包中，方便类的查找和使用。

（2）如同文件夹一样，包也采用了树形目录的存储方式。同一个包中的类名字是不同的，不同包中的类名字是可以相同的，当同时调用两个不同包中相同类名的类时，应该加上包名来加以区别。因此，包应该避免名字冲突。

（3）包也限定了访问权限，只有拥有包访问权限的类，才能访问某个包中的类。

语法格式：

```
package pkg1[. pkg2[. pkg3…]];
如：java.util.Scanner;
```

格式解释：

package：书写包的关键字。

pkg1：第一层包。

"．"：该路径下。

pkg2：第二层包。

…：可以有多层包。

在实际开发中，包结合 import 将关键字和权限修饰一同使用，可达到控制访问的目的。在程序中给包命名时，通常是将域名倒过来写，如"www.abc.com"，则包名应该是"com.abc"。

示例【C03_16】定义一个 Student 类，将类放到"com.abc"包中，再新建不同的包 Test 类并输出学生信息。代码如下：

```
package com.abc;//包名
public class Student {
    public int id=2018140452;//学生学号
    public String name="张三";//学生姓名
```

```
    public void showInfo(){
        System.out.println("学生的学号为: "+id);//引用成员方法
        System.out.println("学生的姓名为: "+name);
    }
}
package three.com;
import com.abc.Student;//引入包
public class Test {
    public static void main(String[] args) {
        Student s = new Student();
        s.showInfo();//打印com.zzdl.Student中的学生信息
    }
}
```

运行结果：

学生的学号为：2018140452

学生的姓名为：张三

在使用 package 关键字新建包并在包中定义类后，如果再使用这个类则需要使用 import 关键字导入。

❋知识拓展

◆使用包应结合权限修饰来对文件进行管理。

3.5.2　权限修饰

权限修饰是 Java 类与对象中必须掌握的知识点，权限修饰包含四种：private、default、protected 和 public。权限修饰可以修饰类、类成员，每一个权限修饰的作用范围都要结合实际的意义对实际程序进行访问控制。权限修饰的作用范围见表 3-2。

表 3-2　权限修饰的作用范围

	private	default	protected	public
自身类	√	√	√	√
相同包的其他类	×	√	√	√
不同包的其他类	×	×	×	√
相同包的子类	×	√	√	√
不同包的子类	×	×	√	√

"√"表示可见的意思，"×"表示不可见的意思。

private 修饰内部类、成员变量、成员方法，对项目中除自身外的其他类都不可见。

default 修饰内外部类、成员变量、成员方法，对项目中同一个包的类是可见的。

protected 修饰内部类、成员变量、成员方法，对项目中同一个包的类可见或子类可见。

public 修饰内外部类、成员变量、成员方法，对项目中的类是可见的，但在不同的包中访问是需要导入包的。

示例【C03_17】定义一个 Student 类，设置四个成员变量，使用四种权限修饰这四个成员变量，并书写两个测试类分别进行测试：在不同和相同 Student 类的包中访问成员变量的情况。代码如下：

```
package com.abc;//包名
public class Student {
```

```
    public int id=2018140452;//学生学号
    String name="张三";//学生姓名
    protected char gender="女";//学生性别
    private int age=18;//学生年龄
}
```

同一个包的测试：

```
package com.abc;//包名
public class Test {
    public static void main(String[] args) {
        Student s=new Student();
        System.out.println(s.id);//尝试打印id
        System.out.println(s.name);//尝试打印name
        System.out.println(s.gender);//尝试打印gender
        System.out.println(s.age);//尝试打印age
    }
}
```

运行结果：

```
Exception in thread "main" java.lang.Error: Unresolved compilation problem:
    The field Student.age is not visible
```

在同一个包中 age 是不可见的。说明 private 修饰类的成分对同一个包中其他的类是不可见的。

修改代码为：

```
package com.abc;//包名
public class Test {
    public static void main(String[] args) {
        Student s=new Student();
        System.out.println(s.id);//尝试打印id
        System.out.println(s.name);//尝试打印name
        System.out.println(s.gender);//尝试打印gender
    }
}
```

运行结果：

```
2018140452
张三
女
```

说明 public、default 和 protected 修饰的成分对同一个包是可见的。

不同的包测试：

```
package three.com;//包名
public class Test {
    public static void main(String[] args) {
        Student s=new Student();
        System.out.println(s.id);//尝试打印id
        System.out.println(s.name);//尝试打印name
        System.out.println(s.gender);//尝试打印gender
        System.out.println(s.age);//尝试打印age
    }
}
```

运行结果：

```
Exception in thread "main" java.lang.Error: Unresolved compilation problems:
    Student cannot be resolved to a type
    Student cannot be resolved to a type
```

即使 public 对不同的包可见但也需要导入包。

修改代码为：

```
package three.com;//包名
import com.abc.Student;
public class Test {
    public static void main(String[] args) {
        Student s=new Student();
        System.out.println(s.id);//尝试打印id
    }
}
```

运行结果：

```
2018140452
```

说明在不同包中 default、protected 和 private 修饰的成分对其他包中的成分是不可见的。

3.5.3　内部类

内部类是指在一个类的内部定义一个类。内部类作为外部类的一个成员，依附外部类而存在。内部类可以是静态的，也可以用四种权限修饰符进行修饰。内部类有四种形式：成员内部类、局部内部类、静态内部类和匿名内部类。

1．成员内部类

成员内部类可以与成员变量一样，属于类的成员变量。

语法格式：

```
权限修饰class 外部类名{
    权限修饰 数据类型 成员变量名;
    权限修饰 class 内部类名{
        …
    }
    …
}
```

格式解释：

外部类：

权限修饰：public、default。

class：类的关键字。

外部类名：外部类的名称。

…：可以额外定义成员变量和成员方法。

权限修饰：public、default、protected 和 private。

数据类型：基本数据类型、引用数据类型。

成员变量名：成员变量名称。

内部类：

权限修饰：public、default、protected 和 private。

class：类的关键字。

内部类名：内部类的名称。

…：可以定义成员变量和成员方法。

如果使用内部类就需要一个外部类实例化一个对象。例如：

```
Outer o=new Outer();
Outer.Inner oi=o.new Inner();
```

只有实例化对象后才能实例化成员内部类的成员变量和成员方法。

示例【C03_18】创建一个 ClassRoom 类，类体中包含成员变量 size、floor，成员内部类 Chair 类还包含打印成员变量的成员方法 showInfo()，Chair 类中包含 length、seats 和 showInfo()，并书写 Test 类测试程序。代码如下：

```java
public class ClassRoom {
    public int size;//成员变量大小
    public int floor;//成员变量楼层
    public class Chair{//成员内部类
        public int length;
        public int seats;
        public void showInfo(){//内部类的成员方法
            System.out.println("椅子的个数为"+seats);
            System.out.println("椅子的长度为"+length);
        }
    }
    public void showInfo(Chair c){//内部类的成员方法
        System.out.println("班级的大小为"+size);
        System.out.println("班级的楼层为"+floor);
        System.out.println("班级的椅子的个数为"+c.seats);
        System.out.println("班级的椅子的长度为"+c.length);
    }
}
```

测试类：

```java
public class Test {
    public static void main(String[] args) {
        ClassRoom cr=new ClassRoom();//创建外部类
        ClassRoom.Chair crc=cr.new Chair();//创建内部类
        cr.floor=4;//楼层赋值4
        cr.size=50;//大小50米
        crc.length=2;//长度2米
        crc.seats=88;//座位个数88个
        crc.showInfo();//内部类打印信息
        cr.showInfo(crc);//外部类打印信息
    }
}
```

运行结果：

```
椅子的个数为88
椅子的长度为2
班级的大小为50
班级的楼层为4
```

班级的椅子的个数为88
班级的椅子的长度为2

✳ 知识拓展

◆ 内部类的权限修饰不能大于外部类的权限修饰，否则程序会出错。

由示例【C03_18】可知，内部类可以使用与外部类相同的成员变量或成员方法名，某种意义上内部类与外部类的功能是一样的，只不过内部类在外部类的类体中。

2. 局部内部类

局部内部类声明在成员方法体内，作用范围只能是该方法体。

语法格式：

```
权限修饰class 外部类名{
    权限修饰 数据类型 成员变量名;
    权限修饰 返回值 成员方法名([数据类型 参数],…){
        权限修饰 class 类名(){
            …
        }
        …
        [return 表达式];
    }
    …
}
```

格式解释：

外部类：

权限修饰：public、default。

class：类的关键字。

外部类名：外部类的名称。

…：可以额外定义成员变量和成员方法。

成员变量：

权限修饰：public、default、protected 和 private。

数据类型：基本数据类型、引用数据类型。

成员变量名：成员变量名称。

成员方法：

权限修饰：public、default、protected 和 private。

返回值：void、基本数据类型、引用数据类型。

成员方法名：成员方法的名字。

[数据类型 参数]：形参。

…：可以有多个参数。

程序块：要执行的程序。

[return 表达式]：与返回值的类型相同，当返回值是 void 时这个表达式不存在。

内部类：

权限修饰：public、default、protected 和 private。

class：类的关键字。

内部类名：内部类的名称。

…：可以定义成员变量和成员方法。

局部内部类类似方法的局部变量，所以在类外或类的其他方法中不能访问这个内部类，但这并不代表局部内部类的实例定义了它方法中的局部变量具有相同的生命周期。

示例【C03_19】创建一个外部类 Outer，创建局部内部类 LocalClass 并测试局部内部类。代码如下：

```java
public class Outer {
    public static void showOuter(){//静态方法
        System.out.println("Outer的静态方法");
    }
    public void printOuter(){//普通方法
        System.out.println("Outer的普通方法");
    }
    public void testOuter(){
        class LocalClass{//局部内部类
            public LocalClass lc;
            public void printLocalClass(){
                System.out.println("局部内部类");
            }
        }
        LocalClass lc=new LocalClass();
        lc.printLocalClass();
    }
    public static void main(String[] args) {
        Outer o=new Outer();
        o.showOuter();
        o.printOuter();
        o.testOuter();//打印局部内部类
    }
}
```

运行结果：

```
Outer的静态方法
Outer的普通方法
局部内部类
```

只能在方法内部类（局部内部类）定义后使用，不存在外部可见性问题，因此没有访问修饰符。不能在局部内部类中使用可变的局部变量，可以访问外围类的成员变量。如果是 static 方法，则只能访问 static 修饰的成员变量，可以使用 final 或 abstract 修饰。

3. 静态内部类

静态内部类和静态成员变量类似，都是使用 static 修饰的。

语法格式：

```
权限修饰class 外部类名{
    权限修饰 数据类型 成员变量名;
    权限修饰 static class 内部类名{
        ...
    }
}
```

格式解释：

外部类：

权限修饰：public、default。

class：类的关键字。

外部类名：外部类的名称。

…：可以额外定义成员变量和成员方法。

成员变量：

权限修饰：public、default、protected 和 private。

数据类型：基本数据类型、引用数据类型。

成员变量名：成员变量名称。

内部类：

权限修饰：public、default、protected 和 private。

static：静态。

class：类的关键字。

内部类名：内部类的名称。

…：可以定义成员变量和成员方法。

在创建静态内部类时，不需要将静态内部类的实例绑定在外部类的实例上。普通非静态内部类的对象是依附在外部类对象之中的，要在一个外部类中定义一个静态的内部类，不需要利用关键字 new 来创建内部类的实例。静态类和方法只属于类本身，而不属于该类的对象，更不属于其他外部类的对象。例如：

```
Outer.Inner oi = new Outer.Inner();
```

示例【C03_20】创建一个 ClassRoom 类，类体中包含成员变量 size、floor，静态内部类 Chair 类还包含打印成员变量的成员方法 showInfo()，Chair 类中包含 length、seats 和 showInfo()，书写 Test 类测试程序。代码如下：

```java
public class ClassRoom {
    public int size;//成员变量大小
    public int floor;//成员变量楼层
    public static class Chair{//成员内部类
        public int length;
        public int seats;
        public void showInfo(){//内部类的成员方法
            System.out.println("椅子的个数为"+seats);
            System.out.println("椅子的长度为"+length);
        }
    }
    public void showInfo(Chair c){//内部类的成员方法
        System.out.println("班级的大小为"+size);
        System.out.println("班级的楼层为"+floor);
        System.out.println("班级的椅子的个数为"+c.seats);
        System.out.println("班级的椅子的长度为"+c.length);
    }
}
```

测试类：

```
public class Test {
    public static void main(String[] args) {
        ClassRoom cr = new ClassRoom();//创建外部类
        ClassRoom.Chair crc = new ClassRoom.Chair();//创建静态内部类
        cr.floor = 4;//楼层赋值4
        cr.size = 50;//大小50
        crc.length = 2;//长度2
        crc.seats = 88;//座位个数88
        crc.showInfo();//内部类打印信息
        cr.showInfo(crc);//外部类打印信息
    }
}
```

> 创建方式与局部内部类不同

运行结果：

椅子的个数为88
椅子的长度为2
班级的大小为50
班级的楼层为4
班级的椅子的个数为88
班级的椅子的长度为2

要创建**静态内部类**的对象，并不需要其外部类的对象，不能从**静态内部类**的对象中访问非静态的外部类对象。

4．匿名内部类

一个局部内部类只被使用一次（只用它构建一个对象），就可以不用对其命名了，这种没有名字的类称为匿名内部类。

语法格式：

```
权限修饰class 外部类名{
    权限修饰 数据类型 成员变量名;
    权限修饰 返回值 成员方法名([数据类型 参数],…){
            new 匿名内部类(){
            }
            程序块
            [return 表达式]
    }
}
```

格式解释：

外部类：

权限修饰：public、default。

class：类的关键字。

外部类名：外部类的名称。

…：可以额外定义成员变量和成员方法。

成员变量：

权限修饰：public、default、protected 和 private。

数据类型：基本数据类型、引用数据类型。

成员变量名：成员变量名称。

成员方法：

权限修饰：public、default、protected 和 private。

返回值：void、基本数据类型、引用数据类型。

成员方法名：成员方法的名字。

[数据类型　参数]：形参。

…：可以有多个参数。

程序块：要执行的程序。

[return 表达式]：与返回值的类型相同，当返回值是 void 时这个表达式不存在。

内部类：

new：创建对象的关键字。

匿名内部类：父类的名称。

示例【C03_21】匿名内部类的示例。代码如下：

```java
public class Outer {
    public void printOuter(){//普通方法
        System.out.println("Outer的普通方法");
    }
    public void testOuter(){
        new LocalClass(){//匿名内部类          该类没有构造
                                              器，依靠父类
            public void printOuter(){
                System.out.println("匿名内部类");
            }
        }.printOuter();
    }
    public static void main(String[] args) {
        Outer o = new Outer();
        o.printOuter();
        o.testOuter();//打印匿名内部类
    }
}
class LocalClass extends Outer{
}
```

运行结果：

```
Outer的普通方法
匿名内部类
```

使用匿名内部类的规则如下：

（1）使用匿名内部类时，必须是继承一个类或实现一个接口，但是两者不可兼得，同时也只能继承一个类或实现一个接口。

（2）匿名内部类中是不能定义构造函数的。

（3）匿名内部类中不能存在任何的静态成员变量和静态方法。

（4）匿名内部类为局部内部类，所以局部内部类的所有限制同样对匿名内部类生效。

（5）匿名内部类不能是抽象的，必须实现继承的类或实现接口的所有抽象方法。

❉ 知识拓展

◇ 接口是一组抽象操作的集合，在本章的 3.8 节中会详细讲解。

3.6 多 态

多态（Polymorphism）按字面的意思就是"多种状态"。在面向对象语言中，接口的多种不同的实现方式即多态。在 Java 中多态有两种：第一种是重载形成的多态；第二种是重写形成的多态。前者是在编译期间就形成了多态，称为静态多态；后者是在运行时根据父类接收的对象确定运行的方法，在运行期间形成的多态称为动态多态。本节讲述的是动态多态。形成动态多态有继承、重写和转型三个必需的条件。继承在本章 3.4 节中详细讲述过了，此处不再赘述，本节主要讲述重写和转型。

3.6.1 重写

子类可继承父类中的方法，而不需要重新编写相同的方法。但有时子类并不想原封不动地继承父类的方法，而是想做一定的修改，这就需要采用方法重写。方法重写又称方法覆盖。

语法格式：

```
权限修饰 class 父类名{
        成员变量;
        …
        权限修饰 返回值 method([数值类型 参数],…){
            父类method程序段;
        }
        …;
}
权限修饰 class 子类名 extends 父类名{
        成员变量;
…
        权限修饰 返回值 method([数值类型 参数],…){
            子类method程序段;
        }
        …;
}
```

格式解释：

权限修饰：可以使用权限修饰符。

class：类的关键字。

权限修饰 返回值 method([数值类型 参数],…)：要被重写的成员方法。

父类名：被继承的类名。

子类名：继承的类名。

extends：发生继承的关键字。

权限修饰 返回值 method([数值类型 参数],…)：重写的成员方法。

由上面的定义可以看出重写必须要有继承，而且需要子类中的成员方法名与父类相同，同时子类使用相同的方法执行体，在不同的情况下才能构成重写。

示例【C03_22】创建一个 Animal 动物类，Animal 有成员变量重量（weight）、皮毛颜色（furColor），成员方法 eat()、sleep()；再创建 Cat 猫类继承 Animal 动物类，增加成员变量品种

（variety），增加成员方法 scream()，并重写 eat()方法。代码如下：

```java
public class Animal {
    public double weight;//定义成员变量
    public String furColor;
    public void eat(){//定义eat()方法
        System.out.println("Animal eat food");
    }
    public void sleep(){
        System.out.println("Animal is sleeping");
    }
    public static void main(String[] args) {
        Cat c = new Cat();//Cat类实例化对象c
        c.sleep();//c调用sleep()方法
        c.eat();//c调用eat()方法
    }
}
class Cat extends Animal{
    public String variety;
    public void eat(){//重写eat()方法
        System.out.println("Cat eat fish");
public void scream() {//自身定义一个额外的方法
        System.out.println("Cat scream");
    }
    }
}
```

运行结果：

```
Animal is sleeping
Cat eat fish
```

由结果可以看出，如果子类中没有重写父类的方法，则子类会自动调用父类的方法；如果子类重写了父类的方法，则子类的对象在运行时会执行自身重写之后的方法。示例【C03_22】的内存分析如图 3-8 所示。

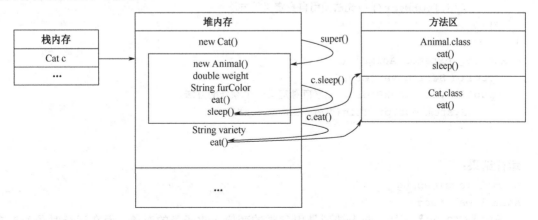

图 3-8　示例【C03_22】的内存分析

❋知识拓展

◇ 重载（overload）与重写（overwrite）有很多读者在初学 Java 时分不清。重载是对自身的方法进行重新加载，方法名相同、参数不同就可以重载。重写又称覆盖（override），需要有继承，子类对父类进行重写需要方法名、返回值和参数都一致才能进行。

3.6.2 对象转型与多态

对象转型与多态是 Java 中核心的知识点，多态的前提是要有继承、重写和对象转型。本节主要讲述对象转型与多态。

1. 对象转型

对象转型中的向上转型动态是多态的必要条件，对象转型分为两种：一种称为向上转型（父类对象的引用或者称为基类对象的引用指向子类对象），另一种称为向下转型。

（1）向上转型。

向上转型一定是安全的，从小范围转换成大范围。父类的变量接收子类的对象。例如：

```
Parent p = new Children();
```

示例【C03_23】 创建一个 Animal 动物类，Animal 有成员变量重量（weight）、皮毛颜色（furColor），成员方法 eat()、sleep()；再创建 Dog 狗类继承 Animal 动物类，增加成员变量品种（variety），增加成员方法 lookDoor()，并测试向上转型。代码如下：

```
public class Animal {
    public double weight;// 定义成员变量
    public String furColor;
    public void eat() {// 定义eat()方法
        System.out.println("Animal eat food");
    }
    public void sleep() {
        System.out.println("Animal is sleeping");
    }
    public static void main(String[] args) {
        Animal a = new Dog();//父类的变量接收子类的对象
        a.sleep();// a调用sleep()方法
        a.eat();// a调用eat()方法
        //a.lookDoor()//无法使用自身定义的方法
    }
}
class Dog extends Animal {
    public String variety;
    public void lookDoor() {//自身定义一个额外的方法
        System.out.println("Dog lookDoor");
    }
}
```

运行结果：

```
Animal is sleeping
Animal eat food
```

由示例【C03_23】可知，向上转型是用父类的变量接收子类的对象，而在运行时子类把自身当成一个父类的对象看待，所以不能调用自身的方法。示例【C03_23】的内存分析如图 3-9 所示。

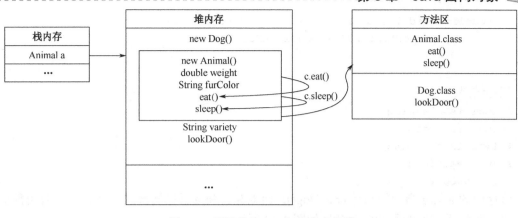

图 3-9　示例【C03_23】的内存分析

从图 3-9 中可以看出，Animal a 指向的是 new Dog 体创建的 Animal 对象。Animal 类型指向了 Dog 这个对象，在程序中会把这只 Dog 当成一只普通的 Animal，既然是把 Dog 当成一只普通的 Animal，那么 Dog 类里面声明的成员变量 variety 就不能访问了，因为 Animal 类里面没有这个成员变量。同样这个变量指向的这个对象是无法识别 lookDoor() 方法的。

（2）向下转型。

向下转型不一定是安全的，从大范围转换成小范围。子类类型的变量接收父类的对象。例如：

```
Parent p = new Children();
Children c = (Children )p;
```

示例【C03_24】创建一个 Animal 动物类，Animal 有成员变量重量（weight）、皮毛颜色（furColor），成员方法 eat()、sleep()；再创建 Dog 狗类继承 Animal 动物类，增加成员变量品种（variety），增加成员方法 lookDoor()，并测试向下转型。代码如下：

```
public class Animal {
    public double weight;// 定义成员变量
    public String furColor;
    public void eat() {// 定义eat()方法
        System.out.println("Animal eat food");
    }
    public void sleep() {
        System.out.println("Animal is sleeping");
    }
    public static void main(String[] args) {
        Animal a = new Dog();//父类的变量接收子类的对象
        Dog d = (Dog)a;//强制转换
        a.sleep();// a调用sleep()方法
        a.eat();// a调用eat()方法
        d.sleep();
        d.eat();
        d.lookDoor();//可以使用自身定义的方法
    }
}
class Dog extends Animal {
    public String variety;
```

```
    public void lookDoor() {//自身定义一个额外的方法
        System.out.println("Dog lookDoor");
    }
}
```

运行结果：

```
Animal is sleeping
Animal eat food
Animal is sleeping
Animal eat food
Dog lookDoor
```

程序中的 a 与 d 指向的都是 new Dog()这个对象，将 a 强制转换成一个 Dog 类有可能会发生错误。示例【C03_24】的内存分析如图 3-10 所示。

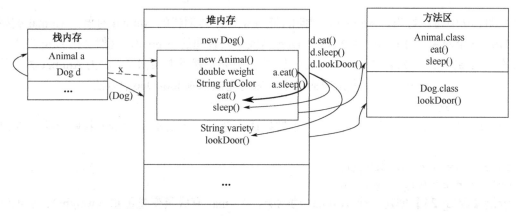

图 3-10　示例【C03_24】的内存分析

在程序的开始 Animal a 的变量会指向 Animal 的对象，而 Dog d 指向的是 a 的指向，在强制转换后 d 指向了 new Dog()，此时 d 可以调用 Dog 类中的成员变量和成员方法。a 强制转换成一个 Dog 类有可能会出现下列错误：

```
    public static void main(String[] args) {
        Animal a = new Animal();//不是子类的对象
        Dog d = (Dog)a;//强制转换
        a.sleep();// a调用sleep()方法
        a.eat();// a调用eat()方法
        d.sleep();
        d.eat();
        d.lookDoor();//可以使用自身定义的方法
    }
```

运行结果：

```
Exception in thread "main" java.lang.ClassCastException: three.student.Animal
cannot be cast to three.student.Dog
```

❋**知识拓展**

◇**java.lang.ClassCastException** 是个类型不能转换的异常，详情请参见第 4 章。

可以修改代码为：

```
public static void main(String[] args) {
```

```
        Animal a = new Animal();//不是子类的对象
        if(c instanceof Dog){
            Dog d = (Dog)a;//强制转换
            d.sleep();
            d.eat();
            d.lookDoor();//可以使用自身定义的方法
        }else{
            System.out.println("error");
        }
        a.sleep();// a调用sleep()方法
        a.eat();// a调用eat()方法
    }
```

运行结果：

```
error
Animal is sleeping
Animal eat food
```

instanceof 可以判别当前对象是否属于某一种类型。

2. 多态

在学习继承、重写和转型后，多态就很容易理解了。Java 运用了一种动态地址绑定的机制实现了多态。运行期间判断对象的类型，并分别调用适当的方法。也就是说，编译器此时依然不知道对象的类型，但方法调用机制能自我调查，找到正确的方法主体。

语法格式：

```
权限修饰 class 父类名{
    成员变量;
        …
        权限修饰 返回值 method([数值类型 参数],…){
            父类method程序段;
        }
        …;
}
权限修饰 class 子类名 extends 父类名{
    成员变量;
        …
        权限修饰 返回值 method([数值类型 参数],…){
            子类method程序段;
        }
        …;
}
父类名 变量 = new 子类名();
变量.method([数值类型 参数],…);
```

格式解释：

权限修饰：可以使用权限修饰符。

class：类的关键字。

权限修饰 返回值 method([数值类型 参数],…)：要被重写的成员方法。

父类名：被继承的类名。

子类名：继承的类名。

extends：发生继承的关键字。

权限修饰 返回值 method([数值类型 参数],…)：重写的成员方法。

父类名 变量 = new 子类名()：向上转型。

变量.method([数值类型 参数],…)：调用类重写的方法。

多态实际上利用向上转型和运行期间判断对象的类型，从而调用子类重写过的方法。

示例【C03_25】创建一个 Animal 动物类，Animal 有成员变量重量（weight）、皮毛颜色（furColor），成员方法 eat()、sleep()；再创建 Dog 狗类继承 Animal 动物类，增加成员变量体型（size），增加成员方法 lookDoor()，并重写 eat()方法；再创建 Cat 猫类继承 Animal 动物类，增加成员变量品种（variety），增加成员方法 scream()，并重写 eat()方法，测试三个不同类的 eat()方法。代码如下：

```java
public class Animal {
    public double weight;// 定义成员变量
    public String furColor;
    public void eat() {// 定义eat()方法
        System.out.println("Animal eat food");
    }
    public void sleep() {
        System.out.println("Animal is sleeping");
    }
    public static void main(String[] args) {
        Animal a = new Animal();
        //接收子类的对象
        Animal a1 = new Dog();
        Animal a2 = new Cat();
        a.eat();
        //展现不同形态
        a1.eat();
        a2.eat();
    }
}
class Dog extends Animal {
    public String size;
    public void lookDoor() {//自身定义一个额外的方法
        System.out.println("Dog lookDoor");
    }
    public void eat() {// 狗类重写eat()方法
        System.out.println("Dog eat meat");
    }
}
class Cat extends Animal {
    public String variety;
    public void scream() {//自身定义一个额外的方法
        System.out.println("Cat scream");
    }
    public void eat() {// 猫类重写eat()方法
```

```
        System.out.println("Cat eat fish");
    }
}
```

运行结果：

```
Animal eat food
Dog eat meat
Cat eat fish
```

当使用多态方式调用方法时，首先检查父类中是否有该方法，如果没有，则出现编译错误；如果有，再去调用子类的同名方法。多态的好处：可以使程序有良好的扩展，并可以对所有类的对象进行通用处理。示例【C03_25】的内存分析如图 3-11 所示。

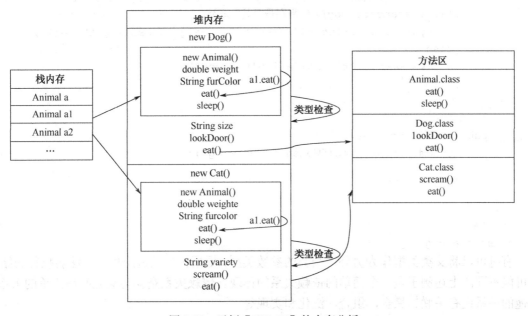

图 3-11　示例【C03_25】的内存分析

示例【C03_26】在示例【C03_25】的基础上添加一个 Person 类，类中有喂养动物 feedPet()，有两个类 Man 和 Women 继承 Person 类，并重写 feedPet()方法，Man 类有额外的 doWork()方法，Women 类有 doHouseWork()方法，Women 类只能养 Dog 类。测试多态代码如下：

```
public class Person {
    public void feedPet(Animal a){
    }
    public static void main(String[] args) {
        //多态
        Person p = new Men();
        Person p1 = new Women();
        p.feedPet(new Dog());
        p1.feedPet(new Cat());
    }
}
class Men extends Person{
    @Override
    public void feedPet(Animal a) {//重写方法
```

```
        super.feedPet(a);//父类方法
        System.out.println("man feed"+a.getClass().getName());
    }
    public void doWork(){
        System.out.println("man is working");
    }
}
class Women extends Person{
    @Override
    public void feedPet(Animal a) {
        super.feedPet(a);
        if(a instanceof Dog){//判别是否是Dog类
            System.out.println("Women feed "+a.getClass().getName());
        }else{
            System.out.println("a isn't a dog");
        }


    }
    public void doHouseWork(){
        System.out.println("Women is working");
    }
}
```

运行结果：

```
man feed Dog
a isn't a dog
```

有时可以将父类类型作为另外一个类的参数类型，根据传参的调用相同方法名执行的结果有可能不同。上述例子是一个简单的依赖关系的体现。依赖关系是类与类之间最简单的关系。其他的关系还有关联、聚合、组合、泛化和实现等。

3.7　抽　象　类

语法格式：

```
权限修饰 abstract class 抽象类名{
        成员变量；
        成员方法；
        [抽象方法]；
}
```

格式解释：

权限修饰：可以使用权限修饰符。

abstract：抽象关键字。

class：定义类关键字。

成员变量：成员变量。

成员方法：成员方法。

[抽象方法]：可以有抽象方法。

示例【C03_27】抽象类的示例。代码如下：

```java
public abstract class Employee {
    private String name;
    private String address;
    private int number;
    public Employee(String name, String address, int number) {//构造方法
        System.out.println("Constructing an Employee");
        this.name = name;
        this.address = address;
        this.number = number;
    }
    public double computePay() {
        System.out.println("Inside Employee computePay");
        return 0.0;
    }
    public void mailCheck() {
        System.out.println("Mailing a check to " + this.name + " "
                + this.address);
    }
    public String toString() {
        return name + " " + address + " " + number;
    }
    public String getName() {
        return name;
    }
    public String getAddress() {
        return address;
    }
    public void setAddress(String newAddress) {
        address = newAddress;
    }
    public int getNumber() {
        return number;
    }
}
public class AbstractDemo {
    public static void main(String[] args) {
        /* 以下是不允许的, 会引发错误 */
        Employee e = new Employee("zby.", "baidu, bd", 22);
        System.out.println("邮件");
        e.mailCheck();
    }
}
```

运行结果:

```
Exception in thread "main" java.lang.Error: Unresolved compilation problem:
    Cannot instantiate the type Employee
```

不能实例化对象的异常，说明即使在有构造方法时也不能创建抽象类的对象。一般是通过继承中抽象类的子类实例化子类对象对抽象类中的方法进行调用的。代码如下:

```java
public class Staff extends Employee {
```

```java
    private double Staff; // 设置工资
    public Staff(String name, String address, int number, double Staff) {
        super(name, address, number);//调用父类的构造方法
        setStaff(Staff);
    }
    public void mailCheck() {
        System.out.println("Within mailCheck of Staff class ");
        System.out.println("Mailing check to " + getName() + " with Staff "
                + Staff);
    }
    public double getStaff() {
        return Staff;
    }
    public void setStaff(double newStaff) {
        if (newStaff >= 0.0) {
            Staff = newStaff;
        }
    }
    public double computePay() {
        System.out.println("Computing Staff pay for " + getName());
        return Staff / 30;
    }
}
public class AbstractDemo {
    public static void main(String[] args) {
        Staff s = new Staff("hhx", "bj", 3, 3600.00);//构建自身对象
        Employee e = new Staff("zzb", "zz", 2, 2400.00);//向上转型
        System.out.println("Call mailCheck using Salary reference --");
        s.mailCheck();
        System.out.println("Call mailCheck using Employee reference--");
        e.mailCheck();
    }
}
```

运行结果：

```
Constructing an Employee
Constructing an Employee
Call mailCheck using Salary reference --
Within mailCheck of Staff class
Mailing check to hhx with Staff 3600.0
Call mailCheck using Employee reference--
Within mailCheck of Staff class
Mailing check to zzb with Staff 2400.0
```

书写抽象类的格式包含了抽象方法，含有抽象方法的类一定是一个抽象类，但是抽象类中不一定有抽象方法。抽象方法一定要被重写。

示例【C03_28】抽象方法的使用。代码如下：

```java
public abstract class Employee {
    private String name;
    private String address;
```

```
    private int number;
    public abstract double computePay();//抽象方法
}
public class Staff extends Employee{
    private double Staff; // Annual Staff
    public double computePay(){
        System.out.println("Computing Staff pay for " );
        return Staff/30;
    }
}
```

抽象类的总结：

（1）抽象类不能被实例化（初学者很容易犯的错误），如果被实例化，就会报错，编译无法通过。只有抽象类的非抽象子类可以创建对象。

（2）抽象类中不一定包含抽象方法，但是有抽象方法的类必定是抽象类。

（3）抽象类中的抽象方法只是声明，不包含方法体。

（4）构造方法，类方法（用 static 修饰的方法）不能声明为抽象方法。

（5）抽象类的子类必须给出抽象类中抽象方法的具体实现，除非该子类也是抽象类。

3.8 接 口

Java 接口是一系列方法的声明，是一些方法特征的集合，一个接口只有方法的特征没有方法的实现，因此这些方法可以在不同的地方被不同的类实现，而这些实现可以具有不同的行为。

语法格式：

```
public interface接口{
    public final 数据类型 成员变量;
        抽象方法;
}
public interface Door{
        public void open();
        public void close();
}
```

接口实现和类继承的规则不同，为了数据的安全，继承时一个类只有一个直接父类，也就是单继承，但是一个类可以实现多个接口，接口弥补了类不能多继承的缺点，继承和接口的双重设计既保证了类的数据安全又变相实现了多继承。

书写格式：

```
权限修饰 class 类名 extends 父类implements 接口,…{
}
```

示例【C03_29】定义一个接口 Door，有两个方法 open()和 close()，定义一个 ElectronicDoor 类实现这个接口。代码如下：

```
public interface Door {//定义接口
    public void open();
    public void close();
}
class ElectronicDoor implements Door{
```

```
        @Override
        public void open() {//重写方法
            System.out.println("open door");
        }
        @Override
        public void close() {//重写方法
            System.out.println("close door");
        }
    }
public class Test {
    public static void main(String[] args) {
        Door d = new ElectronicDoor();//用接口接收实现类的对象
        d.close();
        d.open();
    }
}
```

运行结果：

```
close door
open door
```

用接口的变量可以接收实现类的对象，这也是多态现象。接口中可以含有变量和方法。但是要注意，接口中的变量会被隐式地指定为 public static final 变量（并且只能是 public static final 变量，用 private 修饰会报编译错误），而方法会被隐式地指定为 public abstract 方法且只能是 public abstract 方法（用其他关键字，如 private、protected、static、final 等修饰会报编译错误），并且接口中所有的方法不能有具体的实现，也就是说，接口中的方法必须都是抽象方法。从这里可以看出接口和抽象类的区别，接口是一种极度抽象的类型，它比抽象类更加"抽象"，并且一般情况下不在接口中定义变量。

在 Java 中，类的多继承是不合法的，但接口允许多继承。在接口的多继承中 extends 关键字只需要使用一次，在其后跟着继承接口即可。

书写格式：

```
权限修饰 interface 子接口extends 接口,…{
}
```

示例【C03_30】定义两个接口 Door 和 Bell，Door 接口有两个方法 open()和 close()，Bell 接口有一个响铃 bell()方法，定义一个 ElectronicDoor 接口继承这两个接口。代码如下：

```
public interface Door {//定义接口
    public void open();
    public void close();
}
interface Bell{//定义接口
    public void bell();
}
interface ElectronicDoor extends Door,Bell{//接口可以多重继承
}
```

在重写接口中声明的方法时，需要注意以下规则：

（1）类在实现接口的方法时，不能抛出强制性异常，只能在接口中或者继承接口的抽象类中抛出该强制性异常。

（2）类在重写方法时要保持一致的方法名，并且应该保持相同或相兼容的返回值类型。

（3）如果实现接口的类是抽象类，那么就没必要实现该接口的方法。

在实现接口时，也要注意一些规则：

（1）一个类可以同时实现多个接口。

（2）一个类只能继承一个类，但是能实现多个接口。

（3）一个接口能继承另一个接口，这和类之间的继承比较相似。

小　结

由对象出发，很多对象抽象形成文中叙述的类，类通过实例化形成对象。从对象中总结出成员方法和成员变量两个构成成分。这两个成分分别记录了一个类的静态行为和动态行为。成员方法的方法体可以控制对象的行为。如果只关注类的方法，那么可以将这个类书写成抽象类或者接口。在类与类、接口与接口之间有继承关系，类与接口之间有着实现关系。与此同时还应该了解一些关键字的使用，如 Package、import 等。

Java 有大量的程序接口，蕴含着面向对象的思想，应熟练掌握本章内容，为理解 Java 自带 API 奠定坚实的基础。

课 后 练 习

1．什么是抽象？什么是类？什么是对象？什么是封装、继承和多态？

2．编写 Java 应用程序，该程序中有梯形类和主类。要求如下：梯形类具有属性上底、下底、高和面积，具有返回面积的功能，在构造方法中对上底、下底和高进行初始化；主类用来测试梯形类的功能。

3．按要求编写 Java 应用程序：定义描述学生的 Student 类，有一个构造方法对属性进行初始化，一个 outPut 方法用于输出学生的信息；定义主类，创建两个 Student 类的对象，测试其功能。

4．定义 Point 类，表示二维坐标中的一个点，有属性横坐标 x 和纵坐标 y，还有用来获取和设置坐标值，以及计算到原点距离平方值的方法。定义一个构造方法初始化 x 和 y，在主类中创建两个点对象，分别使用两个对象调用相应方法，输出 x 和 y 的值，以及到原点距离的平方。

5．定义一个名为 Vehicles（交通工具）的基类，该类中应包含 String 类型的成员属性 brand（商标）和 color（颜色），还应包含成员方法 run（行驶，在控制台显示"我已经开动了"）和 showInfo（显示信息，在控制台显示商标和颜色），并编写构造方法初始化其成员属性。编写 Car（小汽车）类继承 Vehicles 类，增加 int 型成员属性 seats（座位），还应增加成员方法 showCar（在控制台显示小汽车的信息），并编写构造方法。编写 Truck（卡车）类继承 Vehicles 类，增加 float 型成员属性 load（载重），还应增加成员方法 showTruck（在控制台显示卡车的信息），并编写构造方法，在 main 方法中测试以上各类。

6．编写一个类 Calculate1，实现加、减两种运算，然后编写另一个派生类 Calculate2，实现乘、除两种运算。

7．建立三个类：居民、成人和官员。居民包含身份证号、姓名、出生日期，而成人继承自居民，多包含学历、职业两项数据；官员则继承自成人，多包含党派、职务两项数据。在测试类中创建对象，并打印数据。

8．定义立方体类 Cube，具有属性边长和颜色，还应具有方法设置颜色和计算体积，在该类的主方法中创建一个立方体对象，将该对象边长设置为"3"，颜色设置为"green"，输出该立方体的体积和颜色。

9．设计一个名为 Account 的类：

（1）一个名为 id 的 int 类型私有数据域（默认值为 0）。

（2）一个名为 balance 的 double 类型私有数据域（默认值为 0）。

（3）一个名为 annualInterestRate 的 double 类型私有数据域存储当前利率（默认值为 0）。假设所有的账户都有相同的利率。

（4）一个用于创建默认账户的无参构造方法。

（5）一个用于创建带特定的 id 和初始余额账户的构造方法。

（6）id、balance 和 annualInterestRate 的访问器和修改器。

（7）一个名为 getMonthlyInterestRate()的方法，返回月利率。

（8）一个名为 withDraw 的方法，从账户提取特定金额。

（9）一个名为 deposit 的方法，向账户存储特定金额。

10．在第 9 题的基础上，创建 Account 类的一个子类 CheckAccount 代表可透支的账户，在该账户中定义一个属性 overdraft 代表可透支限额。在 CheckAccount 类中重写 withdraw 方法，其算法如下：如果（取款金额<账户余额），可直接取款；如果（取款金额>账户余额），计算需要透支的额度。判断可透支额 overdraft 是否足够支付本次透支需要，如果可以，将账户余额修改为 0，减去可透支金额；如果不可以，提示用户超过可透支额的限额。

11．定义一个宠物类（Pet），它有两个方法：叫 cry()、吃东西 eat()。定义宠物的子类狗（Dog）和猫（Cat），覆盖父类的 cry()和 eat()方法，里面写 System.out.println（"猫吃了鱼"）这样的打印语句，另外狗有自己的方法看门 guardEntrance()，猫有自己的方法捉老鼠 huntMice()。

（1）定义一个 Test 类，在 main 中定义两个 Pet 变量 pet1、pet2，采用引用转型实例化 Dog、Cat，分别调用 Pet 的 cry()、eat()。

（2）将 Pet 强制转换为具体的 Dog、Cat，再调用 Dog 的 guardEntrance()、Cat 的 huntMice()（提示：先用 instanceof 进行类型判断）。

（3）修改 Test 类，添加喂养宠物 feedPet(Pet pet)的方法，在 feedPet 中调用 cry()、eat()方法，实例化 Test 类，再实例化狗 Dog dog = new Dog()、猫 Pet cat = new Cat()，Test 调用 feedPet()方法分别传参数 cat、dog。思考这两种方式的异同，深入理解引入转型和多态。

12．创建一个名称为 Vehicle 的接口，在接口中添加两个带有一个参数的方法 start()和 stop()。在两个名称分别为 Bike 和 Bus 的类中实现 Vehicle 接口。创建一个名称为 interfaceDemo 的类，在 interfaceDemo 的 main()方法中创建 Bike 和 Bus 对象，并访问 start()和 stop()方法。

13．综合习题：

定义一个抽象的 Role 类，有姓名、年龄、性别等成员变量。

（1）要求尽可能隐藏所有变量（能够私有就私有，能够保护就不要公有），再通过 GetXXX()和 SetXXX()方法对各变量进行读/写。具有一个抽象的 play()方法，该方法不返回任何值，同时至少定义两个构造方法。Role 类中要体现出 this 的几种用法。

（2）从 Role 类派生出一个 Employee 类，该类具有 Role 类的所有成员，除构造方法外，并扩展 salary 成员变量，同时增加一个静态成员变量"职工编号 ID"。同样至少有两个构造方法，要体现出 this 和 super 的几种用法，还要求覆盖 play()方法，并提供 final sing()方法。

（3）Manager 类继承 Employee 类，有一个 final 成员变量 vehicle。

（4）在 main()方法中制造 Manager 和 Employee 对象，并测试这些对象的方法。

第 4 章

Java 异常处理

Java 程序从书写到运行容易出现三种错误：词法错误、语法错误和语义错误。其中词法错误和语法错误发生在编译期间，而语义错误发生在运行期间。词法错误和语法错误都是很好修订的，但运行期间发生的错误是不可预测的。对于运行期间发生的错误统称为异常，Java 中提供了优秀的解决办法：异常处理机制。

通过本章的学习，可以掌握以下内容：

☞ 了解什么是异常
☞ 掌握捕捉异常
☞ 了解 Java 中常见的异常
☞ 掌握抛出异常
☞ 掌握自定义异常

4.1 异常处理概述

在程序运行时，发生的不被期望的事件，它阻止了程序按照程序员的预期正常执行，这就是异常。异常处理机制能让程序在异常发生时，按照代码预先设定的异常处理逻辑，有针对性地处理异常，让程序尽最大可能地恢复正常并继续执行，且保持代码的清晰。Java 中的异常可以是函数中的语句在执行时引发的，也可以是程序员通过 throw 语句手动抛出的，只要在 Java 程序中产生了异常，就会用一个对应类型的异常对象来封装异常，JRE 就会试图寻找异常处理程序来处理异常。

示例【C04_01】认识异常，代码如下：

```
public class C04_01 {
    public static void main(String[] args) {
        System.out.println("***计算余数***");
        int k = 3;
        for(int i = 3 ;i >= 0 ;i--){
            System.out.println(k/i); //出现异常
        }
```

```
System.out.println("***计算结束***");
    }
}
```

运行结果：

```
***计算余数***
1
1
1
2
5
Exception in thread "main" java.lang.ArithmeticException: / by zero at
four.C04_01.main(C04_01.java:8)
```

Java 中的 Throwable 类是 Java 处理异常最顶端的类,每一个处理异常的对象都是 Throwable 类或子类实例化形成的。Java 中提供了常用处理异常的类,同时读者也可以自定义异常类来处理异常。

Throwable 类又派生出 Error 类和 Exception 类,其中 Exception 类是异常类,Error 类及其子类代表的是错误,是不能通过代码进行处理的。Throwable 类的结构图如图 4-1 所示。

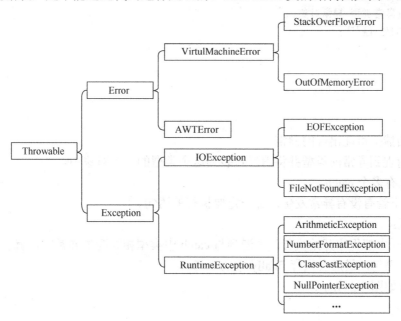

图 4-1　Throwable 类的结构图

Exception 类中包含非检查类型异常和检查类型异常。

非检查类型异常(RuntimeException)在编译时,不会提示也不会发现这样的异常,同时也不要求在程序中处理这些异常。对于这样的异常可以通过程序处理,也可以不通过程序处理。该异常通常包括 ClassCastException、NullPointerException 等。

检查类型异常在编译时,必须对程序进行预处理,否则在编译期间不允许通过。该异常通常是运行环境导致的,一般使用 thorws 或 try…catch…finally 处理。该异常通常包括 SQLException、IOException 等。

4.2　Java 异常处理的方式

在 Java 中对异常的处理方式有两种：第一种是对异常进行捕获和处理；第二种是抛出异常，然后交给上层调用它的方法程序处理，允许 throws 后面跟着多个异常类型。本节将分别对这两种方法进行介绍。

4.2.1　捕获和异常处理

在捕获和处理异常用 try…catch…finally 进行处理时，try 关键字用来包围可能会出现异常的逻辑代码，它无法单独使用，必须配合 catch 或 finally 使用。Java 编译器允许组合使用形式，其主要形式如下。

语法格式：

```
try{
    可能出现异常的程序块；
}catch(异常类型 异常对象){
    异常的处理程序；
} catch(异常类型 异常对象){
    异常的处理程序；
}…
finally{
    一定要执行的语句；
}
```

格式解释：

try：开始捕捉可能出现的异常。

catch：捕捉到异常的类型并将消息封装到这个类型的一个对象中。

…：可以有多个 catch。

finally：不管有没有异常发生，都一定要执行的语句。

执行流程：

程序从 try 内部程序开始执行，当遇到与 catch 中类型相匹配的异常时，就会执行 catch 中对异常处理的语句，最后会执行 finally 中的语句。

处理流程如图 4-2 所示。

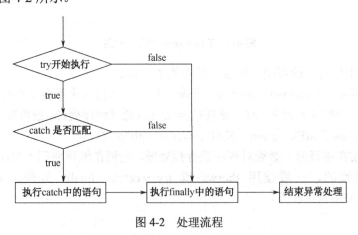

图 4-2　处理流程

示例【C04_02】对示例【C04_01】异常的捕获和处理。代码如下：

```java
public class C04_02 {
    public static void main(String[] args) {
        System.out.println("***计算余数***");
        int k = 5;
        try{
            for(int i = 5 ;i >= 0 ;i--){//捕获异常
                System.out.println(k/i);
            }
        }catch(ArithmeticException e){//告知异常类型
            System.out.println(e+"这是一种数学运算异常");
        }
System.out.println("***计算结束***");
    }
}
```

运行结果：

```
***计算余数***
1
1
1
2
5
java.lang.ArithmeticException: / by zero这是一种数学运算异常
***计算结束***
```

try…catch…是一种常用捕获和处理异常的强效手段，需要注意第一个catch中接收的异常类型应该是最小子类的异常类，否则会出现所有的异常都会报出父类的异常信息。

示例【C04_03】对示例【C04_01】异常的捕获和处理，并对 finally 进行验证，代码如下：

```java
public class C04_03 {
    public static void main(String[] args) {
        System.out.println("***计算余数***");
        int k = 5;
        try{
            for(int i = 5 ;i >= 0 ;i--){//捕获异常
                System.out.println(k/i);
            }
        }catch(ArithmeticException e){//告知异常类型
            System.out.println(e+"这是一种数学运算异常");
        }finally{
            System.out.println("不管怎么样，都要运行！！");
        }
        System.out.println("***计算结束***");
    }
}
```

运行结果：

```
***计算余数***
1
1
```

```
1
2
5
java.lang.ArithmeticException: / by zero这是一种数学运算异常
不管怎么样，都要运行！！
***计算结束***
```

try…catch…finally 是在 try…catch…打开的资源或程序基础上的，finally 的作用是保证释放资源或关闭程序。

❋**知识拓展**

◇ finally 关键字通常用来释放资源或关闭程序，在很多程序中即使有释放资源或关闭程序的程序段，也最好在 finally 中再释放一次资源或关闭一次程序。

◇在示例【C04_01】中的异常是非检查型异常，通常不使用 try…catch…finally 也是可以的，但是对于检查型异常即使没有抛出异常也需要进行异常的处理。

4.2.2 throws 与 throw 关键字

throws 和 throw 是 Java 中抛出异常的两种方法，本节主要为读者讲解这两个关键字的区别。

1. throws

语法格式：
```
public 返回值类型 方法名(参数列表…) throws 异常类…{
    …;
}
```
格式解释：

public 返回值类型 方法名（参数列表…）与声明方法格式相同。

throws：表示该方法抛出异常。

异常类…：该方法后面可以抛出多个类型异常。

执行流程：

在定义一个方法时可以使用 throws 关键字。当该方法抛出异常时，异常将会在调用该方法的类中进行处理。

示例【C04_04】使用 throws 关键字。代码如下：
```
public class C04_04 {
    public int getDiv(int a,int b) throws Exception{//抛出异常
        int c=a/b;
        return c;
    }
}
```
getDiv()操作可能出现异常，也可能不出现异常，在使用 throws 关键字后，只要调用该方法的程序都需要对该方法进行异常处理。

示例【C04_05】调用示例【C04_04】的 getDiv()并处理异常。代码如下：
```
public class C04_05 {
    public static void main(String[] args) {
        C04_04 c=new C04_04();
        try{
```

```
            c.getMax(5, 0);//调用C04_04的getDiv()
        }catch(Exception e){
            e.printStackTrace();//打印出错信息
        }
    }
}
```

运行结果：

```
java.lang.ArithmeticException: / by zero
    at four.C04_04.getMax(C04_04.java:5)
    at four.C04_05.main(C04_05.java:8)
```

2. throw

throw 是语句抛出的一个异常，一般是在代码块的内部，当程序出现某种逻辑错误时，由程序员主动抛出某种特定类型的异常。

示例【C04_06】 throw 的使用。代码如下：

```
public class C04_06 {
    public static void main(String[] args) {
        String s = "abc";
        if(s.equals("abc")) {
            throw new NumberFormatException(); //主动抛出异常
        }else{
         System.out.println(s);
        }
    }
}
```

运行结果：

```
Exception in thread "main" java.lang.NumberFormatException
    at four.C04_06.main(C04_06.java:7)
```

throws 与 throw 的区别：throws 出现在方法函数头，而 throw 出现在函数体。throws 表示出现异常的一种可能性，并不一定会发生这些异常；throw 则是抛出了异常，执行 throw 则一定会抛出某种异常对象。

throws 与 throw 的相同点：两者都是消极处理异常的方式，只是抛出或可能抛出异常，但是不会由该函数去处理异常，真正的处理异常由函数的上层调用完成。

✳知识拓展

◇ throws 与 throw 不管抛出多少层都需要处理抛出的异常，可以抛给程序也可以最终抛给 JVM 来处理。

4.2.3　自定义异常

Java 中自带的异常有很多种，其中包括非检查类型和检查类型，即使这样在开发也依旧很难满足开发者的需求，这时就需要用户自定义异常类。例如，现在输出学生成绩（0～100）（包括 0 和 100），当教师输入一个大于 100 或小于 0 的数时，那么可以规定一个 GradeException。

示例【C04_07】 自定义 GradeException 异常类。代码如下：

```
import java.util.Scanner;
```

```
public class C04_07 {
    public static void main(String[] args) {
        Scanner sc = new Scanner(System.in);
        System.out.println("请输入一个学生成绩");
        int grade = sc.nextInt();
        if(grade > 100 || grade < 0){//判断学生成绩
            try {
                throw new GradeException("成绩输入错误！！");//输入错误后会报异常
            } catch (GradeException e) {
                e.printStackTrace();
            }
        }else{
            System.out.println("请输入一个学生成绩为"+grade);
        }
    }
}
class GradeException extends Exception{//定义GradeException继承Exception
    public GradeException (String msg){
        super(msg);
    }
}
```

运行结果：

```
请输入一个学生成绩
-10
four.GradeException: 成绩输入错误！！
    at four.C04_07.main(C04_07.java:12)
```

小　结

异常主要是程序运行时发生的不被期望的事件，它阻止了程序按照程序员的预期正常执行，本章要求读者能够熟练地掌握异常的种类。在异常处理中，根据异常的类型判断是否需要用到 try…catch…finally，而 throws 与 throw 只是抛出或可能抛出异常，但是不会由该函数去处理异常，真正处理异常的是函数的上层调用。自定义异常需根据程序的需要进行定义。

课　后　练　习

1. 什么是异常处理？
2. throws 与 throw 有什么联系和区别？
3. 如何自定义异常类？
4. 系统定义的异常与用户自定义的异常有何不同？如何使用这两种异常？
5. 编写一个程序，此程序在运行时要求用户输入一个整数，代表某门课程的考试成绩，程序接着给出"不及格""及格""中""良""优"的结论。要求程序必须具备足够的健壮性，不管用户输入什么样的内容，都不会崩溃。

6．从键盘输入一个 int 类型的整数，对其求二进制的表现形式。如果输入整数过大，提示"输入整数过大，请重新输入一个整数"；如果输入小数，提示"输入的是小数，请重新输入一个整数"；如果输入其他字符，提示"输入的是非法字符，请输入一个整数"。

第 5 章

Java 数组

如果想定义多个相同类型的变量或存储相同类型的值，那么在学习数据库前，数组是一个很好的选择。本章主要为读者讲解 Java 数组的定义、一维数组、二维数组及多维数组的相关操作。

通过本章的学习，可以掌握以下内容：
- ☞ 掌握一维数组的创建和使用
- ☞ 掌握二维数组的创建和使用
- ☞ 了解如何遍历数组
- ☞ 了解多维数组的创建和使用
- ☞ 了解如何填充数组
- ☞ 了解数组的排序和常见的排序算法

5.1 数 组 概 述

从接触编程语言 C 语言开始，数组都是一个必须学习的知识点，数组是相同类型数据的集合。Java 数组与 C 语言的数组相似。数组相当于一个装有同种数据的器皿，对于 Java 来说，数组可以装同一种基本数据或同一类引用数据类型的对象。

为很多的变量分别起变量名以表示存储会比较麻烦，为了解决类似的问题，可以使用数组的形式来表示存储，并使用下标表示每个变量。数组在定义之前可以定义成任何数据类型，虽然可以装任意类型的数据，但是定义好的数组只能装一种元素。也就是说，数组一旦被定义，那么存储的数据类型也就确定了。

5.2 一维数组的创建和使用

数组是一种相同数据的集合，从计算机内存分析来看，数组实际上就是一串变量。本节主要讲解一维数组的定义和操作。

5.2.1　创建及初始化一维数组

若要使用一维数组，就必须要经历声明数组和分配内存给该数组两个步骤，其格式如下。

1. 语法格式 1

```
数据类型 数组名 [] ；
数组名 = new 数据类型[数组长度]；
```

除上述语法格式外，数组还有另外一种相似类型的声明格式，在本质上这两种声明含义没有区别，其格式如下：

```
数据类型 [] 数组名 ；
数组名 = new 数据类型[数组长度]；
```

（1）格式解释。

数据类型：一维数组内部要存储变量的类型。

数组名与在声明变量的名称一样，数组名仅表示这个数组的引用。

[]表示数组，而[]的个数表示数组的维度。

new：数组是一种引用数据类型。

[数组的长度]：中括号中的数字代表该数组最大能容纳多少个相同类型的数据。

（2）执行流程。

用语法格式 1 声明一个数组时，数组名可以视为一个一维数组类型的变量（或称引用），这时编译器仅在栈内存中开辟一小块空间，此时的数组名没有指向任何一个位置，如图 5-1 所示。执行"数据类型 数组名 = new 数据类型[数组长度]"时，编译器会在堆内存中为数组开辟一块大小为数组长度的空间，此时的数组名存储了一维数组中堆内存第一个数据的地址。而所有数据在一维数组的标记脚码为 0 到数组长度减 1，如图 5-2 所示。

图 5-1　声明一维数组

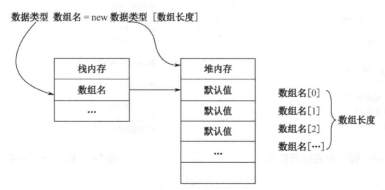

图 5-2　数组赋值长度

（3）执行内存分析。

① 数组的声明"数据类型 数组名 []"的内存分析如图 5-1 所示。

② 数组赋值长度"数据类型 数组名 = new 数据类型 [数组长度]"的内存分析如图 5-2 所示。

示例【C05_01】统计 2017 级计算机 1 班期中考试成绩，利用数组循环输入学生成绩，要求：分数既不能超过 100 分，也不能低于 0 分，并循环打印出来。代码如下：

```java
import java.util.Scanner;
public class C05_01 {
    public static void main(String[] args) {
        System.out.println("请输入学生人数：");      //提醒输入人数
        Scanner sc = new Scanner(System.in);
        int a = sc.nextInt();
        int arr [] = new int[a];//声明一维数组
        for(int i = 0 ; i < arr.length ;i++){
            System.out.println("请输入第"+(i+1)+"学生分数：");
            int b = sc.nextInt();
            while(b > 100 || b < 0){//判定是否输入大于100或者小于0
                System.out.println("输入有误！！");
                System.out.println("请输入第"+(i+1)+"学生分数：");
                b = sc.nextInt();
            }
            arr[i] = b;   //接收学生成绩
        }
        for(int i = 0 ; i < arr.length ;i++){//循环打印学生成绩
            System.out.println("第"+(i+1)+"学生成绩为："+arr[i]);
        }
    }
}
```

运行结果：

运行的结果有两种：输入分数没有错误如图 5-3 所示，输入分数有错误如图 5-4 所示。

图 5-3　输入分数没有错误　　　　　　图 5-4　输入分数有错误

✳知识拓展

◇ 在数组操作中，栈中包含的仅是数组的名称，在没有赋值给一个新的对象时，它是无法使用的。

◇ 在语法格式 1 中也可连着一起用"数据类型 数组名 [] = new 数据类型 [数组长度]"，这也是一种声明方式。

2．语法格式 2：

数据类型　数组名 [] = {数据1，数据2，数据3，…}

格式解释：

数据类型：这个数组内部要存储变量的类型。

数组名与在声明变量的名称一样，数组名仅仅表示的是这个数组的引用。

[]:代表数组，而[]的个数表示数组的维度。

大括号中存储的值，值的类型要与数组数据类型相同。

大括号中数值的个数表示数组的长度。

执行流程：

利用语法格式 2 定义一个数组时，数组名可视为一个数组类型的变量（或者说引用），这时编译器在栈内存中开辟一小块空间的同时，堆内存开辟一块空间存储大括号中的数值，此时的数组名存放的是大括号在堆内存的一个数值位置，如图 5-5 所示。

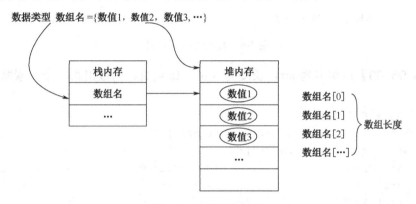

图 5-5　数组赋值长度

执行内存分析：

数组的声明"数据类型　数组名 [] = {数据 1，数据 2，数据 3，…}"的内存分析，如图 5.5 所示。

示例【C05_02】利用数组存储 2017 级计算机 1 班期中考试成绩，并循环打印出来。代码如下：

```java
public class C05_02 {
    public static void main(String[] args) {
        int arr [] = {15,16,60,90,80};//声明一维数组
        for(int i = 0 ; i < arr.length ;i++){    //循环打印学生成绩
            System.out.println("第"+(i+1)+"学生成绩为："+arr[i]);
        }
    }
}
```

运行结果：

第1学生成绩为：15
第2学生成绩为：16
第3学生成绩为：60
第4学生成绩为：90
第5学生成绩为：80

❋知识拓展

❖在确定数据个数时，选择语法格式 2 较为方便；在不确定数据格式时，动态地改变数组的长度可选择语法格式 1。语法格式 1 为动态数组，语法格式 2 为静态数组。

5.2.2 使用一维数组

用数组的索引可以访问数组里的元素。Java 中的数组索引编号由 0 开始，以"数组名[数组长度]"为例，"数组名[0]"代表的是第一个元素，"数组名[1]"代表的是第二个元素……"数组名[数组长度-1]"代表的是一维数组中的最后一个元素。数组的排列方式如图 5-6 所示。

图 5-6　数组的排列方式

示例【C05_03】 声明名为 arr，长度为 3 的一维数组，为数组每一个元素赋值并输出。代码如下：

```
public class C05_03 {
    public static void main(String[] args) {
        int arr [] = new int [3];
        arr[0] = 1;                 //循环对arr进行赋值
        arr[1] = 2;
        arr[2] = 3;
        System.out.println("arr[0] = "+arr[0]);//输出数组
        System.out.println("arr[1] = "+arr[1]);
        System.out.println("arr[1] = "+arr[2]);
    }
}
```

运行结果：

```
arr[0] = 1
arr[1] = 2
arr[1] = 3
```

从示例【C05_03】的结果来看，对于数组的访问方式是"数组名称[下标]"，在"int arr [] = new int [3]"是开辟了长度为 3 的地址空间。但是下标却是 0～2，如果程序中采用的下标超出了这个下标的最大值就会报异常，java.lang.ArrayIndexOutOfBoundsException，表示数组越界。

示例【C05_04】 声明名为 arr，长度为 3 的一维数组，利用循环为数组每一个元素赋值并输出。代码如下：

```
public class C05_04 {
    public static void main(String[] args) {
        int arr [] ;                        //声明数组
        arr = new int [3];                  //开辟空间
        for(int i = 0 ; i < 3 ; i++ ){      //循环输入
            arr[i] = i;
        }
```

```
        for(int i = 0 ; i < 3 ; i++ ){    //循环输出
            System.out.println("arr[i] = " + arr[i]);
        }
    }
}
```

运行结果：
```
arr[i] = 0
arr[i] = 1
arr[i] = 2
```

对比示例【C05_03】和示例【C05_04】可以发现，手动和循环都可以赋值，但是在数据较大、有规律的情况下循环显得更加有利一些。在数组中经常会使用到循环，循环可以使数组在程序中更加灵活。

✽知识拓展

◇数组在采用 for 循环输出时，可以采用增强 for 循环。

示例【C05_05】分别取得一个动态数组和静态数组的长度。代码如下：
```
public class C05_05 {
    public static void main(String[] args) {
        int arr [] = new int[3];            //声明一个动态数组
        int arr1 [] = {1,2,3};              //声明一个静态数组
        arr[0] = 1;                         //为动态数组赋值
        arr[1] = 2;
        arr[2] = 3;
        //分别输出动态数组和静态数组的长度
        System.out.println("arr的数组长度="+ arr.length);
        System.out.println("arr1的数组长度="+ arr1.length);
    }
}
```

运行结果：
```
arr的数组长度=3
arr1的数组长度=4
```

由此可见数组的长度是一个整数，可以利用"数组名.length"求数组的长度（也是该数组元素的个数）。

5.3　多维数组的创建和使用

多维数组中包含二维数组和二维以上的数组，本节主要介绍的是二维数组的创建与使用，以及多维数组的定义及理解方式。在某种意义上，可以将一维数组理解成为线性图形，将二维数组理解成为平面，而多维数组可以理解成多个维度存储数据。

5.3.1　创建及初始化二维数组

要使用二维数组，同样必须经历声明数组和分配内存给该数组两个步骤，其格式如下：

1. 语法格式 1：

数据类型 数组名 [][];

2. 语法格式 2:

> 数组名 = new 数据类型[行个数][列个数];

与一维数组相同，二维数组也有相似类型的声明格式，在本质上两种声明含义没有区别，其格式如下:

> 数据类型 [ ][ ] 数组名 ;
> 数组名 = new 数据类型[行个数][列个数];

二维数组与一维数组的不同点是，二维数组在明确分配内存时，需要告诉编译器二维数组的行列个数。

（1）格式解释。

数据类型：二维数组内部要存储变量的类型。

数组名与在声明变量的名称一样，数组名仅仅表示的是这个数组的引用。

[]表示数组，而[]的个数表示数组的维度。

new：数组是一种引用数据类型。

[行个数]：中括号中的数字代表该数组行最大能容纳多少个相同的一维数组。

[列个数]：中括号中的数字代表该数组列最大能容纳多少个相同的数据。

（2）执行流程。

当利用语法格式 1 声明一个数组时，数组名可视为一个二维数组类型的变量（或者说引用），这时编译器仅在栈内存中开辟一小块空间，此时的数组名没有指向任何一个位置，形式与一维数组中的声明基本类似。当执行数组名 = new 数据类型[行个数][列个数]时，编译器会在堆内存中为数组开辟一块大小为行个数的空间，此时的数组名存储了数组在堆内存的第一个行元素的地址，其行元素个数的脚码为 0 到行个数减 1。动态二维数组的内存分析如图 5-7 所示。

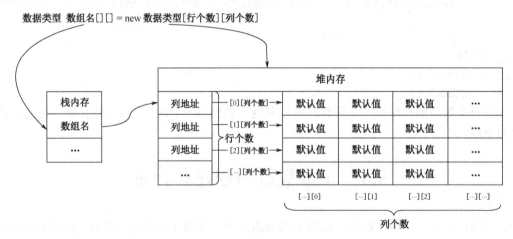

图 5-7　动态二维数组的内存分析（一）

示例【C05_06】定义一个动态二维数组，并打印出来。代码如下:

```java
public class C05_06 {
    public static void main(String[] args) {
        int arr [][] = new int [3] [2];          //声明并实例化数组
        arr[0][0] = 1;                           //二维数组赋值
        arr[0][1] = 1;
        arr[2][1] = 1;
```

```
        for(int i = 0 ; i < arr.length; i++){
            for(int j = 0 ; j < arr[i].length; j++){
                System.out.print(arr[i][j]+" ");    //输出二维数组
            }
            System.out.println();                        //换行
        }
    }
}
```

运行结果：

```
1 1
0 0
0 1
```

二维数组的使用方式与一维数组大体上类似，在一维数组中遍历所有数据使用一层循环即可，在二维数组中也想输出全部元素，则使用两层循环。二维数组可看成一个一维数组中嵌套 *N* 个一维数组。

语法格式 2 示例如下。

```
数组类型 数组名 [][] ={
{数据[0][0], 数据[0][1]},
{数据[1][0], 数据[1][1], 数据[1][2],}
{数据[2][0], 数据[2][1]},
{…},
...
}
```

（1）格式解释。

数据类型：二维数组内部要存储变量的类型。

数组名与在声明变量的名称一样，数组名仅仅表示的是这个数组的引用。

[]表示数组，而[]的个数表示数组的维度。

第一层{}相当于规定的是二维数组行数。

第二层{}相当于规定的是二维数组列数。

（2）执行流程。

当利用格式 2 声明一个数组时，数组名可视为一个二维数组类型的变量（或者说引用），这时编译器仅在栈内存中开辟一小块空间，此时的数组名存放的地址值是第一个行元素的位置，形式与一维数组中的静态基本类似。与此同时会在堆内存中开辟一块区域，存放每一列的值。同样编译器会为每一个行元素使用列元素建立每一个大小为列个数的一个一维数组。动态二维数组的内存分析如图 5-8 所示。

示例【C05_07】 定义一个静态二维数组，并打印出来。代码如下：

```
public class C05_07 {
    public static void main(String[] args) {
        int arr [] [] = {{1,2,3,4},{5,6},{4,5,6}};//定义一个静态二维数组
        for(int i = 0 ; i < arr.length; i++){
            for(int j = 0 ; j < arr[i].length; j++){
                System.out.print(arr[i][j]+" ");    //输出二维数组
            }
            System.out.println();                        //换行
        }
```

```
    }
}
```

运行结果：

```
1 2 3 4
5 6
4 5 6
```

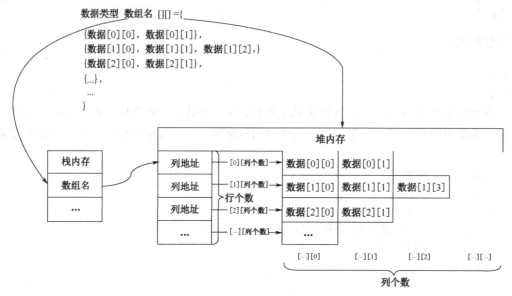

图 5-8 动态二维数组的内存分析（二）

5.3.2 多维数组

经过前面的一维数组和二维数组的练习不难发现，多维数组在声明时只需要加大括号即可。在内容上二维数组包含 N 个一维数组，三维数组包含 N 个二维数组，依此类推 n 维数组包含 N 个 n−1 维数组。下面将以示例【C05_08】为例，说明多维数组。

示例【C05_08】定义一个三维数组，打印并输出它，代码如下：

```
public class C05_08 {
    public static void main(String[] args) {
int arr [] [] []={{{1,2,3,4},{5,6},{4,5,6}},{{1,2,3,4},{7,8}}};//定义三维数组
        for(int i=0 ; i < arr.length; i++){
            for(int j=0 ; j < arr[i].length; j++){
                for(int k=0 ; k < arr[i][j].length; k++){
                    System.out.print(arr[i][j][k]+" ");    //输出三维数组
                }
                System.out.println();                      //换行
            }
            System.out.println();                          //换行
        }

    }
}
```

运行结果：

```
1 2 3 4
5 6
4 5 6

1 2 3 4
7 8
```

由三维数组可见多维数组的维度越大代表遍历这个数组的循环层数就越多，在程序中不建议使用大于三维的数组，这样会使计算机的开销比较大。

5.4　数组的基本操作

数组的基本操作是指对数组进行复制、填充等操作。Java 自带的 API 包含许多基本操作的方法。本节以一维数组为例，向读者展现数组的基本操作。

5.4.1　填充和替换数组元素

在某些情况下，需要对数组的某一个数据或连续的某些数据进行填充和替换。Arrary 类中提供了两种方法：

（1）fill(int[] a, int value)。该方法将指定的 int 值分配给 int 型数组的每个元素。a：要进行元素替换的数组；value：要存储数组中所有元素的值。

（2）fill(int[] a, int frimIndex, int toIndex, int value)。该方法将指定的 int 值分配给 int 型数组指定范围内的每个元素。frimIndex：起始元素，toIndex：结束元素，前者是包括的，后者不包括。

示例【C05_09】在主方法中创建一维数组 arr0，并实现通过 fill()方法填充数组元素，同时在主方法中创建一维数组 arr，通过 fill()方法将指定的 int 值分配给 int 型数组指定范围内的每个元素，最后将数组中的各个元素输出。代码如下：

```
import java.util.Arrays;
public class C05_09 {
    public static void main(String[] args) {
        int arr0[] = new int [3];//声明arr0
        int arr[] = {99,88,77,66,55,44,33,22,11}; //声明arr
        Arrays.fill(arr0, 4);//将arr0中的数值填充成为4
        Arrays.fill(arr,0,3,1000);//将arr中前三个元素用1000替换掉
        Arrays.fill(arr,5,6,1000);//将arr中第五个元素用1000替换掉
        for(int i = 0;i<arr0.length;i++) {//打印arr0中的元素
         System.out.println("arr0["+i+"]第"+i+"个元素是: "+ arr0[i]);
        }
        for(int i = 0;i<arr.length;i++) {//打印arr中的元素
         System.out.println("arr["+i+"]第"+i+"个元素是: "+ arr[i]);
        }
    }
}
```

运行结果：

arr0[0]第0个元素是：4

```
arr0[1]第1个元素是：4
arr0[2]第2个元素是：4
arr[0]第0个元素是：1000
arr[1]第1个元素是：1000
arr[2]第2个元素是：1000
arr[3]第3个元素是：66
arr[4]第4个元素是：55
arr[5]第5个元素是：1000
arr[6]第6个元素是：33
arr[7]第7个元素是：22
arr[8]第8个元素是：11
```

❈ **知识拓展**

◇ fill()方法不仅适用于 int 类型的数组，其他类型的数组也可以使用。在一些特殊的情况下，为达到替换的目的可以不使用 fill()，自己编写代码进行手动替换。

5.4.2 数组的复制

数组的复制也是数组的基础操作之一，Java 中提供的数组复制的方法有 4 种，结合示例【C05_10】分析这 4 种方式。

（1）clone()方法是从 Object 类继承过来的，基本数据类型（String、boolean、char、byte、short、float、double、long）都可以直接使用 clone()方法进行复制。注意 String 类型是因为其值不可变所以才可以使用 clone()方法进行复制。

（2）Arraycopy（Object src、int srcPos、Object dest、int desPos、int length）System.arraycopy 方法是开销比较大的方法。src：原数组；srcPos：原数组的开始位置，dest：目标数组，desPos：目标数组的开始位置；length：复制的个数。

（3）copyOf(int[] original、int newLength)Arrays.copyOf 底层其实用的也是 System.arraycopy 复制指定的数组，截取或用 0 填充（如有必要），以使副本具有指定的长度。original：原数组；newLength：复制的个数。

（4）copyOfRange（int[] original、int from、int to）将指定数组的指定范围复制到一个新数组中。original：原数组；from：开始位置；to：复制的个数。

示例【C05_10】在主方法中创建一维数组 arr1，使用 clone()方法复制给 arr2，创建一维数组 arr3；使用 arraycopy 方法复制给 arr4，创建一维数组 arr5；使用 copyOf 方法复制给 arr6，创建一维数组 arr7；使用 copyOfRange 方法复制给 arr8。代码如下：

```java
import java.util.Arrays;
public class C05_10 {
    public static void main(String[] args) {
        System.out.println("clone方法");
        int[] arr1 = {1, 3};
        int[] arr2 = arr1.clone();//使用clone()方法
        System.out.println(Arrays.toString(arr1));
        System.out.println(Arrays.toString(arr2));
        System.out.println("arraycopy方法");
        int[] arr3 = {1, 2, 3, 4, 5};
```

```
        int[] arr4=new int[10];
        System.arraycopy(arr3, 1, arr4, 3, 3);//使用arraycopy方法
        System.out.println(Arrays.toString(arr3));
        System.out.println(Arrays.toString(arr4));
        System.out.println("Arrays.copyOf方法");
        int[] arr5={1, 2, 3, 4, 5};
        int[] arr6=Arrays.copyOf(arr5, 3);//使用copyOf方法
        System.out.println(Arrays.toString(arr5));
        System.out.println(Arrays.toString(arr6));
        System.out.println("Arrays.copyOfRange方法");
        int[] arr7={1, 2, 3, 4, 5};
        int[] arr8=Arrays.copyOfRange(arr7, 0, 1);//使copyOfRange方法
        System.out.println(Arrays.toString(arr7)) ;
        System.out.println(Arrays.toString(arr8)) ;
    }
}
```

运行结果：

```
clone方法
[1, 3]
[1, 3]
arraycopy方法
[1, 2, 3, 4, 5]
[0, 0, 0, 2, 3, 4, 0, 0, 0, 0]
Arrays.copyOf方法
[1, 2, 3, 4, 5]
[1, 2, 3]
Arrays.copyOfRange方法
[1, 2, 3, 4, 5]
[1]
```

5.4.3　数组排序

排序一直是使用较多的知识点。同样数组中使用较多的基本操作就是数组的排序，在 Java API 中也提供了相应的排序方法，但是在程序设置中只学会使用 API 是不行的，需要有简单的算法思想。本节将讲述 Java API 自带排序、冒泡排序、选择排序等排序方法。

1．自带排序

在 Java API 中的 Arrays 提供了 sort()方法对数组进行排序，sort()方法是经过调优的快速排序，它可以对 int[]、double[]、char[]等基本数据类型的数组进行排序，Arrays 只是提供默认的升序。下面以 int 类型的数组为例：

sort(int[] a)对指定的整型数组进行升序排序。

示例【C05_11】在主方法中创建一维数组 arr，使用 sort()方法对 arr 进行排序。代码如下：

```
import java.util.Arrays;
public class C05_11 {
    public static void main(String[] args) {
        int[] arr={1,4,-1,5,0};
```

```
        Arrays.sort(arr);//数组arr[]的内容变为{-1,0,1,4,5}
        for(int i = 0;i<arr.length;i++){
            System.out.print(arr[i]+"  ");
        }
    }
}
```

运行结果：

```
-1 0 1 4 5
```

✳ **知识拓展**

◇ sort()方法只能将数组升序排列，如果想将数组降序排列，则可以在输出时，使循环由大到小输出数据。同样也可以将这个数组复制给别的数组，使用两个数组进行降序排列。

2．冒泡排序

冒泡排序也是经典的排序之一，其思路是依次比较相邻的两个数，将小数放前、大数放后，即在第一趟：首先比较第 1 个数和第 2 个数，将小数放前、大数放后，然后比较第 2 个数和第 3 个数，将小数放前、大数放后……如此继续，直至比较最后两个数，将小数放前、大数放后，重复第一趟步骤，直至全部排序完成。第一趟比较完成后，最后一个数一定是数组中最大的一个数，所以第二趟比较时最后一个数不参与比较；第二趟比较完成后，倒数第二个数也一定是数组中第二大的数，所以第三趟比较时最后两个数不参与比较；依此类推。

示例【C05_12】在主方法中创建一维数组 arr，对 arr 进行选择排序。代码如下：

```
/* 冒泡排序*/
public class C05_12 {
    public static void main(String[] args) {
        int[] arr={6,3,8,2,9,1};
        System.out.println("排序前数组为: ");
        for(int num:arr){//增强循环
            System.out.print(num+" ");
        }
        for(int i = 0;i<arr.length-1;i++){//外层循环控制排序趟数
            for(int j = 0;j<arr.length-1-i;j++){//内层循环控制每一趟排序多少次
                if(arr[j] > arr[j+1]){//交换数据
                    int temp = arr[j];
                    arr[j] = arr[j+1];
                    arr[j+1] = temp;
                }
            }
        }
        System.out.println();
        System.out.println("排序后的数组为: ");
        for(int num:arr){
            System.out.print(num+" ");
        }
    }
}
```

运行结果：

排序前数组为：

6 3 8 2 9 1

排序后的数组为：

1 2 3 6 8 9

3．选择排序

选择排序也是经典的排序之一，其思路和原理是每一趟从待排序的记录中选出最小的元素，顺序放在已排好序的序列最后，直到全部记录排序完毕，即每一趟在 n-i+1(i=1，2，…，n-1)个记录中选取关键字最小的记录作为有序序列中第 i 个记录。给定数组：int[] arr={里面 n 个数据}；第一趟排序，在待排序数据 1 到 n 中选出最小的数据，将它与 1 交换；第二趟，在待排序数据 2 到 n 中选出最小的数据，将它与 2 交换……依此类推，第 i 趟在待排序数据 i 到 n 中选出最小的数据，将它与 i 交换，直到全部排序完成。

示例【C05_13】在主方法中创建一维数组 arr，对 arr 进行选择排序。代码如下：

```java
/* 选择排序*/
public class C05_13{
    public static void main(String[] args) {
        int[] arr={6,3,8,2,9,1};
        System.out.println("排序前数组为：");
        for(int num:arr){//增强循环
            System.out.print(num+" ");
        }
        for(int i = 0;i<arr.length-1;i++){//外层循环控制排序趟数
            for(int j=i+1;j<arr.length-1;j++){//内层循环控制每一趟排序多少次
                if(arr[i] > arr[j]){//交换数据
                    int temp = arr[j];
                    arr[j] = arr[i];
                    arr[i] = temp;
                }
            }
        }
        System.out.println();
        System.out.println("排序后的数组为：");
        for(int num:arr){
            System.out.print(num+" ");
        }
    }
}
```

运行结果：

排序前数组为：

6 3 8 2 9 1

排序后的数组为：

1 2 3 6 8 9

小　结

本章要求读者能够熟练使用一维数组，用一维数组解决常见的排序、查找和存储等问题。能够定义二维数组，并了解多维数组的概念。数组是一种特殊的容器，熟练掌握数组对学习容器和理解容器有很大帮助。

错误一：NullPointerException，空指针异常。

示例：int[] arr = null;

```
for(int index = 0 ; index<=arr.length ; index++){
    System.out.print(arr[index]+",");
}
```

解决方案：将 arr 赋值后再使用。

错误二：ArrayIndexOutOfBoundsException，索引值越界。

示例：int[] arr = new int[4];

```
arr[0] = 10;
arr[1] = 30;
arr[2] =40;
arr[3] = 50;
for(int index = 0 ; index<=arr.length ; index++){
    System.out.print(arr[index]+",");
}
```

解决方案："index <= arr.length"中的"="去掉，改为"index < arr.length"，主要原因是对数组的下标和长度混淆。

课 后 练 习

1. 歌手打分：在歌唱比赛中，共有 10 位评委进行打分，在计算选手得分时，去掉一个最高分，去掉一个最低分，然后对剩下的 8 位评委的分数进行平均，所得分数就是该选手的最终得分。输入每个评委的评分，求该选手的得分。

2. 现有数组：int oldArr[]={1,3,4,5,0,0,6,6,0,5,4,7,6,7,0,5}；要求将数组中的 0 项去掉，将不为 0 的值存入一个新的数组，生成新的数组为 int newArr[]={1,3,4,5,6,6,5,4,7,6,7,5}。

3. 快速找出一个数组中的最大数和第二大数。

4. 500 人围成一个圈，从 1 开始报数，每数到 3 的倍数的人离开圈子，循环往复直到最后圈中只剩下 1 人为止，求剩下的人原来在圈中的位置（约瑟夫环）。

5. 找出数组中最大的元素和最小的元素，a[][]={{3,2,6},{6,8,2,10},{5},{12,3,23}}。

6. 从键盘上输入一个正整数 n，请按照以下五行杨辉三角形的显示方式，输出杨辉三角形的前 n 行。请采用循环控制语句来实现（三角形腰上的数为 1，其他位置的数为上一行相邻两个数之和)。

```
                1
              1   1
            1   2   1
          1   3   3   1
        1   4   6   4   1
      1   5   10  10  5   1
```

第 6 章

Java 常用类

掌握常见 Java 中自定义的类，可以提高开发项目的速度。常用的类有字符串、数字、枚举和基本类型的包装类。

通过本章的学习，可以掌握以下内容：

- ☞ 掌握 String 类常见的方法
- ☞ 了解格式化输出和正则表达式
- ☞ 掌握 Math 类的方法在数学上的计算
- ☞ 掌握枚举的定义
- ☞ 了解枚举的使用
- ☞ 了解包装类的使用

6.1 String 类

字符串广泛应用在 Java 编程中，是程序开发过程中常用的数据对象类型。Java 没有内置的字符串类型，而是在标准 Java 类库中设置了一个预定义的不可改变（final）的类，称为 String 类。在 Java 语言中字符串必须包含在一对双引号""中。例如，"23.3""adc""ad-""1+3""你好，安静"，这些都是字符串常量（这里所说的常量并非不可改变，而是可以改变的。这里的改变也并非改变字符串的内容，而是改变 String 变量的指向），字符串常量是系统能够显示的任何文字信息，甚至是单个字符。在这里必须再强调一下，凡是被双引号""包含的都是字符串，不能作为其他数据类型使用，若要使用，则需要转型（但可能出现类型转换异常），如"1+2"常量的输出不是 3，其输出结果是 1+2。

6.1.1 String 类上的操作

要使用字符串，必须要经历声明字符串和分配内存给该字符串两个步骤，其格式如下。

语法格式 1 如下。

```
String 字符串名 ;
字符串名= [null];
```

除上述的语法格式外，字符串还有另一种类型的声明格式，就是直接调用 String 类的构造方法来创建字符串，其格式如下。

语法格式 2 如下。

```
String 字符串名 ;
字符串名=new String([null]);
```

（1）格式解释。

String：描述符，指定该变量为字符串变量。

字符串名：与声明变量的名称一样，仅表示的是这个字符串的引用。

=：赋值运算符，在数学层面可以将其理解为等号，在内存层面可以将其理解为将 str 指向一个内存地址。

null：赋值的内容，如果未赋值，默认为 null，意思是 String 变量没有指向任何对象，否则表明声明的字符串值为 null。

注意：成员字段可以不初始化，虚拟机给予初始化，局部变量必须进行初始化。

（2）执行流程。

当利用格式 1 声明一个字符串时，字符串名可视为一个字符串类型的变量（或者说引用），这时编译器仅在栈内存中开辟一小块空间，此时的字符串名没有指向任何一个位置，声明字符串 a 如图 6-1 所示。当执行字符串名 = [NULL]时，编译器会在堆内存中为字符串开辟一块大小为字符串长度的空间，此时的字符串名指向或存储了堆内存的地址，其地址的脚码为 0 到字符串长度减 1，声明字符串 b 如图 6-2 所示。

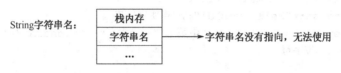

图 6-1　声明字符串 a

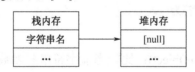

图 6-2　声明字符串 b

（3）执行内存分析。

① 字符串的声明"String 字符串名"的内存分析如图 6-1 所示。

② 字符串赋值"字符串名 =[null]"的内存分析如图 6-2 所示。

示例【C06_01】分别使用语法格式 1 和语法格式 2 进行操作。代码如下：

```
public class C06_01 {
    public static void main(String[] args) {
        String str1="欢迎学习Java程序设计";//声明字符串
        String str2 = new String("欢迎学习Java程序设计");//声明字符串
        System.out.println("str1:"+str1); //输出字符串
        System.out.println("str2:"+str2); //输出字符串
    }
}
```

运行结果：

```
str1:欢迎学习Java程序设计
str2:欢迎学习Java程序设计
```

在程序中经常需要进行字符串的处理，即 String 类的使用是无处不在的，如获取字符串的长度、获取字符串的某个字符或某个字符串出现的位置、判断字符串是否以某个字符开头或结尾、字符串与其他类型的相互转换等。下面举例来讲解 String 类中常用方法的使用。

1．求字符串的长度 length()

示例【C06_02】声明一个字符串"Hello World!"，求出该字符串的长度。代码如下：

```
public class C06_02 {
public static void main(String[] args) {
        String str1="Hello World!"; //声明字符串
        System.out.println(str1+"的长度为:"+str1.length());
}
}
```

运行结果：

```
Hello World!的长度为:12
```

2．获取字符串某个位置上的字符 charAt(int index);

示例【C06_03】从字符串"Hello World!"中，取出第七位字符。代码如下：

```
public class C06_03 {
    public static void main(String[] args) {
        String str="Hello world!";//声明字符串
        System.out.println(str+"中第七位字符为: "+str.charAt(6));
//取出字符串中第七位字符
    }
}
```

运行结果：

```
Hello world!中第七位字符为: w
```

3．比较字符串

（1）equals(Object anotherObject)：比较当前字符串和参数字符串，在两个字符串相等时返回 true，否则返回 false。

（2）compareTo(String anotherString)：是对字符串内容按字典顺序进行大小比较，通过返回的整数值指明当前字符串与参数字符串的大小关系。若当前对象比参数大，则返回正整数；反之，则返回负整数；相等返回 0。

（3）compareToIgnore(String anotherString)：与 compareTo 方法相似，但忽略大小写。

（4）equalsIgnoreCase(String anotherString)：与 equals 方法相似，但忽略大小写。

示例【C06_04】声明三个字符串 str1、str2、str3，分别是"Hello world!""我是 java""HeLLo world!"，使用上述方法对三个字符串进行比较。代码如下：

```
public class C06_04 {
public static void main(String[] args) {
    String str1="Hello world!";//声明字符串
    String str2="我是java!";//声明字符串
    String str3="HeLLo world!";//声明字符串
    System.out.println("equals的结果: "+str1.equals(str2));
```

```
        System.out.println("compareTo的结果: "+str1.compareTo(str3));
        System.out.println("compareToIgnoreCase的结果:
"+str1.compareToIgnoreCase(str3));
        System.out.println("equalsIgnoreCase的结果:
"+str1.equalsIgnoreCase(str3));
    }
}
```

运行结果:

```
equals的结果: false
compareTo的结果: 32
compareToIgnoreCase的结果: 0
equalsIgnoreCase的结果: true
```

4. 字符串连接 concat（String str）

String 类提供了方法 concat（String str）将指定字符串连接到此字符串的结尾。

示例【C06_05】将参数中的字符串 str2 连接到当前字符串 str1 的后面，效果等价于"+"。代码如下：

```
public class C06_05 {
public static void main(String[] args) {
    String str1="Hello world!"; //声明字符串
    String str2="我是java!"; //声明字符串
    //str1.concat(str2)等价于str1+str2
    System.out.println("concat的结果: "+str1.concat(str2));
    System.out.println("+的结果: "+(str1+str2));
}
}
```

运行结果:

```
concat的结果: Hello world!我是java!
+的结果: Hello world!我是java!
```

5. statWith（String prefix）或 endWith（String suffix）

用来比较当前字符串的起始字符或字符串 prefix 和终止字符或子字符串 suffix 是否与当前字符串相同，重载方法中同时还可以指定比较开始位置 offset，如果相同，返回 true；否则，返回 false。

示例【C06_06】声明一个字符串"Hello world!"，判断该字符串是否以"H"开头，以"!"结尾，最后判断如果开始位是第四位，该字符串是否以"llo"为前缀。代码如下：

```
public class C06_06 {
public static void main(String[] args) {
    String str1="Hello world!";                        //声明字符串
    System.out.println(str1.startsWith("H"));          //判断是否以"H"开头
    System.out.println(str1.endsWith("!"));            //判断是否以"!"结束
    System.out.println(str1.startsWith("llo", 3));
    //判断开始位是第四位，字符串是否以"llo"为前缀
}
}
```

运行结果:

```
true
```

```
true
false
```

6．查找指定字符或子字符串是否存在

（1）int indexOf(int ch/String str)：用于查找当前字符串中字符或子字符串，返回字符或子字符串在当前字符串中从左边起首次出现的位置，若没有出现则返回-1。

（2）int indexOf(int ch/String str, int fromIndex)：与第一种类似，返回在此字符串中第一次出现指定字符处或子字符串中的索引，区别在于该方法从 fromIndex 位置向后查找即从指定的索引开始搜索。

（3）int lastIndexOf(int ch/String str)：与第一种类似，区别在于该方法从字符串的末尾位置向前查找。

（4）int lastIndexOf(int ch/String str, int fromIndex)：与第二种方法类似，区别在于该方法从 fromIndex 位置向前查找。

示例【C06_07】现在声明一个字符串"Hello，I am a student!"，在该字符串中查找"l"第一次出现和最后一次出现的位置，查找"stu"出现的位置，从第四位开始查找 e 第一次出现的位置，从第六位开始反向查找 a 最后一次出现的位置。代码如下：

```
public class C06_07 {
public static void main(String[] args) {
    String str1="Hello ,I am a student!";//声明字符串
    System.out.println("l出现的位置"+str1.indexOf('l'));//查找l字符出现的位置
    System.out.println("stu出现的位置"+str1.indexOf("stu"));
    //查找stu在str1中出现的位置
    System.out.println("l最后出现的位置"+str1.lastIndexOf("l"));
    //查找l在此字符串中最右边出现的位置
    System.out.println(str1.indexOf("e", 3));
    //从第四位开始查找e第一次出现的位置
    System.out.println(str1.lastIndexOf("a", 5));
    //从第六位开始反向查找a最后一次出现的位置
    }
}
```

运行结果：

```
l出现的位置2
stu出现的位置14
l最后出现的位置3
18
-1
```

7．截取字符串

String 类提供了两种截取字符串的方法：

（1）substring(int beginIndex)：从指定索引号截取，到字符串结尾。

（2）substring(int beginIndex, int endIndex)：从索引号 beginIndex 截取，到索引号 endIndex 结束，截取的内容为 beginIndex 到 endIndex-1。如果结束的索引号超出了字符串长度，则截取到字符串结束。

示例【C06_08】现在声明一个字符串"Hello ,I am a student!"，从字符串第六位开始截取到字符串结束，再从该字符串截取索引号为 5-7 的内容，代码如下：

```
public class C06_08 {
    public static void main(String[] args) {
    String str1="Hello ,I am a student!";//声明字符串
    System.out.println(str1.substring(5));//从第六位开始截取到字符串结束
    System.out.println(str1.substring(5,8));//截取索引号为5~7的内容
    }
}
```

运行结果:
```
,I am a student!
,I
```

8. 拆分字符串

Split(String str)方法将 str 作为分隔符进行字符串分解，分解后的子字符串在字符串数组中返回。

示例【C06_09】声明一个字符串 "Hello，I am a student!"，使用一个空格来拆分改字符串，并输出拆分后的字符串数组。代码如下:

```
public class C06_09 {
public static void main(String[] args) {
    String str1="Hello ,I am a student!";//声明字符串
    String s[]=str1.split(" ");//用空格拆分字符串
    for (int i = 0; i < s.length; i++) {
        System.out.println(s[i]);//循环输出
    }
}
}
```

运行结果:
```
Hello
,I
am
a
student!
```

9. 字符串的大小写转换与替换

字符串转换最常见的是字符串的大小写转换或替换字符串中的某些部分。String 类提供了 toLowerCase()、toUpperCase()和 replace()方法来完成上述操作。

示例【C06_10】声明一个字符串 "Hello，I am a student!"，将该字符串的字母分别全部转换为小写和大写并输出，最后用 "java" 替换改字符串中的 "llo"。代码如下:

```
public class C06_10 {
public static void main(String[] args) {
    String str1="Hello ,I am a student!";//声明字符串
    System.out.println(str1.toLowerCase());//将字符串全部转换为小写字母
    System.out.println(str1.toUpperCase());//将字符串全部转换为大写字母
    System.out.println(str1.replaceAll("llo", "java"));//将 "llo" 替换为 "java"
}
}
```

运行结果：

```
hello ,i am a student!
HELLO ,I AM A STUDENT!
Hejava ,I am a student!
```

10. 字符串转换为数组

String 类中提供了将字符串转换为 char 类型数组和 byte 类型数组的方法。

示例【C06_11】声明一个字符串"Hello, I am a student!"，将该字符串转换为 char 类型数组和 byte 类型数组，并循环输出这两个数组。代码如下：

```java
public class C06_11 {
    public static void main(String[] args) {
        String str1="Hello ,I am a student!";//声明字符串
        char ch[]=str1.toCharArray();//将字符串转换为char数组
        System.out.println("---将字符串转换为char数组----");
        for (int i = 0; i < ch.length; i++) {
            System.out.print(ch[i]+" ");//循环输出
        }
        System.out.println("\n---将字符串转换为byte数组----");
        byte b[]=str1.getBytes();//将字符串转换为byte数组
        for (int i = 0; i < b.length; i++) {
            System.out.print(b[i]+" ");//循环输出
        }
    }
}
```

运行结果：

```
---将字符串转换为char数组----
H e l l o   , I   a m   a   s t u d e n t !
---将字符串转换为byte数组----
72 101 108 108 111 32 44 73 32 97 109 32 97 32 115 116 117 100 101 110 116 33
```

6.1.2 格式化输出

在第 1 章中，用 System.out.print()或者用 System.out.println()输出"HelloWorld"，这种输出是按原有的格式（()中的书写格式）输入。可以向控制台输出不同类型的数据，也可以满足一定的输出要求。在实际应用中，当输出数据时，必须按照一定的格式要求输出数据，如数据精度，小数点后保留 2 位有效数字、按照规定的格式输出日期、按照表格方式输出数据等要求。在 JavaSe5 中，Java 推出了 C 语言中 printf()风格的格式化输出，这不仅使控制输出的代码更加简单，也赋予 Java 开发者对于输出格式与排列更大的控制能力。

Java 的 String 类中也可以使用 format()方法格式化字符串，该方法有两种重载形式：String.format(String format, Object... args)和 String.format(Locale locale, String format, Object... args)。两者的唯一区别是前者使用本地语言环境，后者使用指定语言环境。

示例【C06_12】使用 format()、printf()、println()在控制台打印"I love China"。代码如下：

```java
public class C06_12 {
    public static void main(String[] args) {
        String s = "I love China";
```

```
        System.out.printf("s=%s\n",s);//printf方式
        System.out.println("s="+s);//println方式
        System.out.format("s=%s\n",s);//format方式
        System.out.format("s="+ s);//format方式
    }
}
```

运行结果：

```
s=I love China
s=I love China
s=I love China
s=I love China
```

format()与 printf()是等价的，它们只需要一个简单的格式化字符串，加上一串参数即可，每个参数对应一个格式修饰符。

查看源码可以发现，format()方法最终调用 java.util.Formatter 类的 format()方法。主要掌握 java.util.Formatter 中的 format()方法就可以很好地掌握 String 中 format()方法。

除转换符 s 外，还有哪些字符，详情见示例【C06_13】所示。

示例【C06_13】转换符，代码如下：

```
import java.util.Formattable;
import java.util.Formatter;
public class C06_13 {
    public static void main(String[] args) {
        System.out.println(String.format("'b':将参数格式化为boolean类型输出,'B'
的效果相同,但结果中字母为大写。%b", false));
        System.out.println(String.format("'h':将参数格式化为散列输出，原理：
Integer.toHexString(arg.hashCode()), 'H'的效果相同,但结果中字母为大写。%h", "ABC"));
        System.out.println(String.format("'s':将参数格式化为字符串输出，如果参数实现
了 Formattable接口，则调用 formatTo方法。'S'的效果相同。%s", 16));
        System.out.println(String.format("FormatImpl类实现了Formattable接口：%s",
new FormatImpl()));
        System.out.println(String.format("'c':将参数格式化为Unicode字符,'C'的效果
相同。%c", 'A'));
    System.out.println(String.format("'d':将参数格式化为十进制整数。%d", 11));
        System.out.println(String.format("'o':将参数格式化为八进制整数。%o", 9));
        System.out.println(String.format("'x':将参数格式化为十六进制整数。%x",
17));
        System.out.println(String.format("'e':将参数格式化为科学计数法的浮点数,'E'
的效果相同。%E", 10.000001));
        System.out.println(String.format("'f':将参数格式化为十进制浮点数。%f",
10.000001));
        System.out.println(String.format("'g':根据具体情况，自动选择用普通表示方式还
是科学计数法方式,'G'效果相同。10.01=%g", 10.01));
        System.out.println(String.format("'g':根据具体情况，自动选择用普通表示方式还
是科学计数法方式,'G'效果相同。10.00000000005=%g", 10.00000000005));
        System.out.println(String.format("'a':结果被格式化为带有效位数和指数的十六进
制浮点数,'A'效果相同,但结果中字母为大写。%a", 10.1));
        System.out.println(String.format("'t':时间日期格式化前缀，会在后面讲述"));
        System.out.println(String.format("'%%':输出%%。%%"));
```

```
            System.out.println(String.format("'n'平台独立的行分隔符。));
    }
        private static class FormatImpl implements Formattable {//内部类
                public void formatTo(Formatter formatter, int flags, int width, int
precision) {
                    formatter.format("我是Formattable接口的实现类");
            }
        }
}
```

运行结果：

'b'：将参数格式化为boolean类型输出，'B'的效果相同，但结果中字母为大写。false

'h'：将参数格式化为散列输出，原理：Integer.toHexString(arg.hashCode())，'H'的效果相同,但结果中字母为大写。ABC

's'：将参数格式化为字符串输出，如果参数实现了 Formattable接口，则调用 formatTo方法。'S'的效果相同。16

FormatImpl类实现了Formattable接口：我是Formattable接口的实现类

'c'：将参数格式化为Unicode字符，'C'的效果相同。A

'd'：将参数格式化为十进制整数。11

'o'：将参数格式化为八进制整数。11

'x'：将参数格式化为十六进制整数。11

'e'：将参数格式化为科学计数法的浮点数，'E'的效果相同。10.000001=1.000000E+01

'f'：将参数格式化为十进制浮点数。10.000001

'g'：根据具体情况，自动选择用普通表示方式还是科学计数法方式，'G'效果相同。10.01 = 10.0100

'g'：根据具体情况，自动选择用普通表示方式还是科学计数法方式，'G'效果相同。10.00000000005 = 10.0000

'a'：结果被格式化为带有效位数和指数的十六进制浮点数，'A'效果相同,但结果中字母为大写。0x1.4333333333333p3

't'：时间日期格式化前缀，会在后面讲述

'%%'：输出%。%

'n'平台独立的行分隔符。

　　以上是转换符，在很多时候需要格式化输出日期或按照一定的方式进行输出，可以将 Formatter 看成一个翻译器，它将你的格式化字符串与数据翻译成需要的结果。当创建一个 Formatter 对象时，需要向其构造器传递一些信息，如最终的结果将向哪里输出。

　　示例【C06_14】格式化输出当前日期并按照一定的方式进行输出。代码如下：

```
import java.util.Calendar;
import java.util.Formatter;
public class C06_14 {
    static Formatter formatter = new Formatter(System.out);
    static Calendar calendar = Calendar.getInstance();
    public static void printTitle() {
    System.out.println(String.format("'R'：将时间格式化为：HH:MM（24小时制）。输
出：%tR", calendar));
        //%tH:%tM:%tS的缩写
        System.out.println(String.format("'T'：将时间格式化为：HH:MM:SS（24小时制）。
输出：%tT", calendar));
        //%tI:%tM:%tS %Tp的缩写，输出形如：
        System.out.println(String.format("'r'：将时间格式化为：09:23:15 下午，跟设
```

置的语言地区有关。输出：%tr", calendar));
```
            //%tm/%td/%ty的缩写，输出形如
            System.out.println(String.format("'D':将时间格式化为:10/19/16。输出:%tD",
calendar));
            //%tY-%tm-%td，输出形如：
            System.out.println(String.format("'F':将时间格式化为: 2016-10-19。输
出: %tF", calendar));
            //%ta %tb %td %tT %tZ %tY，输出形如: Sun Jul 20 16:17:00 EDT 1969
            System.out.println(String.format("'c':将时间格式化为\"Sun Jul 20
16:17:00 EDT 1969\"。输出: %tc", calendar));
    }
    public static void print() {
        formatter.format("%-15s %5d %10.2f\n", "My name is hhx", 5, 4.2);
        formatter.format("%-15.4s %5d %10.3f\n", "My name is hhx", 5, 5.5);
    }
    public static void main(String[] args) {
        C06_14.printTitle();
        System.out.println("-----------------------------------");//分割线
        C06_14.print();
        C06_14.formatter.close();
    }
}
```

运行结果：
```
'R':将时间格式化为: HH:MM（24小时制）。输出：23:10
'T':将时间格式化为: HH:MM:SS（24小时制）。输出：23:10:34
'r':将时间格式化为: 11:08:13 下午，跟设置的语言地区有关。输出：11:10:34 下午
'D':将时间格式化为: 12/02/18。输出：12/02/18
'F':将时间格式化为: 2018-12-02。输出：2018-12-02
'c':将时间格式化为"Sun Jul 20 16:17:00 EDT 1969"。输出：星期日 十二月 02 23:10:34 CST
2018
-----------------------------------
My name is hhx    5       4.20
My n              5       5.500
```

6.1.3　正则表达式

正则表达式又称规则表达式（英语：Regular Expression，在代码中常简写为 regex、regexp 或 RE），正则表达式是计算机科学的一个概念。它通常被用来检索、替换那些符合某个模式(规则)的文本。Java 中的正则表达式在 java.util.regex 包中，该包中包含了三个类：Pattern 类、Matcher 类和 PatternSyntaxException 类。

1. Pattern 类

Pattern 对象是一个正则表达式的编译表示。Pattern 类没有公共构造方法，要创建一个 Pattern 对象，必须首先调用其公共静态编译方法，它返回一个 Pattern 对象。该方法接收一个正则表达式作为它的第一个参数。

2. Matcher 类

Matcher 对象是对输入字符串进行解释和匹配操作的引擎。与 Pattern 类一样，Matcher 也

没有公共构造方法，你需要调用 Pattern 对象的 Matcher 方法来获得一个 Matcher 对象。

3．PatternSyntaxException 类

PatternSyntaxException 是一个非强制异常类，它表示一个正则表达式模式中的语法错误。常见的方法如下：

（1）public String getDescription()：获取错误的描述。

（2）public int getIndex()：获取错误的索引。

（3）public String getPattern()：获取错误的正则表达式模式。

（4）public String getMessage()：返回多行字符串，包含语法错误及其索引的描述、错误的正则表达式模式和模式中错误索引的可视化指示。

示例【C06_15】使用正则表达式.*China.*用于查找字符串中是否包含 China 子字符串。代码如下：

```java
import java.util.regex.*;
public class C06_15{
  public static void main(String args[]){
    String content = "I love China " +
      "I am Chinese";
    String pattern = ".*China.*";//正则表达式
    boolean isMatch = Pattern.matches(pattern, content);//判断是否包含字符串
    System.out.println("字符串中是否包含了 'China' 子字符串? " + isMatch);
  }
}
```

运行结果：

```
字符串中是否包含了 'China' 子字符串? true
```

捕获组是把多个字符当一个单独单元进行处理的方法，它通过对括号内的字符分组来创建。例如，正则表达式 (cat) 创建了单一分组，组里包含"c" "a" "t"。捕获组是通过从左至右计算其开括号来编号的。例如，在表达式((A)(B(C)))中，有四个这样的组：((A)(B(C)))、(A)、(B(C))、(C) 可以通过调用 Matcher 对象的 groupCount()方法来查看表达式有多少个分组。groupCount()方法返回一个 int 值，表示 Matcher 对象当前有多个捕获组。还有一个特殊的组（group(0)），它总是代表整个表达式，该组不包括在 groupCount()的返回值中。

示例【C06_16】从一个给定的字符串中找到数字串。代码如下：

```java
import java.util.regex.Matcher;
import java.util.regex.Pattern;
public class C06_16{
  public static void main( String args[] ){
    // 按指定模式在字符串查找
    String line = "i love China so deep time2018! OK?";
    String pattern = "(\\D*)(\\d+)(.*)";
    Pattern r = Pattern.compile(pattern);// 创建 Pattern 对象
    Matcher m = r.matcher(line);// 现在创建 matcher 对象
    if (m.find( )) {
      System.out.println("Found value: " + m.group(0) );
      System.out.println("Found value: " + m.group(1) );
      System.out.println("Found value: " + m.group(2) );
      System.out.println("Found value: " + m.group(3) );
```

```
        } else {
            System.out.println("NO MATCH");
        }
    }
}
```

运行结果：

```
Found value: i love China so deep time2018! OK?
Found value: i love China so deep time
Found value: 2018
Found value: ! OK?
```

在其他编程语言中，"\\"表示：我想要在正则表达式中插入一个普通的（字面上的）反斜杠，请不要给它任何特殊的意义。

示例【C06_17】使用正则表达式检查一个邮箱是否符合邮箱的规则（只含有数字、字母、@等符号）。代码如下：

```
import java.util.Scanner;
import java.util.regex.Matcher;
import java.util.regex.Pattern;
public class C06_17 {
    public static void main(String[] args) {
        System.out.println("请输入邮箱");
        Scanner sc = new Scanner(System.in);
        String str = sc.nextLine();// 要验证的字符串
        String regEx =
"^([a-z0-9A-Z]+[-|\\.]?)+[a-z0-9A-Z]@([a-z0-9A-Z]+(-[a-z0-9A-Z]+)?\\.)+[a-zA-Z]
{2,}$";// 邮箱验证规则
        Pattern pattern = Pattern.compile(regEx);// 编译正则表达式
        Matcher matcher = pattern.matcher(str);// 忽略大小写的写法
        boolean rs = matcher.matches();// 字符串是否与正则表达式相匹配
        System.out.println(rs);
    }
}
```

运行结果：

```
请输入邮箱
xiaohu121X@163.com
true
```

正则表达式语法有许多规则，详情查阅 API。下面介绍几种常用的正则表达式：

（1）校验手机号

^((17[0-9])|(14[0-9])|(13[0-9])|(15[^4,\\D])|(18[0,5-9]))\\d{8}$

（2）验证身份证号码位数

(^\\d{18}$)|(^\\d{15}$)

（3）验证 IP

(25[0-5]|2[0-4]\\d|[0-1]\\d{2}|[1-9]?\\d)

（4）验证是否有汉字

^[\u4e00-\u9fa5],{0,}$

（5）验证 URL

http(s)?://([\\w-]+\\.)+[\\w-]+(/[\\w- ./?%&=]*)?

6.2　Math 类

在编程的过程中，有时需要对数值进行数学上的计算，包括求最大值、最小值、根、绝对值、a 的 b 次方和三角函数等。Java 的 Math 类封装了很多与数学有关的属性和方法，能完成上述与数学有关的操作。Math 类中提供的方法都是静态的，因此 Math 中的所有方法都可以由类名直接调用或者通过 Math 类在主函数中直接调用。下面通过示例详细讲解常用的几种 Math。

1．最大值、最小值、绝对值

Math 类中的 max()、min()方法用于返回两个数中的最大值和最小值，如示例【C06_12】中的 Math.max(12, 45)返回结果为 45，Math.min(12, 45)返回结果为 12，abs()方法返回一个数的绝对值。

示例【C06_18】 求出最大值、最小值和绝对值。代码如下：

```java
public class C06_18 {
public static void main(String[] args) {
    System.out.println("12和45的最大值为："+Math.max(12, 45));//求最大值
    System.out.println("12和45的最小值为："+Math.min(12, 45));//求最小值
    System.out.println("-23的绝对值为："+Math.abs(-23));//求绝对值
    }
}
```

运行结果：

```
12和45的最大值为：45
12和45的最小值为：12
-23的绝对值为：23
```

2．a 的 b 次方、平方根

Math 类中的 pow(a, b)方法返回的是 a 的 b 次方，如示例【C06_13】中 Math.pow(9, 2)返回 81.0，Math.pow(9, 4)的结果为 6561.0，sqrt(a)方法返回 a 的平方根，如示例【C06_13】中 Math.sqrt(9)结果为 3.0。

示例【C06_19】 声明一个变量，数值为 9，求出该变量的平方、平方根和 9 的 4 次方。代码如下：

```java
public class C06_19 {
public static void main(String[] args) {
    int a = 9;//声明变量并赋值为9
    System.out.println("9的平方为："+Math.pow(9, 2));//求平方
    System.out.println("9的平方根为："+Math.sqrt(a));//求平方根
    System.out.println("9的4次方为："+Math.pow(9, 4));//求9的4次方
    }
```

```
}
```
运行结果：
```
9的平方为：81.0
9的平方根为：3.0
9的4次方为：6561.0
```

3．取整

Math 类中提供了四种取整的方法，分别是 ceil(x)、floor(x)、round(x)和 rint(x)。

（1）ceil(x)：x 向上取整为它最近的数即大于或等于该数字的最接近的整数。

（2）floor(x)：x 向下取整为它最近的数即小于或等于该数字的最接近的整数。

（3）round(x)：x 取四舍五入后的整数。

（4）rint(x)：返回最接近参数的整数，如果有两个数同样接近，则返回偶数的那个。它有两个特殊的情况：如果参数本身是整数，则返回本身；如果不是数字或无穷大或正负 0，则结果为其本身。

示例【C06_20】对数值 2.3、2.5、2.8 进行上述操作。代码如下：
```
public class C06_20 {
public static void main(String[] args) {
    System.out.println("ceil(2.3): "+Math.ceil(2.3));
    //取大于或等于2.3的最接近的整数，结果为3.0
    System.out.println("floor(2.3): "+Math.floor(2.3));
    //取小于或等于2.3的最接近的整数结果为2.0
    System.out.println("round(2.3): "+Math.round(2.3));
    //四舍五入，结果为2.0
    System.out.println("rint(2.3): "+Math.rint(2.3));//
    System.out.println("rint(2.8): "+Math.rint(2.8));//
    System.out.println("rint(2.5): "+Math.rint(2.5));//
}
}
```
运行结果：
```
ceil(2.3): 3.0
floor(2.3): 2.0
round(2.3): 2
rint(2.3): 2.0
rint(2.8): 3.0
rint(2.5): 2.0
```

4．产生随机数

在程序设计过程中，有时想得到一个随机产生的数。Math 类提供了 random 方法来实现这一操作。注意：Math.random 方法生成的随机数范围为[0.0,1.0)，即生成大于或等于 0.0 且小于 1.0 的 double 类型随机数。

示例【C06_21】利用上述方法，产生并输出 10 个 1 到 100 的随机数。代码如下：
```
public class C06_21 {
    public static void main(String[] args) {
    for (int i = 0; i < 10; i++) {
        int s = 1+(int)(Math.random()*100);
        System.out.print(s+" ");
```

```
        }
    }
}
```

运行结果：

```
74  62  13  95  72  50  96  83  69  29
```

由【示例 C06_21】可以看出，使用 Math.random 方法编写简单的表达式，生成任意范围的随机数，即 a+Math.random()*b 返回的数在[a，a+b*)。

示例【C06_22】拓展：Java 中还提供了另一个产生随机数的方法，就是使用 Random 类，它可以产生一个 int、double、long、float 和 boolean 类型的随机数。代码如下：

```
public class C06_22 {
public static void main(String[] args) {
    Random r = new Random();
    System.out.println("产生5个int类型的1-100的随机数");
    for (int i = 0; i < 5; i++) {
        System.out.print(r.nextInt(100)+" ");
    }
    System.out.println("\n产生6个double类型的的随机数");
    for (int i = 0; i < 6; i++) {
        System.out.println(r.nextDouble()+"   ");
    }
}
}
```

运行结果：

```
产生5个int类型的1-100的随机数
11  26  42  44  90
产生6个double类型的的随机数
0.6944780636550367
0.5675267917476278
0.46087366214288006
0.4873145065472497
0.23375422212343866
0.47922573613977026
```

6.3　枚举类型

JDK1.5 中新增加了枚举类型，这种类型可以取代以往常量的定义方式，即将常量封装在类或接口中，此外它还提供了类型检查功能。枚举类型本质上还是以类的形式存在的。

6.3.1　基本 enum 特性

enum 的全称为 enumeration，在本质上 enum 是 java.lang.Enum 的子类。在 Java 中，被 enum 关键字修饰的类型就是枚举类型。尽管 enum 看起来像是一种新的数据类型，但事实上，enum 是一种受限制的类，并且具有自己的方法。枚举类型符合通用模式 Class Enum<E extends Enum<E>>，而 E 表示枚举类型的名称。枚举类型的每一个值都将映射到 protected Enum(String name, int ordinal)构造函数中，每个值的名称都被转换成一个字符串，并且序数设置表示了此设置被创建的顺序。

语法格式：

权限修饰 enum 名称{值1,值2,值3…;}

如果枚举不添加任何方法，枚举值默认从 0 开始的有序数值。以 Color 枚举类型举例，它的枚举常量依次为：

值 1:0，值 2:1，值 3:2……

枚举的好处：可以将常量组织起来，统一进行管理。

枚举的典型应用场景：错误码、状态机等。

在 enum 中，提供了以下基本方法：

（1）values()：返回 enum 实例的数组，而且该数组中的元素严格保持在 enum 中声明时的顺序。

（2）name()：返回实例名。

（3）ordinal()：返回实例声明时的次序，从 0 开始。

（4）getDeclaringClass()：返回实例所属的 enum 类型。

（5）equals()：判断两个对象的值是否相等。

（6）==：判断是否为同一个对象。

示例【C06_23】展示 enum 的基本方法。代码如下：

```
public class C06_23 {
    enum Country {CHINA, ENGLISH, AMERICA;}//定义枚举类型
    enum Size {BIG, MIDDLE, SMALL;}
    public static void main(String args[]) {
        System.out.println("========== Print all Country ==========");
        for (Country c : Country.values()) {//增强for循环打印Country的值
            System.out.println(c + " ordinal: " + c.ordinal());
        }
        System.out.println("========== Print all Size ==========");
        for (Size s : Size.values()) {
            System.out.println(s + " ordinal: " + s.ordinal());
        }
        Country China = Country.CHINA;//获取枚举中的常量
        System.out.println("China name(): " + China.name());//返回实例名称
        System.out.println("China getDeclaringClass(): " +
China.getDeclaringClass());//返回实例所属的 enum 类型
        System.out.println("China hashCode(): " + China.hashCode());
        //实例的哈希码
        System.out.println("China compareTo Country.CHINA: " +
China.compareTo(China.CHINA));//比较字符
        System.out.println("China equals Country.CHINA: " +
China.equals(Country.CHINA));//判断值是否相等
        System.out.println("China equals Size.MIDDLE: " +
China.equals(Size.BIG));//判断值是否相等
        System.out.println("China equals 1: " + China.equals(1));//判断角标值
        System.out.format("China == Country.ENGLISH: %b\n", China ==
Country.ENGLISH);//判断是否为同一个对象
```

```
    }
}
```

运行结果：

```
==========Print all Country==========
CHINA ordinal: 0
ENGLISH ordinal: 1
AMERICA ordinal: 2
==========Print all Size==========
BIG ordinal: 0
MIDDLE ordinal: 1
SMALL ordinal: 2
China name(): CHINA
China getDeclaringClass(): class six.C06_21$Country
China hashCode(): 366712642
China compareTo Country.CHINA: 0
China equals Country.CHINA: true
China equals Size.MIDDLE: false
China equals 1: false
China == Country.ENGLISH: false
```

示例【C06_23】是 enum 常见的方法及其使用方式。enum 还可以添新的成员变量和成员方法，形式与类差不多。

6.3.2 向 enum 中添加新方法

枚举可以添加普通方法、静态方法、抽象方法和构造方法，Java 中的枚举不能直接为实例赋值，但是它有更优秀的解决方案：为 enum 添加方法来间接实现显示赋值。在创建 enum 时，可以为其添加多种方法，甚至可以为其添加构造方法。

示例【C06_24】在枚举中定义普通方法、静态方法、抽象方法和构造方法。代码如下：

```
public enum C06_24 {
    OK(1) {
        public String getDescription() {
            return "成功";
        }
    },
    ERROR_A(2) {
        public String getDescription() {
            return "错误A";
        }
    },
    ERROR_B(3) {
        public String getDescription() {
            return "错误B";
        }
    };
    private int code;
    // 构造方法：enum的构造方法只能被声明为private权限或不声明权限
```

```
    private C06_24(int number) { // 构造方法
        this.code = number;
    }
    public int getCode() { // 普通方法
        return code;
    } // 普通方法
    public abstract String getDescription(); // 抽象方法
    public static void main(String args[]) { // 静态方法
        for (C06_24 s : C06_24.values()) {
            System.out.println("code: " + s.getCode() + ", description: " +
s.getDescription());
        }
    }
}
```

运行结果:

```
code: 1, description: 成功
code: 2, description: 错误A
code: 3, description: 错误B
```

注意: 如果要为 enum 定义方法, 那么必须在 enum 的最后一个实例尾部添加一个分号, 且枚举类型的构造方法必须为私有方法。此外, 在 enum 中, 如果将成员变量或成员方法定义在实例前面, 编译器会报错, 只能先定义实例。

6.3.3　组织枚举

枚举可以像一般类一样实现接口, 也可以使用接口组织枚举类型, 枚举同样是可以实现多接口的。

示例【C06_25】利用枚举实现接口。代码如下:

```
public interface C06_25 {
    int getCode();//定义方法getCode()
    String getDescription();//定义getDescription()
}
enum ErrorCodeEn implements C06_25 {
    OK(0, "成功"),
    ERROR_A(1, "错误A"),
    ERROR_B(2, "错误B");
    ErrorCodeEn(int number, String description) {//构造方法
        this.code = number;
        this.description = description;
    }
    private int code;
    private String description;
    @Override
    public int getCode() {//重写getCode()方法
        return code;
    }
    @Override
```

```
public String getDescription() {//重写getDescription()方法
    return description;
}
}
```

可以把枚举类型看成一个普通的类型，它们都可以定义一些属性和方法，不同之处在于：枚举类型不能使用 extends 关键字继承其他类；枚举类型不能使用除自身定义以外的实例。

6.4 包 装 类

Java 提供了一种"一切皆对象"的思想，但是在使用 Java 的基本数据类型如 int、double 等中，发现其并不具备对象的特性。为了使基本类型具备对象的特性，并方便用户使用，Java 提供了包装类，这样程序员就可以像操作对象一样操作基本类型数据。

Java 中的包装类提供了将原始数据类型转换为对象，以及将对象转换为原始数据类型的机制。包装类与基本数据类型的关系见表 6-1。

表 6-1　包装类与基本数据类型的关系

基 本 类 型	包 装 类
boolean	Boolean
char	Character
byte	Byte
short	Short
int	Integer
long	Long
float	Float
double	Double

由表 6.1 可知，每一个基本数据类型都被封装成一个包装类。包装类对象一经创建，其内容（所封装的基本类型数据值）不可改变。基本类型和对应的包装类可以相互转换：由基本类型向对应的包装类转换称为装箱，如把 int 包装成 Integer 类的对象；包装类向对应的基本类型转换称为拆箱，如 Integer 类的对象重新简化为 int。

6.4.1　Integer

Integer 类、Long 类和 Short 类分别将基本类型 int、long 和 short 封装成一个类。由于这些类都是 Number 的子类，区别就是封装不同的数据类型，其包含的方法基本相同，下面以 Integer 类为例介绍整数包装类。

Integer 类是 int 的包装类，该类的对象包含一个 int 类型的字段。此外，该类提供了多个方法，能在 int 类型和 String 类型间互相转换，同时还提供了其他一些处理 int 类型时非常有用的常量和方法。

1．Integer 构造方法

Integer 提供了两种构造方法，可将 int 类型和 String 类型数据作为参数创建 Integer 对象。

示例【C06_26】 分别以 34 和 235 作为参数来创建 Integer 对象。代码如下：

```
public class C06_26 {
public static void main(String[] args) {
    Integer num1 = new Integer(34);//使用int类型变量作为参数创建 Integer对象
    Integer num2 = new Integer("235");//使用String类型变量作为参数创建 Integer对象
    System.out.println("num1的结果为："+num1);//输出num1
    System.out.println("num2的结果为："+num2);//输出num2
}
}
```

运行结果：

```
num1的结果为：34
num2的结果为：235
```

注意：要用数值型 String 变量作为参数，如 235，否则将会抛出 NumberFormatException 异常。

2．toString()、toBinaryString()、toHexString()和 toOctalString()

toString()返回一个表示 Integer 值的 String 对象。toBinaryString()、toHexString()和 toOctalString()方法分别将值转换成二进制、十六进制和八进制字符串。

示例【C06_27】 声明一个变量，将 456 分别以字符串实现将字符变量以十进制、二进制、十六进制和八进制输出。代码如下：

```
public class C06_27 {
    public static void main(String[] args) {
    String str1=Integer.toString(10);  //获取数字的十进制表示
    String str2=Integer.toBinaryString(10);//获取数字的二进制表示
    String str3=Integer.toHexString(10);//获取数字的十六进制表示
    String str4=Integer.toOctalString(10);//获取数字的八进制表示
    System.out.println("10的十进制表示："+str1);
    System.out.println("10的二进制表示："+str2);
    System.out.println("10的十六进制表示："+str3);
    System.out.println("10的八进制表示："+str4);
}
}
```

运行结果：

```
10的十进制表示：10
10的二进制表示：1010
10的十六进制表示：a
10的八进制表示：12
```

3．parseInt 方法

parseInt 方法的作用是将数字字符串转换为 int 数值。

示例【C06_28】 定义一个 String 数组{ "234","344","345","89","348"}，将字符串数组中的每个元素转换为 int 类型，并打印输出。代码如下：

```
public class C06_28 {
public static void main(String[] args) {
```

```
    String str[]={"234","344","345","89","348"};//声明一个String数组
    for (int i=0; i < str.length; i++) {
        //将数组中的每个元素都转换为 int类型,并打印输出
        System.out.print(Integer.parseInt(str[i])+"  ");
    }
}
}
```

运行结果:

```
234  344  345  89  348
```

6.4.2　Boolean

Boolean 类是 boolean 类型的包装类,该类的对象包含一个 boolean 类型的字段。

1. Boolean 构造方法

Boolean 类提供了两种构造方法,可以将 boolean 类型和 String 类型作为参数创建 Boolean 对象。

示例【C06_29】分别以 boolean 类型和 String 类型变量作为参数来创建 Boolean 对象。代码如下:

```
public class C06_29 {
    public static void main(String[] args) {
        Boolean b1=new Boolean(true);
        //使用boolean型变量true作为参数创建 Boolean对象
        Boolean b2=new Boolean(false);
        //使用boolean型变量false作为参数创建 Boolean对象
        Boolean b3=new Boolean("twetwe");
        //使用String型变量作为参数创建 Boolean对象
        Boolean b4=new Boolean("false");
        //使用String型变量作为参数创建 Boolean对象
        System.out.println("b1:"+b1);//输出b1
        System.out.println("b2:"+b2);//输出b2
        System.out.println("b3:"+b3);//输出b3
        System.out.println("b4:"+b4);//输出b4
    }
}
```

运行结果:

```
b1:true
b2:false
b3:false
b4:false
```

注意:Boolean 类构造方法参数为 String 类型时,若该字符串内容为　true(不考虑大小写),则该 Boolean 对象表示 true;否则,表示 false。

2. 常用方法

(1) booleanValue():将 Boolean 对象的值以对应的 boolean 值返回。

(2) parseBoolean(String s):将字符串参数解析为 boolean 值。

(3) valueOf(String s):返回一个用指定字符串表示的 boolean 值。

（4）toString()：返回表示 boolean 值的 String 对象。

示例【C06_30】声明一个 Boolean 类对象，分别使用上述方法对该对象进行转换输出。
代码如下：

```
public class C06_30 {
    public static void main(String[] args) {
        Boolean b1 = new Boolean(true);
        //使用boolean型变量true作为参数创建Boolean类对象
        System.out.println("b1:"+b1.booleanValue());//得到b1对象的值
        System.out.println(Boolean.valueOf("student"));
        //返回字符串student表示的boolean值
        System.out.println(Boolean.valueOf(false));
        //返回boolean类型数据false表示的boolean值
        System.out.println(Boolean.parseBoolean("true"));
        //将字符串true解析为 boolean 值
        System.out.println(Boolean.parseBoolean("Student"));
        //将字符串Student解析为 boolean 值
        System.out.println(b1.toString());//返回表示boolean值的String对象
    }
}
```

运行结果：

```
b1:true
false
false
true
false
true
```

注意：Boolean 类中若方法的参数为 String 类型时，只有该字符串内容为 true（不考虑大小写），返回结果为 true；否则，为 false。

6.4.3　Byte

Byte 类是 byte 类型的包装类，该类的对象包含一个 byte 类型的单个字段。此外，该类还为 byte 类型和 String 类型的相互转换提供了方法，也提供了其他一些处理 Byte 时非常有用的常量和方法。

1．Byte 构造方法

Byte 类提供了两种构造方法，可将 byte 类型和 String 类型数据作为参数创建 Byte 对象。

示例【C06_31】分别以 26 和 78 作为参数来创建 Byte 对象，代码如下：

```
public class C06_31 {
    public static void main(String[] args) {
        byte b = 26;
        Byte byte1 = new Byte(b);//使用byte型变量23作为参数创建 Byte对象
        Byte byte2 = new Byte("78");//使用String类型变量作为参数创建 Byte对象
        System.out.println("byte1的结果为: "+byte1);//输出byte1
        System.out.println("byte2的结果为: "+byte2);//输出byte2
    }
}
```

运行结果：

```
byte1的结果为：26
byte2的结果为：78
```

2．Byte 常用方法

（1）byteValue()byte：以一个 byte 值返回 Byte 对象。

（2）intValue()int：以一个 int 值返回此 Byte 值。

（3）doubleValue()double：以一个 double 值返回此 Byte 值。

（4）parseByte(String s)：将 String 型参数解析成等价的字节。

（5）toString()String：返回表示此 Byte 值的 String 对象。

（6）valueOf(String str)：返回一个保持指定 String 所给出的值的 Byte 对象。

示例【C06_32】声明一个 Byte 类对象，分别使用上述方法对该对象进行操作。代码如下：

```
public class C06_32 {
    public static void main(String[] args) {
        Byte b = new Byte("78");//使用String类型变量作为参数创建 Byte 对象
        System.out.println(b.byteValue());//以一个 byte 值返回 Byte 对象
        System.out.println(b.intValue());//以一个 int 值返回此 Byte 值
        System.out.println(b.doubleValue());//以一个 double 值返回此 Byte 值
        System.out.println(Byte.parseByte("23"));
        //将 String 型参数解析成等价的字节（byte）

        byte b1 = 9;//声明byte变量
        System.out.println(Byte.toString(b1));
        //返回表示此 Byte 值的 String 对象
        System.out.println(Byte.valueOf("12"));
        //返回一个保持指定 String 所给出的值的 Byte 对象
    }
}
```

运行结果：

```
78
78
78.0
23
9
12
```

6.4.4　Character

Character 类是 char 类型的包装类，该类的对象包含一个 char 类型的单个字段。

1．Character 构造方法

Character 提供了 Character(char value)构造方法，可将 char 类型数据作为参数创建 Character 对象。以 3 作为参数来创建 Character 对象。

```
Character ch1 = new Character('3');
```

2．判断功能

在程序中，有时需要判断一个字符是数字、字母、大写字母或小写字母。Character 类提供

了一些方法来完成上述功能。

示例【C06_33】声明一个字符串"I am a student，我的姓名是张三，学号是 2018005"，请分别统计出该字符串中所有大写英文字母、小写英文字母、数字及其他字符的个数。代码如下：

```java
public class C06_33 {
    public static void main(String[] args) {
    String str="I am a student，我的姓名是张三，学号是2018005";//声明字符串
    int bigEnum = 0;//大写英文字母的个数
    int LowEnum = 0;//小写英文字母的个数
    int Digitnum = 0;//数字的个数
    int OtherEnum = 0;//其他字符的个数
    char c[]=str.toCharArray();//把字符串变成一个数组
    for (int i = 0; i < c.length; i++) {
        if(Character.isLowerCase(c[i])){//判断字符是否是小写字母
            LowEnum++;
        }else if(Character.isUpperCase(c[i])){//判断字符是否是大写字母
            bigEnum++;
        }
        else if(Character.isDigit(c[i])){//判断字符是否是数字
            Digitnum++;
        }
        else {  //其他字符
            OtherEnum++;
        }
    }
    System.out.println("大写英文字母个数:"+bigEnum);
    System.out.println("小写英文字母个数:"+LowEnum);
    System.out.println("数字个数:"+Digitnum);
    System.out.println("其他字符个数:"+OtherEnum);
}
}
```

运行结果：

```
大写英文字母个数:1
小写英文字母个数:10
数字个数:7
其他字符个数:15
```

3. 转换功能

除判断功能外，Character 类还提供了将某个字符转换为小写字母或者大写字母的方法。

示例【C06_34】声明一个字符串"I am a Student，my name is jane"，将该字符串中的所有"a"转换为大写字母，将"S"转换为小写字母。代码如下：

```java
public class C06_34 {
public static void main(String[] args) {
    String str="I am a Student，my name is jane";//声明字符串
    System.out.println("转换前的结果为: "+str);
    char c[]=str.toCharArray();//把字符串变成一个数组
    for (int i = 0; i < c.length; i++) {
```

```
        if(c[i]=='a'){//判断字符是否等于 'a'
            c[i]=Character.toUpperCase(c[i]);//将该字符转换为大写字母
        }
        if(c[i]=='S'){//判断字符是否等于 'S'
            c[i]=Character.toLowerCase(c[i]);//将该字符转换为小写字母
        }
    }
    System.out.println("转换后的结果为："+String.valueOf(c));
    //将字符数组转换为字符串并输出
    }
}
```

运行结果：

转换前的结果为：I am a Student, my name is jane
转换后的结果为：I Am A student, my nAme is jAne

6.4.5 Double 和 Float

Double 类和 Float 类是 double 和 float 类型的包装类，这两个类的对象分别包含一个 double 类型、float 类型的数据。Double 类和 Float 类都是对小数进行操作，所以常用方法基本相同。基于这种特殊性，下面只针对 Double 类进行介绍。

1. Double 构造方法

Double 类提供了两种构造方法，可将 double 类型和 String 类型数据作为参数创建 Double 类对象。

示例【C06_35】分别以 34.56 和 235.235 作为参数来创建 Double 对象，代码如下：

```
public class C06_35 {
public static void main(String[] args) {
    Double db1 = new Double(34.56);//使用double类型变量作为参数创建 Double对象
    Double db2 = new Double("235.235");//使用String类型变量作为参数创建 Double对象
    System.out.println("db1的结果为："+db1);//输出db1
    System.out.println("db2的结果为："+db2);//输出db2
}
}
```

运行结果：

db1的结果为：34.56
db2的结果为：235.235

注意：如果不是以数值类型的字符串作为参数，则抛出 NumberFormatException 异常。

2. Double 常用方法

Double 类还提供了其他方法，如数字字符串转换为 double 类型数据、比较两个 double 类型数据、比较两个 Double 对象等。

示例【C06_36】下面进行代码演示，代码如下：

```
public class C06_36 {
public static void main(String[] args) {
    Double db1 = new Double(34.56);//使用double类型变量作为参数创建 Double对象
    Double db2 = new Double("235.235");//使用String类型变量作为参数创建 Double对象
    System.out.println(db1.compareTo(db2));//比较对象db1和db2
```

```
        System.out.println(Double.compare(34.56,4.2));//比较34.56和4.2
        System.out.println(Double.toString(34.56));//以字符串形式输出34.56
        System.out.println(Double.toHexString(4.5));////输出34.56的十六进制
    }
}
```

运行结果：

```
-1
1
34.56
0x1.2p2
```

6.4.6　Number

Number 类是 java.lang 包下的一个抽象类，提供了将包装类型拆箱成基本类型的方法，所有的包装类（Integer、Long、Byte、Double、Float 和 Short）都是抽象类 Number 的子类，并且是 final 声明不可继承改变。

Number 类的所有子类通用的方法如下：

（1）xxx xxxValue()：xxx 表示原始数字数据类型（byte、short、int、long、float 和 double）。此方法用于将 Numbe 对象的值转换为指定的基本数据类型。

（2）int compareTo（NumberSubClass referenceName）：用于将 Number 对象与指定的参数进行比较。但是不能比较两种不同的类型，因此参数和调用方法的 Number 对象应该是相同的类型。referenceName 可以是 Byte、Double、Integer、Float、Long 或 Short。

（3）boolean equals（Object obj）：确定 Number 对象是否等于参数。每个 Number 子类都包含其他方法，这些方法可用于将数字转换为字符串。

示例【C06_37】声明一个 Double 类型的对象，将该对象的值转换为其他基本数据类型，并进行比较。代码如下：

```
public class C06_37 {
    public static void main(String[] args) {
    Double db1 = new Double(56.5647);//声明double类型对象
    System.out.println(db1.toString()+"转换为byte结果为: "+db1.byteValue());
    System.out.println(db1.toString()+"转换为int结果为: "+db1.intValue());
    System.out.println(db1.toString()+"转换为float结果为: "+db1.floatValue());
    System.out.println(db1.toString()+"转换为short结果为: "+db1.shortValue());
    System.out.println(db1.toString()+"转换为long结果为: "+db1.longValue());
    System.out.println(db1.toString()+"转换为double结果为:
"+db1.doubleValue());
    System.out.println(db1.compareTo((double)9));
    //如果相等，结果为0，db1大于9结果为1，否则结果为-1
    System.out.println(Double.compare(45, 56));
    //如果相等，结果为0，45大于56结果为1，否则结果为-1
  Double db2 = new Double(23);//声明double类型对象
    System.out.println("两个Double对象的值是否相等: "+db1.equals(db2));

    }
}
```

运行结果：

56.5647转换为byte结果为: 56

```
56.5647转换为int结果为：56
56.5647转换为float结果为：56.5647
56.5647转换为short结果为：56
56.5647转换为long结果为：56
56.5647转换为double结果为：56.5647
1
-1
两个Double对象的值是否相等：false
```

注意：转换时可能会发生精度损失。例如，可以看到从 Double 对象转换为 int、long、short 等类型时，小数部分（".5647"）已被省略。

小　　结

精通 Java 中的字符串处理技术可有效提高代码的书写效率，在 String 类中介绍了 String 的基本操作和一些高级的字符串处理技术，如格式化输出、使用正则表达式等，这些都是 Java 学习的重点。Math 类是对数值格式的处理，以及数学运算、随机数、大数字进行处理等，这些都会用于实际问题的处理。虽然枚举比较简单，但是读者应该对这两种机制有简单的了解。本章 6.4 节介绍的主要是数字、字符、布尔值等的包装类。通过学习本小节，读者应该熟练掌握包装类所提供的方法，并能在实际开发中灵活运用。

课 后 练 习

1．统计字符串"12468654976456468484"每个数字出现的次数。

2．字符串为"There are many students, the students have improved their listening"，求出"are"子串的出现位置，并将它们全部转换为大写字母。

3．定义一个计算机品牌枚举类，其中只有固定的几个计算机品牌。

4．定义一个 Person 类，包含姓名、年龄、生日、性别，其中性别只能是"男"或"女"。

5．利用 Math 类中的方法，产生 100 个 50 到 1000 的随机整数。

6．键盘输入一个字符串，统计该字符串中大写字母字符、小写字母字符和数字字符有多少个（不考虑其他字符，使用 Character 提供的判断功能去完成）。

7．创建两个 Character 对象，通过 equals()方法比较它们是否相等，之后将这两个对象分别转换成小写形式，再通过 equals()方法比较这两个 Character 对象是否相等。

8．通过字符型变量创建 boolean 值，再将其转换成字符串输出，观察输出后的字符串与创建 Boolean 对象时给定的参数是否相同。

第 7 章

Java 容器

在实际程序开发时可能需要大量的对象，通常的做法是在使用的同时创建新的对象，而创建对象的个数是多少，该如何管理这些对象呢？在 Java 中有一类可以持有其他类的对象，专门用来存储其他对象的类，该类可以动态分配存储空间，一般称为对象容器类，简称容器类。

通过本章的学习，可以掌握以下内容：

☞ 了解集合类的概念

☞ 掌握 Collection 接口

☞ 掌握 List 接口

☞ 掌握 Set 接口

☞ 掌握 Map 接口

7.1 容器类基本概念

前面学习的数组是一种数据结构，用来存储同一类型值的集合，该类型的值既可以是基本类型也可以是对象类型，通过一个整型下标来访问数据的每一个值。数组虽然是保存相同数据类型最有效的方式，但是在存储复杂的对象时，数组就显得"技穷"了。Java 中提供了一套相当完整的容器类来解决这个问题。由于 Java 使用 Collection 这个名字来指代持有对象类型的类，因此称这些类为容器类。

容器类中包含了 7 个接口，分别是 Collection 接口、List 接口、Set 接口、Queue 接口、Map 接口、Iterator 接口和 Comparable 接口。其中，List 接口、Set 接口和 Queue 接口继承了 Collection 接口，剩下的接口之间都是相互独立的，无继承关系。List 接口和 Set 接口主要是为了区分是否要包含重复元素，Iterater 接口则是为了更灵活地迭代集合，与 foreach 一起使用。Comparable 接口则用于比较。

7.2 Collection 接口

Collection 接口存在于 Java.util 包中，它提供了对集合对象进行基本操作的通用接口方法。Collection 接口在 Java 类库中有很多具体的实现。Collection 接口的意义是为各种具体的集合提供最大化的统一操作方式。继承 Collection 的接口有 List 接口、Set 接口和 Queue 接口。其中，实现 List 接口对象中存在的元素是有序的、可以重复的；而实现 Set 接口对象中存在的元素是无序的、不可以重复的；Queue 接口则是一个典型的先进先出的容器，即容器的一端存入事物，从另一端取出，且事物存入和取出是相同的，队列常被当作一种可靠的，将对象从程序的某个区域传输到另一个区域的途径。

7.2.1 List 接口

List 接口继承了 Collection 接口，是有序的列表，实现 List 接口的类有 ArrayList、LinkedList、Vector 和 Stack。在实际的应用中如果使用到队列、栈和链表，首先可以使用 List。ArrayList 类是基于数组实现的，是一个数组队列，可以动态地增加容量。集合中对插入元素数据的速度要求不高，但是要求快速访问元素数据。LinkedList 类是基于链表实现的，是一个双向循环列表，可以被当作堆栈使用。集合中对访问元素数据速度要求不高，但是对插入和删除元素数据速度要求高。Vector 类是基于数组实现的，是一个矢量队列，是线程安全的。集合中有多线程对集合元素进行操作。Stack 类是基于数组实现的，是栈，它继承于 Vector 类，其特点是先进后出，有时希望集合中后保存的数据先读取出来。List 接口中常见的方法如下：

（1）void add(int index,Object element)：在指定位置上添加一个对象。

（2）boolean addAll(int index,Collection c)：将集合 c 的元素添加到指定的位置。

（3）Object get(int index)：返回 List 中指定位置的元素。

（4）int indexOf(Object o)：返回第一个出现 o 元素的位置。

（5）Object remove(int index)：删除指定位置的元素。

（6）Object set(int index,Object element)：用元素 element 取代位置 index 上的元素，返回被取代的元素。

（7）void sort()：排序。

（8）Iterator<E> iterator()：返回一个迭代器。

示例【C07_01】创建一个苹果类（Apple），创建若干个对象，测试 ArrayList 类的使用方法。代码如下：

```java
import java.util.ArrayList;
import java.util.Iterator;
import java.util.List;
public class C07_01 {
    public static void main(String[] args) {
        List al = new ArrayList() ;//创建ArrayList
        Apple a = new Apple();//创建苹果类
        Apple b = new Apple();
        Apple c = new Apple();
```

```
        al.add(a);
        al.add(b);
        al.add(c);
        al.set(0, b);//将索引位置为1的对象a修改为对象b
        al.add(2, c);//将对象c添加到索引位置为2的位置
        Iterator it = al.iterator();//迭代器
            while (it.hasNext()) {
                System.out.println(it.next());
            }
        System.out.println(al.get(0));//获取第一个元素的对象
        System.out.println(al.indexOf(al.get(2)));//获取第二个元素的对象的数字
    }
}
class Apple{//创建类
}
```

运行结果：

```
seven.Apple@15db9742
seven.Apple@15db9742
seven.Apple@6d06d69c
seven.Apple@6d06d69c
seven.Apple@15db9742
2
```

以上是 List 接口的部分用法，由于 List 接口是不能实例化对象的，可以使用 ArrayList 类、LinkedList 类、Vector 类和 Stack 类对实例化对象进行方法调用。

示例【C07_02】使用 LinkedList 的示例。代码如下：

```
import java.util.LinkedList;
public class C07_02 {
    public static void main(String[] args) {
        LinkedList linkedList = new LinkedList();//创建LinkedList
        //按顺序添加
        linkedList.add("first");
        linkedList.add("second");
        linkedList.add("third");
        System.out.println(linkedList);
        linkedList.addFirst("addFirst");//替换第一个元素
        System.out.println(linkedList);
        linkedList.addLast("addLast");//替换最后一个元素
        System.out.println(linkedList);
        linkedList.add(2, "addByIndex")//替换第三个元素
        System.out.println(linkedList);
    }
}
```

运行结果：

```
[first, second, third]
[addFirst, first, second, third]
[addFirst, first, second, third, addLast]
[addFirst, first, addByIndex, second, third, addLast]
```

✳ **知识拓展**

◇ 与数组相同，集合类的下角标也是从 0 开始的。

7.2.2 Set 接口

Set 接口也继承了 Collection 接口，不会存储重复的元素。实现 Set 接口的类有 HashSet 类和 LinkedHashSet 类，如集合存储多个对象，并且不会记住元素的存储顺序，也不允许集合中有重复元素可以使用 Set。HashSet 类按照 Hash 算法存储集合中的元素，具有很好的存取和查找性能。当向 HashSet 中添加一些元素时，HashSet 类会根据该对象的 HashCode()方法来得到该对象的 HashCode 值，然后根据 HashCode 的值来决定元素的位置。LikedHashSet 类是 HashSet 类的子类，它也是根据元素的 HashCode 值来决定元素的存储位置，但它能够同时使用链表来维护元素的添加顺序，使得元素能以插入顺序保存。Set 接口中常见的方法如下：

（1）boolean add(E e)：如果 Set 中尚未存在指定的元素，则添加此元素（可选操作）。

（2）void clear()：移除此 Set 中的所有元素（可选操作）。

（3）boolean contains(Object o)：如果 Set 包含指定的元素，则返回 True。

（4）boolean equals(Object o)：比较指定对象与此 Set 的相等性。

（5）int hashCode()：返回 Set 的 HashCode。

（6）boolean isEmpty()：如果 Set 不包含元素，则返回 True。

（7）Iterator<E> iterator()：返回在此 Set 中的元素上进行迭代的迭代器。

（8）boolean remove(Object o)：如果 Set 中存在指定的元素，则将其移除（可选操作）。

（9）int size()：返回 Set 中的元素数（其容量）。

（10）Object[] toArray()：返回一个包含 Set 中所有元素的数组。

示例【C07_03】使用 HashSet 类的示例。代码如下：

```
import java.util.HashSet;
import java.util.Iterator;
import java.util.Set;
public class C07_03 {
    public static void main(String[] args) {
        Set ss = new HashSet();
        ss.add("a");
        ss.add("b");
        ss.add("c");
        ss.add("d");
        ss.add("e");
        ss.add("f");
        ss.add("g");
        ss.add("h");
        System.out.print("打印方法1：");
        System.out.print(ss);//打印set集合
        System.out.println();
        System.out.print("打印方法2：");
        Iterator iterator = ss.iterator();
        while(iterator.hasNext()){//使用迭代器
```

```
                System.out.print(iterator.next()+", ");
        }
        System.out.println();
        System.out.print("打印方法3: ");//使用toArray()方法
        String [] strs = new String[ss.size()];
        ss.toArray(strs);
        for (String s : strs) {
            System.out.print(s+", ");
        }
    }
}
```

运行结果:

```
循环方法1: [a, b, c, d, e, f, g, h]
循环方法2: a, b, c, d, e, f, g, h,
循环方法3: a, b, c, d, e, f, g, h,
```

以上是 HashSet 的基本方法, LinkedHashSet 继承自 HashSet, 源码更少、更简单。唯一的区别是, LinkedHashSet 内部使用的是 LinkHashMap。这样做的意义和好处就是 LinkedHashSet 中的元素顺序是可以保证的, 也就是说, 遍历序和插入序是一致的, 其使用方法基本与 HashSet 一致。

7.3　Map 接口

Map 接口也存在于 Java.util 包中, 提供了一个更通用的元素存储方法。Map 集合类用于存储元素对(称作"键"(key)和"值"(value)), 其中每个键映射到一个值。Map 接口在 Java 类库中也有很多具体的实现。实现 Map 接口的类有 HashMap 类和 TreeMap 类。

7.3.1　HashMap 类

HashMap 类由数组和链表组成, 其中数组是 HashMap 类的主体, 链表则是为了解决哈希冲突而存在的。数组上存储的是"键"(key), 而链表上存储的是"值"(value)。HashMap 像查阅字典一样, 数组中所存的数据是字典, 而字典中详细描述则是链表上存储的"值"(value)。主要方法有以下几种:

(1) void clear(): 从此映射中移除所有映射关系。

(2) Object clone(): 返回此 HashMap 实例的浅表副本, 并不复制"键"和"值"本身。

(3) boolean containsKey(Object key): 如果此映射包含对于指定键的映射关系, 则返回 True。

(4) boolean containsValue(Object value): 如果此映射将一个或多个键映射到指定值, 则返回 True。

(5) V get(Object key): 返回指定键所映射的值。如果对于该键此映射不包含任何映射关系, 则返回 Null。

(6) boolean isEmpty(): 如果此映射不包含键–值映射关系, 则返回 True。

(7) V put(K key, V value): 在此映射中关联指定值与指定键。

(8) void putAll(Map<? extends K,? extends V> m): 将指定映射的所有映射关系复制到此映

射中，这些映射关系将替换此映射目前针对指定映射中所有键的所有映射关系。

（9）V remove(Object key)：从此映射中移除指定键的映射关系（如果存在）。

示例【C07_04】 使用 HashMap 类的示例。代码如下：

```java
import java.util.HashMap;
import java.util.Map;
public class C07_04 {
    public static void main(String[] args) {
        Map hm = new HashMap();  //创建HashMap对象
        //添加元素
        hm.put("Zara", "8");
        hm.put("Mahnaz", "31");
        hm.put("Ayan", "12");
        hm.put("Daisy", "14");
        System.out.println();
        System.out.println(" Map Elements");
        System.out.print("\t" + hm);
    }
}
```

运行结果：

```
Map Elements
    {Daisy = 14, Ayan = 12, Zara = 8, Mahnaz = 31}
```

7.3.2 TreeMap 类

TreeMap 类是一种树形结构，主要用于排序和查找。TreeMap 类的排序主要依靠"键"来排序 Map。主要的方法如下：

（1）Comparator<? super K> comparator()：返回对此映射中的键进行排序的比较器。如果此映射使用键的自然顺序，则返回 Null。

（2）V put(K key, V value)：将指定值与此映射中的指定键进行关联。

（3）void putAll(Map<? extends K,? extends V> map)：将指定映射中的所有映射关系复制到此映射中。

（4）int size()：返回此映射中的键-值映射关系数。

（5）V get(Object key)：返回指定键所映射的值。如果对于该键此映射不包含任何映射关系，则返回 Null。

示例【C07_05】 TreeMap 类的基本方法的使用。代码如下：

```java
import java.util.Set;
import java.util.TreeMap;
public class C07_05 {
    public static void main(String[] args) {
        TreeMap tm = new TreeMap();
        tm.put(0, "zero");
        tm.put(1, "one");
        tm.put(3, "three");
        Set<Integer> keys = tm.keySet();//set本身就是一个集合
        for (Integer key : keys) {//增强for循环
```

```
            System.out.print("学号: " + key + ",姓名: " + tm.get(key) + "\t");
        }
    }
}
```

运行结果:

学号: 0,姓名: zero   学号: 1,姓名: one 学号: 3,姓名: three

7.4 泛 型

泛型是程序设计语言的一种特性,允许程序员在强类型程序设计语言中编写代码时,定义一些可变部分,那些部分在使用前必须声明。各种程序设计语言和其编译器、运行环境对泛型的支持均不一样。简单来说,由于集合类中可以放不同的对象,在输出时可能导致错误。泛型主要用集合类中的控制输入某一类对象,其示例如下:

```
List arrayList = new ArrayList();
    arrayList.add("中国");
    arrayList.add(1000);
    for(int i = 0; i< arrayList.size();i++){
    String item = (String)arrayList.get(i);
    System.out.print("泛型测试","item = " + item);
}
```

毫无疑问,这个程序会出错,出错的类型为:

```
java.lang.ClassCastException: java.lang.Integer cannot be cast to
java.lang.String
```

ArrayList 可以存放任意类型,示例中既添加了一个 String 类型,又添加了一个 Integer 类型,再使用时都以 String 的方式使用,因此程序崩溃了。为了解决类似的问题,泛型应运而生。利用泛型修改程序如下:

```
List<String> arrayList = new ArrayList<String>();
    arrayList.add("中国");
    arrayList.add("美国");
    //arrayList.add(1000);
    for(int i = 0; i< arrayList.size();i++){
    String item = (String)arrayList.get(i);
    System.out.print("泛型测试","item = " + item);
}
```

在编译期间,程序就会对添加对象进行类型检查。如果添加"arrayList.add(1000);"就会出现相应错误。

示例【C07_06】使用泛型方法打印不同字符串的元素,代码如下:

```
public class C07_06{// 泛型方法 printArray
  public static < E > void printArray( E[] inputArray ){// 输出数组元素
     for ( E element : inputArray ){
         System.out.printf( "%s ", element );
         }
     System.out.println();
  }
  public static void main( String args[] ){
```

```
        // 创建不同类型数组: Integer, Double 和 Character
        Integer[] intArray = { 2,0,1,8};
        Double[] doubleArray = { 1.1, 2.2, 3.3, 4.4 };
        Character[] charArray = { 'H', 'E', 'L', 'L', 'O' };
        String[] stringArray = { "HELLO","WORLD" };
        System.out.println( "整型数组元素为:" );
        printArray( intArray ); // 传递一个整型数组
        System.out.println( "\n双精度型数组元素为:" );
        printArray( doubleArray ); // 传递一个双精度型数组
        System.out.println( "\n字符型数组元素为:" );
        printArray( charArray ); // 传递一个字符型数组
        System.out.println( "\n字符串型数组元素为:" );
        printArray( stringArray ); // 传递一个字符串型数组
    }
}
```

运行结果:

整型数组元素为:

2 0 1 8

双精度型数组元素为:

1.1 2.2 3.3 4.4

字符型数组元素为:

H E L L O

字符串型数组元素为:

HELLO WORLD

泛型有泛型接口、泛型类和泛型方法 3 种语法方式。

1. 泛型接口的语法格式

```
权限修饰 interface 接口名<声明自定义泛型> {
    ...
}
```

2. 泛型类的语法格式

```
权限修饰 class 类名<声明自定义泛型> {
    ...
}
```

3. 泛型方法的语法格式

```
修饰符 <声明自定义泛型> 返回值类型 方法名(形参列表) {
    ...
}
```

泛型的类型参数只能是引用类型,不能是基本类型。使用尖括号 <> 声明一个泛型。<>
里可以使用 T、E、K、V 字母,这些字母对于编译器来说都是一样的,可以是任意字母,但程
序员习惯在特定情况下用不同字母来表示。

```
T : Type (类型)
E : Element (元素)
```

```
K ： Key（键）
V ： Value（值）
```

示例【C07_07】自定义一个泛型类。代码如下：

```java
public class C07_07<T> {//自定义一个泛型
    private T t;
    public void add(T t) {//添加一个元素
        this.t=t;
    }
    public T get() {
        return t;
    }
    public static void main(String[] args) {
        C07_07<Integer> integerBox=new C07_07<Integer>();
        C07_07<String> stringBox=new C07_07<String>();
        //添加元素
        integerBox.add(new Integer(1000));
        stringBox.add(new String("我爱中国"));
        //打印元素
        System.out.printf("整型值为 :%d\n\n", integerBox.get());
        System.out.printf("字符串为 :%s\n", stringBox.get());
    }
}
```

运行结果：

整型值为 :1000

字符串为 :我爱中国

小　结

本章主要讲解了容器类，其中容器类包括 Collection 接口、List 接口、Set 接口、Map 接口等及其具体实现类。Collection 接口被 List 接口、Set 接口和 Queve 接口继承，而 List 接口中详细讲解了 ArrayList 类和 LinkedList 类的方法和用法。Map 接口中主要讲解了两个实现类：HashMap 与 TreeMap。最后讲解的是泛型的用法及如何自定义泛型。

课 后 练 习

1．什么是容器类？

2．Collection 接口与 List 接口、Set 接口和 Map 接口是什么关系？

3．创建一个名为 Gerbi 的类，该类拥有一个整数域 gerbilNumber，通过构造器初始化 gerbilNumber。创建方法 hop()显示该对象的 gerbilNumber，并在 Gerbi 中使用 "is hopping" 字符创建一个 ArrayList 类的对象，并将 Gerbil 所有对象添加到该 List 中。用 get()方法遍历 List 中所有的 Gerbil 对象，并调用 hop()方法。

4．实现一个存储整型元素的 Set，加入随机整数，要求 Set 的元素不能重复。

5．选择某种 Map 集合保存学号从 1 到 15、学员的学号（键）和姓名（值），学号用字符串表示，输入时要以学号乱序的方式存入 Map 集合中，然后按照学号从大到小的顺序将 Map 集合中的元素输出并打印。需要自定义 Map 集合的比较器 Comparator，因字符串对象的大小比较是按字典排序，而非对应的数值。要求：必须使用 Map 集合的内部排序机制进行排序，不能在外部排序。

第 8 章

Java 输入与输出

计算机的软硬件中都会涉及输入和输出，硬件的输入和输出表示的是一些输入和输出设备，而软件中的输入和输出较为复杂。例如，在软件的设计阶段与程序的编写阶段，输入和输出指的是不同的信息。本章主要讲述 Java 程序编写中的输入和输出，相关的知识点有文件类和输入/输出类。

通过本章的学习，可以掌握以下内容：

- ☞ 了解流的概念
- ☞ 了解输入/输出的概念
- ☞ 掌握字节流使用方式
- ☞ 掌握字符流使用方式
- ☞ 了解其他流

8.1 流 的 概 念

当程序从磁盘中读取数据或程序向磁盘中写入数据时，数据是如何传递的呢？答案是"以一种流的方式进行传递"。Java 中 I/O 技术可以对数据进行流控制和管理。

流是一个抽象的概念，当程序需要读取或写入数据时，就会开启一个数据通道以连接数据源，这个数据源可以是文件、压缩包和网络资源等。流的传递形式如图 8-1 所示。

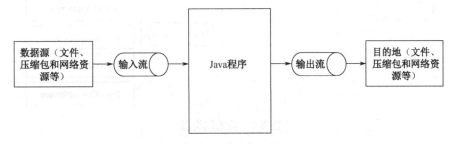

图 8-1 流的传递形式

采用流的机制可以使程序有序地输入和输出。输入流和输出流是一个相对的概念，对于初学者来说，可能会认为输入流是输出流，输出流是输入流，这是因为站的角度不同。Java 中的输入流和输出流是站在 Java 程序的角度来说的。

在写 Java 程序时，若存在打开的流资源，在使用完毕后则应该关闭该流资源的流通道。

Java 中流的种类有若干种，从功能上划分为节点流和处理流，从操作数据单位划分为字节流和字符流，从流向划分为输入流和输出流。无论怎么划分，Java 中的流都分为字节输入流（InputStream）、字节输出流（OutputStream）、字符输入流（Reader）和字符输出流（Writer）这几类，见表 8-1。

表 8-1　Java 中的流

	字 节 流	字 符 流
输入流	InputStream	Reader
输出流	OutputStream	Writer

以上是 Java I/O 包中除自身外所有流的父类，上述的 4 种类都是抽象类，直接从 Object 继承。流的结构图如图 8-2 所示。

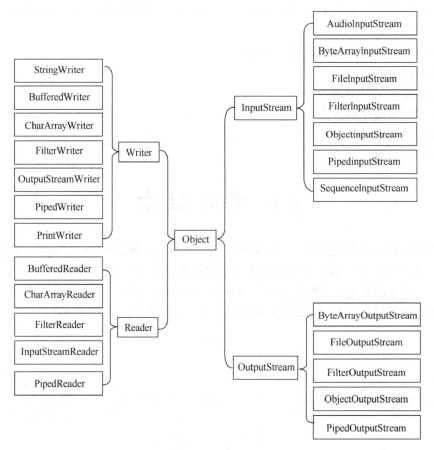

图 8-2　流的结构图

8.2　文　　件

文件是指计算机文件，文件是存储信息的集合，主要存储在计算机的硬盘上，通常的表现形式为 word 文档、图片等。程序中多数是对文件进行处理，Java 中能处理文件的类是 File 类，File 类是 I/O 包中唯一代表磁盘文件本身的对象。

8.2.1　File 类

File 类定义了一些与平台无关的方法来操作文件，可以通过调用 File 类中的方法，实现创建、删除、重命名文件等。File 类的对象主要用来获取文件本身的一些信息，如文件所在目录、文件的长度、文件读/写权限等，但是不涉及文件的读/写操作，读/写操作是由相应的流进行处理的。

要使用 File 类的对象，就需要了解 File 类的 4 种构造函数。File 类的构造函数如下：

（1）File(String pathname)：通过将给定路径名字符串转换为抽象路径名来创建一个新 File 实例。其中，Pathname 指的是路径名字符串转换为抽象路径名。

（2）File(String parent, String child)：根据 parent 路径名字符串和 child 路径名字符串创建一个新 File 实例。其中，parent 是已经存在的上层目录，child 是被创建文件名称。

（3）File(File parent, String child)：根据 parent 路径名字符串和 child 路径名字符串创建一个新 File 实例。其中，parent 是已经存在的上层目录，child 是被创建文件名称。

（4）File(URI uri)：通过将给定的 file: URI 转换为一个抽象路径名来创建一个新的 File 实例。其中，uri 是抽象路径。

示例【C08_01】 使用 File 类的第一种构造方法创建文件夹，在创建成功的基础上使用第二种构造方法创建一个名字为 8-1 的 Word 文档。代码如下：

```
import java.io.File;
import java.io.IOException;
public class C08_01 {
    public static void main(String[] args) {
        File file = new File("F:\\javawork");
        if(!file.exists()){//如果文件夹不存在
            file.mkdir();//创建文件夹
            System.out.println("javawork文件夹创建成功！");
        }else{
            File file1 = new File("F:\\javawork","8-1.doc");
            if(!file1.exists()){
                try {
                    file1.createNewFile();//创建文件
                    System.out.println("file1 8-1.doc文件创建成功！");
                } catch (IOException e) {
                    e.printStackTrace();
                }
            }else{
                System.out.println(file1.getAbsoluteFile());//打印file1路径
            }
```

```
                System.out.println(file.getAbsoluteFile());//打印file路径
        }
    }
}
```

第一次运行结果：

javawork文件夹创建成功！

第二次运行结果：

file1 8-1.doc文件创建成功！

F:\javawork

第三次运行结果：

F:\javawork\8-1.doc

F:\javawork

示例【C08_01】中仅使用了前两种的构造方法，读者可自行使用后两种构造方法创建文件。File 类常见的方法见表 8-2。

表 8-2　File 类常见的方法

方　　法	说　　明
boolean canExecute()	测试应用程序是否可以执行此抽象路径名表示的文件
boolean canRead()	测试应用程序是否可以读取此抽象路径名表示的文件
boolean canWrite()	测试应用程序是否可以修改此抽象路径名表示的文件
int compareTo(File pathname)	按字母顺序比较两个抽象路径名
boolean createNewFile()	当不存在具有此抽象路径名指定名称的文件时，连续不间断地创建一个新的空文件
boolean delete()	删除此抽象路径名表示的文件或目录
File getAbsoluteFile()	返回此抽象路径名的绝对路径名形式
String getAbsolutePath()	返回此抽象路径名的绝对路径名字符串
boolean mkdir()	创建此抽象路径名指定的目录
boolean mkdirs()	创建此抽象路径名指定的目录，包括所有必需但不存在的父目录
String getName()	返回由此抽象路径名表示的文件或目录的名称

以上仅是 File 常用的方法，如果需要更多的 File 类方法则可以查看对应版本的 API。

示例【C08_02】在示例【C08_01】基础上，在 javawork 文件夹中再次新建两个文件分别为 8-2.txt 和 8-2.doc。在新建完成后列出文件夹中的所有文件和子目录，并显示文件长度和最后修改时间。代码如下：

```
import java.io.File;
import java.io.IOException;
public class C08_02{
    public static void main(String[] args) {
        File file = new File("F:\\javawork");
        if(!file.exists()){//如果文件夹不存在
            file.mkdir();//创建文件夹
            System.out.println("javawork文件夹创建成功！");
        }else{
            File file1 = new File("F:\\javawork","8-1.doc");
            File file2 = new File("F:\\javawork","8-2.doc");
            File file3 = new File("F:\\javawork","8-2.txt");
```

```java
        if(!file1.exists()||!file2.exists()||!file3.exists()){
            try {
                file1.createNewFile();//创建8-1.doc
                file2.createNewFile();//创建8-2.doc
                file3.createNewFile();//创建8-2.txt
                System.out.println("file1 8-1.doc文件创建成功！");
                System.out.println("file2 8-2.doc文件创建成功！");
                System.out.println("file3 8-2.txt文件创建成功！");
            } catch (IOException e) {
                e.printStackTrace();
            }finally{
                System.out.println("file1 length"+file1.lastModified());
                //8-1的长度
                System.out.println("file2 length"+file2.lastModified());
                //8-2的长度
                System.out.println("file3 length"+file3.lastModified());
                //8-2的长度
                System.out.println("file1 lastdate"+file1.lastModified());
                //8-1的最后修改时间
                System.out.println("file2 lastdate"+file2.lastModified());
                //8-2的最后修改时间
                System.out.println("file3 lastdate"+file3.lastModified());
                //8-2的最后修改时间
            }
        }else{
            System.out.println(file1.getAbsoluteFile());//打印file1路径
            System.out.println(file2.getAbsoluteFile());//打印file2路径
            System.out.println(file3.getAbsoluteFile());//打印file3路径
        }
        String dir = "F:\\javawork";
        File file4 = new File(dir);//创建文件对象用于处理dir
        if(file4.isDirectory()){//判断是否为目录
            System.out.println(dir+"目录包含的内容：");
            String srr[] = file4.list();
            //提取文件file4中的文件目录并放到一个集合中
            for(int i = 0;i < srr.length; i++){
                File fChild = new File(dir+"\\"+srr[i]);//创建内部文件对象
                if(fChild.isDirectory()){//判断是否为目录
                    System.out.println(srr[i]+"是目录");
                }else{
                    System.out.println(srr[i]+"是文件");
                }
            }
        }else{
            System.out.println(dir+"不是一个目录");
        }
    }
}
```

第一次运行结果：

javawork文件夹创建成功！

第二次运行结果：

file1 8-1.doc文件创建成功！
file2 8-2.doc文件创建成功！
file3 8-2.txt文件创建成功！
file1 length1542726519999
file2 length1542726520000
file3 length1542726520001
file1 lastdate1542726519999
file2 lastdate1542726520000
file3 lastdate1542726520001
F:\javawork目录包含的内容：
8-1.doc是文件
8-2.doc是文件
8-2.txt是文件

第三次运行结果：

F:\javawork\8-1.doc
F:\javawork\8-2.doc
F:\javawork\8-2.txt
F:\javawork目录包含的内容：
8-1.doc是文件
8-2.doc是文件
8-2.txt是文件

请读者在示例【C08_02】上添加和删除获得父类名称、获得文件名的方法。

❋**知识拓展**

◇ createNewFile()方法抛出了IOException 的异常，IOException 属于检查类型异常，在程序中需要对其进行捕获和处理，如果没有则程序在编译期间会报错。

8.2.2　文件字节流输入与字节流输出

文件字节流分为输入流（FileInputStream）和输出流（FileOutputStream），它们分别继承自字节输入流（InputStream）和输出流（OutputStream）。文件流方式按照字节读取或输出文件。

（1）FileInputStream 主要工作流程如图 8-3 所示，其方法有以下几种：

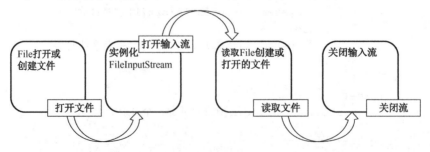

图 8-3　FileInputStream 主要工作流程

① void close()：关闭此文件输入流并释放与此流有关的所有系统资源。

② int read()：从此输入流中读取 1 字节数据。

③ int read(byte[] b)：从此输入流中将最多 b.length 字节的数据读入一个 byte 数组中。其中，b 是字节数组。

④ int read(byte[] b, int offset, int len)：从此输入流中将最多 len 字节的数据读入一个 byte 数组中。其中，b 是字节数组，offset 是起始位置，len 是读取字符长度。

⑤ int available()：返回下一次对此输入流调用的方法，可以不受阻塞地从此输入流读取（或跳过）剩余字节数。

示例【C08_03】在 F 盘的 javawork 文件夹中新建一个 8-3.txt 文档，手动在 txt 文档中添加两行文字"i love China"和"我爱中国"，利用 FileInputStream 读取文件信息并打印输出。代码如下：

```java
import java.io.File;
import java.io.FileInputStream;
import java.io.FileNotFoundException;
import java.io.IOException;
public class C08_03 {
    public static void main(String[] args) {
        File file = new File("F:\\javawork");
        if(!file.exists()){
            file.mkdir();
            System.out.println("javawork创建成功！！");
        }else{
            file = new File("F:\\javawork","8-3.txt");
            try {
                file.createNewFile();
                System.out.println("8-3.txt创建成功！！");
            } catch (IOException e) {
                // TODO Auto-generated catch block
                e.printStackTrace();
            }
            try {
                FileInputStream fin = new FileInputStream(file);
                byte[] b = new byte[fin.available()];//创建合适的byte数组
                int i = 0;
                int k = 0;//所有读取的内容都使用k接收
                while((k = fin.read())!=-1){ //当没有读取完时，继续读取
                    b[i] = (byte)k;
                    i++;
                }
                fin.close();//关闭流
                System.out.println(new String(b,0,i));//转换为字符串
            } catch (FileNotFoundException e) {
                e.printStackTrace();
            } catch (IOException e) {
                e.printStackTrace();
            }
        }
```

```
    }
}
```
运行结果：
```
8-3.txt创建成功！！
i love China
我爱中国
```
（2）FileOutputStream 主要工作流程如图 8-4 所示，其方法有以下几种：

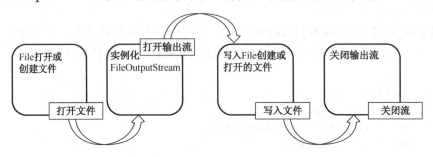

图 8-4   FileOutputStream 主要工作流程

① void close()：关闭此文件输入流并释放与此流有关的所有系统资源。

② int write()：从此输入流中写入 1 字节数据。

③ void write(byte b[])：方法从文件输入流中写入最多 b.length 字节到 byte 数组 b 中。其中，b 是字节数组。

④ void write(byte b[], int offset, int len)：从文件输入流中读取，从 offset 开始的 len 个字节，并存储至 b 字节数组内。其中，b 是字节数组，offset 是起始位置，len 是读取字符长度。

⑤ void flush()：刷新输出流。

示例【C08_04】在 F 盘的 javawork 文件夹中新建一个 8-4.txt 文档，使用 FileOutputStream 在 txt 文档中添加两行文字"i love China"和"我爱中国"，并进行截图。代码如下：

```java
import java.io.File;
import java.io.FileNotFoundException;
import java.io.FileOutputStream;
import java.io.IOException;
public class C08_04 {
    public static void main(String[] args) {
        File file = new File("F:\\javawork");
        if(!file.exists()){
            file.mkdir();
            System.out.println("javawork创建成功！！");
        }else{
            file = new File("F:\\javawork","8-4.txt");
            try {
                file.createNewFile();
                System.out.println("8-4.txt创建成功！！");//创建8-4.txt
            } catch (IOException e) {
                e.printStackTrace();
            }
            try {
                FileOutputStream fon = new FileOutputStream(file);
```

```
                    fon.write(" i love China ".getBytes());//用getBytes()获得ASCII值
                    fon.write(" 我爱中国 ".getBytes());//用getBytes()获得ASCII值
                    fon.flush();//清空流文件
                    fon.close();//关闭流文件
                    System.out.println("写入成功！！");
                } catch (FileNotFoundException e) {
                    e.printStackTrace();
                } catch (IOException e) {
                    e.printStackTrace();
                }
            }
        }
    }
```

运行结果：

    8-4.txt创建成功！！
写入成功！！

运行截图：

❋知识拓展

◇ flush()是将缓存写入的流文件强制输出到目的地，关闭流时，有时会有一部分数据存在内存中。close()是相当于将流管道直接"切断"，关闭流时，需要先将文件流 flush()输出到目的地。

8.2.3 文件字符流输入与字符流输出

文件字符流分为输入流（FileReader）和输出流（FileWriter），它们分别继承自字节输入流（InputStreamReader）和输出流（OutputStreamWriter）。文件流方式按照字节读取或输出文件。文件字符流和文件字节流区别是，文件字符流读取或写入文件时以字形式，而文件字节流读取或写入文件时以字节形式。

（1）FileReader 主要工作流程与 FileInputStream 相似，其方法有以下几种：

① int read()：读取单个字符。返回作为整数读取的字符，如果已达到流末尾，则返回-1。

② int read(char []cbuf, int offset, int len)：读取字符到 cbuf 数组，返回读取到字符的个数，如果已经到达尾部，则返回-1。其中，cbuf 是字符数组，offset 是开始位置，len 是读取字符长度。

③ int read(char []cbuf)：将字符读入数组。返回读取的字符数，如果已经到达尾部，则返回-1。其中，cbuf 是字符数组。

④ void close()：关闭此流对象，释放与其关联的所有资源。

示例【C08_05】在 F 盘的 javawork 文件夹中新建一个 8-5.txt 文档，手动在 txt 文档中添加两行文字"i love China"和"我爱中国"，利用 FileReader 读取文件信息并打印输出。代码如下：

```
import java.io.File;
import java.io.FileNotFoundException;
import java.io.FileReader;
```

```java
import java.io.IOException;
public class C08_05 {
    public static void main(String[] args) {
        File file = new File("F:\\javawork");
        if(!file.exists()){
            file.mkdir();
            System.out.println("javawork创建成功！！");
        }else{
            file = new File("F:\\javawork","8-5.txt");//创建文件8-5
            try {
                file.createNewFile();
                System.out.println("8-5.txt创建成功！！");
            } catch (IOException e) {
                e.printStackTrace();
            }
            try {
                FileReader fin = new FileReader(file);
                char[] c = new char[1024];//创建合适的char数组
                int i = 0;
                int k = 0;//所有读取的内容都使用k接收
                while((k = fin.read()) != -1){ //当没有读取完时，继续读取
                    c[i] = (char)k;
                    i++;
                }
                fin.close();//关闭流
                System.out.println(new String(c));//转换成为字符串
            } catch (FileNotFoundException e) {
                e.printStackTrace();
            } catch (IOException e) {
                e.printStackTrace();
            }
        }
    }
}
```

运行结果：

```
8-5.txt创建成功！！
i love China
我爱中国
```

FileReader 与 FileInputStream 工作方式基本类似，但一次读取文件的大小有所不同，FileReader 的主要目的在于解决单个文字占有两个字符的问题。

（2）FileWriter 主要工作流程与 FileOutputStream 相似，其方法有以下几种：

① write(char []c,int offset,int len)：在文件输入流中读取，从 offset 开始的 len 字节，并存储至 c 字符数组内。其中，c 是字符数组，offset 是开始位置，len 是读取的字符长度。

② write(String s, int offset, int len)：在文件输入流中读取，从 offset 开始的 len 字节，并存储至字符串 s 内。其中，s 是字符串，offset 是开始位置，len 是读取字符长度。

③ void flush()：刷新输出流。

④ void close(): 关闭输入流对象，释放与其关联的所有资源。

示例【C08_06】在 F 盘的 javawork 文件夹中新建一个 8-6.txt 文档，使用 FileWriter 在 txt 文档中添加两行文字 "i love China" "我爱中国"，截取 "我爱中国" 中的 "我爱"。代码如下：

```java
import java.io.File;
import java.io.FileNotFoundException;
import java.io.FileWriter;
import java.io.IOException;
public class C08_06 {
    public static void main(String[] args) {
        File file = new File("F:\\javawork");
        if(!file.exists()){
            file.mkdir();
            System.out.println("javawork创建成功！！");
        }else{
            file = new File("F:\\javawork","8-6.txt");
            try {
                file.createNewFile();
                System.out.println("8-6.txt创建成功！！");//创建8-6.txt
            } catch (IOException e) {
                e.printStackTrace();
            }
            try {
                FileWriter fon = new FileWriter(file);
                fon.write("i love China");//FileWriter可以写入字符串
                fon.write(" 我爱中国 ");
                fon.write("我爱中国" , 0, 2);
                fon.flush();//清空流文件
                fon.close();//关闭流文件
                System.out.println("写入成功！！");
            } catch (FileNotFoundException e) {
                e.printStackTrace();
            } catch (IOException e) {
                e.printStackTrace();
            }
        }
    }
}
```

运行结果：

8-6.txt创建成功！！
写入成功！！

运行截图：

173

8.3 字 节 流

无论是文件字节输入流还是文件字节输出流都是字节流输入或输出的子类，字节流
（InputStream/ OutPutStream）都是抽象类，主要统一读/写操作，为其子类提供共用的方法。本
节主要讲解字节流方法的构成和子类使用方法的示例。

8.3.1 InputStream 类与 OutputStream 类

1．InputStream 类

InputStream 类主要用于提供读操作，由于 InputStream 是一个抽象类，自身无法实例化对
象，所以只能通过子类生成程序中需要的对象。InputStream 子类结构图如图 8-5 所示。

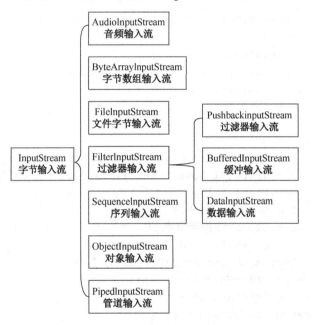

图 8-5　InputStream 子类结构图

InputStream 类主要方法如下：

（1）int available()：假设方法返回的 int 值为 a，a 代表的是在不阻塞的情况下，可以读入
或跳过（skip）的字节数。

（2）int read()：读取输入流的下一字节。这是一个抽象方法，不提供实现，子类必须实现
这个方法。

（3）int read(byte b[])：试图读入多字节，存入字节数组 b 中，并返回实际读入的字节数。

（4）int read(byte[] b,int offset,int len)：与上一个功能类似，除读入的数据存储到 b 数组是
从 offset 开始外。其中，len 是试图读入的字节数，返回的是实际读入的字节数。

（5）long skip(long n)：试图跳过当前流的 n 字节，返回实际跳过的字节数。

（6）void close()：关闭当前输入流，释放与该流相关的资源，以防止资源泄露。

2. OutputStream 类

OutputStream 类主要为提供读操作，由于 OutputStream 是一个抽象类，自身无法实例化对象，只能通过子类生成程序中需要的对象。OutputStream 子类结构图如图 8-6 所示。

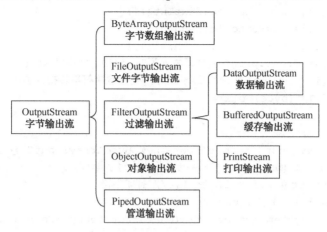

图 8-6   OutputStream 子类结构图

OutputStream 类主要方法如下：

（1）void write(int b)：往流中写一字节。

（2）void write(byte b[])：试图写入多字节，存入字节数组 b，并返回实际写入的字节数。

（3）void write(byte b[], int offset, int len)：与上一个功能类似，除写入的数据存储到 b 数组是从 offset 开始外。其中，len 是试图写入的字节数，返回的是实际写入的字节数。

（4）void flush()：刷空输出流，并输出所有被缓存的字节，由于某些流支持缓存功能，该方法将把缓存中所有内容强制输出到流中。

（5）void close()：关闭当前输出流，释放与该流相关的资源，以防止资源泄露。

8.3.2 ByteArrayInputStream 与 ByteArrayOutputStream

当 ByteArrayInputStream 与 ByteArrayOutputStream 的目的在于读/写时，程序内部创建一个 byte 型数组的缓冲区。如果在传输的过程中要传输很多变量，则可以采取这样的方式将变量收集起来，然后一次性的发送出去。

（1）ByteArrayInputStream 可以将字节数组转换为输入流，其主要方法如下。

① int read()：从此输入流中读取下一字节。

② int read(byte[] b, int offset, int len)：从 offset 开始读入的数据存储到 b 数组。其中，len 是试图读入的字节数，返回的是实际读入的字节数。

③ int available()：返回可不发生阻塞地从此输入流读取的字节数。

④ void mark(int read)：设置流中的当前标记位置。

⑤ void close()：关闭当前输入流，释放与该流相关的资源，以防止资源泄露。

示例【C08_07】在控制台上输入字母，用 ByteArrayInputStream 将输入的小写字母转换成为大写字母。代码如下：

```
import java.io.ByteArrayInputStream;
import java.io.IOException;
import java.util.Scanner;
```

```java
public class C08_07 {
    public static void main(String args[]) {
        System.out.println("请输入转换的字母个数");
        Scanner sc = new Scanner(System.in);
        char c [] = new char[sc.nextInt()];
        byte b [] = new byte [c.length];
        for(int i = 0 ; i < b.length; i++){
            System.out.println("请输入第"+(i+1)+"小写字母");
            c[i] = sc.next().charAt(0);//将接收字符串转换为字符
            b[i] = (byte) c[i];
        }
        int d = 0;
        ByteArrayInputStream bInput = new ByteArrayInputStream(b);
        System.out.println("小写字母转换为大写字母");
        for(int i = 0 ; i < 1; i++){ // 打印字符
            while(( d = bInput.read())!=-1){
                System.out.println(Character.toUpperCase((char)d));
            }
            bInput.reset();
        }
        try {
            bInput.close();//关闭数据流
        } catch (IOException e) {
            e.printStackTrace();
        }
    }
}
```

运行结果：

请输入转换的字母个数：

2

请输入第1小写字母：

a

请输入第2小写字母：

b

小写字母转换为大写字母

A

B

当输入不一样时，运行结果也不一样。

（2）ByteArrayOutputStream 可以捕获内存缓冲区的数据转换为字节数组，其主要方法如下：

① int write(int b)：写入指定的字节到此字节输出流中。

② int write(byte b[])：试图写入多字节，存入字节数组 b 中，返回实际写入的字节数。

③ int write(byte b[], int offset, int len)：这个方法与上一个功能类似，除写入的数据存储到 b 数组是从 offset 开始外。其中，len 是试图写入的字节数，返回的是实际写入的字节数。

④ int size()：返回的输出流里积累的缓冲区的当前大小。

⑤ void flush()：清空输出流，并输出所有被缓存的字节，由于某些流支持缓存功能，该方法将缓存中所有内容强制输出到流中。

⑥ void reset()：重置此字节输出流，废弃此前存储的数据。

⑦ void close()：关闭当前输出流，释放与该流相关的资源，以防止资源泄露。

示例【C08_08】使用 ByteArrayOutputStream 写入字母，用 ByteArrayInputStream 将输入的小写字母转换为大写字母。代码如下：

```java
import java.io.ByteArrayInputStream;
import java.io.ByteArrayOutputStream;
import java.io.IOException;
public class C08_08 {
    public static void main(String args[]) {
        System.out.println("请输入要转换的字母：");
        ByteArrayOutputStream bOutput = new ByteArrayOutputStream(5);
        //创建一个5字节的缓冲区
        while (bOutput.size() != 3) {
            try {
                bOutput.write(System.in.read());// 获取用户输入值
            } catch (IOException e) {
                e.printStackTrace();
            }
        }
        byte b[] = bOutput.toByteArray();
        System.out.println("打印要转换的字母：");
        for (int x = 0; x < b.length; x++) {// 打印字符
            System.out.print((char) b[x] + "   ");
        }
        System.out.println("   ");
        int c;
        ByteArrayInputStream bInput = new ByteArrayInputStream(b);
        System.out.println("将小写字母转换为大写字母");
        for (int y = 0; y < 1; y++) {
            while ((c = bInput.read()) != -1) {
                System.out.println(Character.toUpperCase((char) c));
            }
            bInput.reset();
        }
        try {
            bOutput.close();//关闭bOutput
            bInput.close();//关闭bInput
        } catch (IOException e) {
            e.printStackTrace();
        }
    }
}
```

运行结果：

请输入要转换的字母：

abcde

打印要转换的字母：

```
a   b   c
将小写字母转换为大写字母
A
B
C
```

8.3.3 DataInputStream 与 DataOutputStream

在 I/O 包中提供了两个与平台无关的数据操作流，数据输入流（DataInputStream）和数据输出流（DataOutputStream）。数据输入流继承于 FilterInputStream，允许应用程序以与机器无关的方式从底层输入流中读取基本 Java 数据类型。应用程序可以使用数据输出流写入由数据输入流读取的数据。数据输出流继承于 FilterOutputStream，允许应用程序以与机器无关的方式从底层输入流中写入基本 Java 数据类型。应用程序可以使用 DataOutputStream 写入由 DataInputStream 读取的数据。

数据输出流和输入流需要指定数据的保存格式，因为必须按指定的格式保存数据，才可以将数据输入流的数据读取进来。

（1）DataInputStream 可以将字节数组转换为输入流，其主要方法如下：

① int read(byte[] b)：从输入流中读取一定的字节，存放到缓冲数组 b 中，返回缓冲区中的总字节数。

② int read(byte[] buf,int offset,int len)：从输入流中一次读入 len 字节存放在字节数组中的偏移 offset 字节及其后面位置。

③ readFully(byte[] b)：读取流上指定长度的字节数组，也就是说，如果声明长度为 len 的字节数组，该方法只有读取 len 字节时才返回，如果超时，则会抛出异常 EOFException。

④ String readUTF()：读入一个已使用 UTF-8 修改版格式编码的字符串。

⑤ void close()：关闭当前输入流，释放与该流相关的资源，以防止资源泄露。

示例【C08_09】利用 File 类在 F 盘的 javawork 中新建一个 8-9.txt 文档，手动添加"中国""世界"，并测试 DataInputStream 读取文件信息。代码如下：

```java
import java.io.DataInputStream;
import java.io.File;
import java.io.FileInputStream;
import java.io.IOException;
import java.io.InputStream;
public class C08_09{
    public static void main(String[] args) {
    // 使用DataInputStream从文件中读取数据
        File file = new File("F:\\javawork");
        if(!file.exists()){
            file.mkdir();
            System.out.println("javawork创建成功！！");
        }else{
            file = new File("F:\\javawork","8-9.txt");
            System.out.println("8-9.txt创建成功！！");
            try {
                file.createNewFile();
```

```
                    } catch (IOException e) {
                        e.printStackTrace();
                    }
                }
                try {
                    InputStream is = new FileInputStream(file);//转换文件为输入流
                    DataInputStream dis = new DataInputStream(is);// 读取字节
                    byte[] b = new byte[2];
                    dis.read(b);
                    System.out.println(new String(b, 0, 2));// 读取字符
                    char[] c = new char[2];
                    for (int i = 0; i < 1; i++) {
                        c[i] = dis.readChar();//读取两个文字
                    }
                    System.out.println(new String(c, 0, 2));
                    dis.close();
                } catch (IOException e) {
                    e.printStackTrace();
                }
            }
        }
```

运行结果：

```
8-9.txt创建成功！！
中
?_
```

在上述代码中 readChar() 读取二进制流中 2 字节，返回的是字符类型的数（char），转换字符串时发生编码问题导致文字不识别。在 DataInputStream 中不使用 readChar()，直接将代码修改为：

```
DataInputStream dis = new DataInputStream(is);//读取字节
        byte[] b = new byte[1024];//读取文字足够大的空间
        dis.read(b);
        System.out.println(new String(b, 0, 9));//读取字符并将其转变为字符串
```

运行结果：

```
8-9.txt创建成功！！
中国 世界
```

✲ 知识拓展

◇ 如果在进行字符编码时使用的是 UTF-8，在解析时使用的是 GBK，那么虽然同样是中文，但也会出现乱码。

（2）DataOutputStream 可以将字节数组转换为输出流，其主要方法如下：

① void write(byte[] b,int offset,int len)：将 byte 数组 offset 开始的 len 字节写入 OutputStream 输出流对象中。

② void write(int b)：将指定字节的最低 8 位写入基础输出流。

③ void writeBoolean(boolean b)：将一个 boolean 值以 1-byte 值形式写入基本输出流。

④ void writeByte(int v)：将一个 byte 值以 1-byte 值形式写入基本输出流中。

⑤ void writeBytes(String s)：将字符串按字节顺序写入基本输出流中。

⑥ void writeChar(int v)：将一个 char 值以 2-byte 值形式写入基本输出流中，先写入高字节。

⑦ void writeInt(int v)：将一个 int 值以 4-byte 值形式写入输出流中，先写入高字节。

⑧ void writeUTF(String str)：以与机器无关的方式，用 UTF-8 修改版，将一个字符串写入基本输出流。该方法先用 writeShort 写入 2 字节表示后面的字节数。

⑨ int size()：返回 written 的当前值。

⑩ void flush()：清空输出流，并输出所有被缓存的字节，由于某些流支持缓存功能，该方法将把缓存中所有内容强制输出到流中。

⑪ void close()：关闭当前流，释放与该流相关的资源，以防止资源泄露。

示例【C08_10】利用 File 类在 F 盘的 javawork 中新建一个 8-10.txt 文档，使用 DataOutputStream 在 8-10.txt 文档中添加"你好"，并测试 DataInputStream 读取文件信息。代码如下：

```java
import java.io.DataInputStream;
import java.io.DataOutputStream;
import java.io.File;
import java.io.FileInputStream;
import java.io.FileOutputStream;
import java.io.IOException;
import java.io.InputStream;
import java.io.OutputStream;
public class C08_10{
    public static void main(String[] args) {
    // 使用DataInputStream从文件中读取数据
        File file = new File("F:\\javawork");
        if(!file.exists()){
            file.mkdir();
            System.out.println("javawork创建成功！！");

        }else{
            file = new File("F:\\javawork","8-10.txt");
            System.out.println("8-10.txt创建成功！！");
            try {
                file.createNewFile();
            } catch (IOException e) {
                e.printStackTrace();
            }
        }
        /*使用DataInputStream,DataOutputStream写入文件且从文件中读取数据。*/
        try {
            // Data Stream写入输入流中
        OutputStream ops = new FileOutputStream(file);//转换文件为输出流
            DataOutputStream dos = new DataOutputStream(ops);
            dos.writeBytes("你好"); //按2字节写入，都是写入的低位
            dos.writeChars("你好"); // 按照Unicode写入
```

```
// 按照UTF-8写入(UTF8变长，开头2字节是由writeUTF函数写入的长度信息，
// 方便readUTF函数读取)
dos.writeUTF("你好");
dos.flush();
dos.close();
// Data Stream 读取
InputStream is = new FileInputStream(file);//转换文件为输入流
DataInputStream dis = new DataInputStream(is);
byte[] b = new byte[2]; // 读取字节
dis.read(b);
System.out.println(new String(b, 0, 2)); //转换字符
char[] c = new char[2];
for (int i = 0; i < 2; i++) {  // 读取字符
    c[i] = dis.readChar();
}
System.out.println(new String(c, 0, 2));
System.out.println(dis.readUTF()); // 读取UTF
dis.close();
} catch (IOException e) {
    e.printStackTrace();
}
    }
}
```

运行结果：
```
8-10.txt创建成功！！
}
你好
你好
```

8.4　字　符　流

字符流是文件传送以一个字符为单位传送。文件中的输入流（FileReader）和输出流（FileWriter），它们分别继承自字节输入流（InputStreamReader）和输出流（OutputStreamWriter）。字节输入流和字节输出流分别继承抽象类 Reader 和 Writer，本节着重讲解抽象类 Reader、Writer类和子类的具体示例。

8.4.1　Reader 类与 Writer 类

1. Reader 类

在程序中往往要从文件 stream 中读取字符信息，传输双方必须采用同一种编码方式才能正确接收。Java 几乎为每一个 InputStream 都设计了一个对应的 Reader，如果想直接读取文件里的字符，则可以用 FileReader 来代替 FileInputStream。Reader 类主要是提供读操作的，由于 Reader 是一个抽象类，自身无法实例化对象，因此只能通过子类生成程序中需要的对象。

Reader 子类结构图如图 8-7 所示。

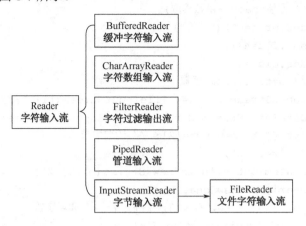

图 8-7　Reader 子类结构图

Reader 类主要方法如下：

（1）int read()：读取输入流的下一个字符。这是一个抽象方法，不提供实现，子类必须实现这个方法。

（2）int read(char[] cbuf)：试图读入多个字符，存入字节数组 cbuf，返回实际读入的字符数。

（3）int read(char[] cbuf, int offset, int len)：与上一个功能类似，除读入的数据存储到 cbuf 数组是从 offset 开始外。其中，len 是试图读入的字节数，返回的是实际读入的字节数。

（4）int read(CharBuffer target)：试图将字符读入指定的字符缓冲区。

（5）boolean ready()：判断是否准备读取该输入流。

（6）void reset()：重置该输入流。

（7）void close()：关闭当前流，释放与该输入流相关的资源，以防止资源泄露。

（8）long skip(long n)：试图跳过当前流的 n 个字符，返回实际跳过的字符数。

2．Writer 类

由于 Writer 类也是一个抽象类，自身无法实例化对象，所以只能通过子类生成程序中需要的对象。Writer 子类结构图如图 8-8 所示。

Writer 类主要方法如下：

（1）Writer append(char c)：将指定字符添加到此 writer。

（2）Writer append(CharSequence csq)：将指定字符序列添加到此 writer。

（3）void write(char[] cbuf)：试图写入多字符，存入字符数组 b，返回实际写入的字符数。

（4）void write(char[] cbuf, int offset, int len)：与上一个功能类似，除写入的数据存储到 cbuf 数组是从 offset 开始外。其中，len 是试图写入的字符数，返回的是实际写入的字符数。

（5）void write(int c)：写入单个字符。

（6）void write(String str)：写入字符串。

（7）void write(String str, int off, int len)：写入字符串的某一部分。

（8）void flush()：刷空输出流，并输出所有被缓存的字符，由于某些流支持缓存功能，该方法将缓存中所有内容强制输出到流中。

（9）void close()：关闭当前流，释放与该流相关的资源，以防止资源泄露。

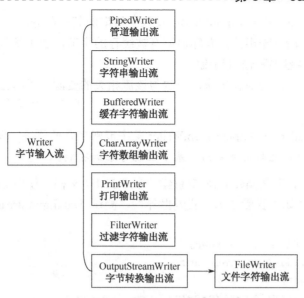

图 8-8　Writer 子类结构图

8.4.2　InputStreamReader 类与 OutputStreamWriter 类

InputStreamReader 类与 OutputStreamWriter 类是字节流到字符流的桥梁，它使用指定的字符集读取或写入字节并将它们解码为字符。

1. InputStreamReader 类

它使用的字符集可以通过名称指定，也可以明确指定或可以接收平台的默认字符集。每次调用一个 InputStreamReader 的 read() 方法都可能导致从底层字节输入流中读取 1 字节或多字节。为了实现字节到字符的有效转换，可以从输入流中提取满足当前读取操作所需的更多字节。主要使用的方法如下：

（1）String getEncoding()：返回此流使用的字符编码的名称。

（2）int read()：读取 1 字符。

（3）int read(char[] cbuf, int offset,int length)：从 offset 开始读入数据并存储到 cbuf 数组。其中，len 是试图读入的字节数，返回的是实际读入的字节数。

（4）boolean ready()：判断此流是否已经准备好用于读取。

（5）void close()：关闭当前输入流，释放与该流相关的资源，以防止资源泄露。

2. OutputStreamWriter 类

可使用指定的 charset 将要写入流中的字符编码成字节。它使用的字符集可以由名称指定或显式给定，否则将接收平台默认的字符集。每次调用 write() 方法都会导致在给定字符（或字符集）上调用编码转换器。在写入底层输出流前，得到的这些字节将在缓冲区中累积。可以指定此缓冲区的大小，但默认的缓冲区对多数用途来说已足够大。注意，传递给 write() 方法的字符没有缓冲。主要使用的方法如下：

（1）void write(int c)：写入单个字符。

（2）void write(char[] cbuf, int off, int len)：从 offset 开始写入数据并存储到 cbuf 数组。其中，len 是试图写入的字节数，返回的是实际写入的字符数。

（3）void write(String str, int off, int len)：写入字符串的某一部分。

（4）void flush()：清空输出流，并输出所有被缓存的字节，由于某些流支持缓存功能，该方法将把缓存中所有内容强制输出到流中。

（5）void close()：关闭当前输出流，释放与该流相关的资源，以防止资源泄露。

✽知识拓展

◇ InputStreamReader 和 OutputStreamWriter 是字节到字符的桥梁，而直接继承字节输入流和字节输出流的文件输入流与文件输出流基本上没有添加功能。

示例【C08_11】在 F 盘 javawork 中新建一个 8-11.txt 文档，使用 InputStreamWriter 在文档中写入字母或文字（如"我爱中国，我爱世界"），测试 DataInputStream 读取文件信息，并进行截图。代码如下：

```
import java.io.FileInputStream;
import java.io.FileOutputStream;
import java.io.InputStream;
import java.io.InputStreamReader;
import java.io.OutputStream;
import java.io.OutputStreamWriter;
import java.util.Scanner;
public class C08_11 {
    public static void main(String[] args) throws Exception {
        OutputStream out = new FileOutputStream("F:\\javawork\\8-11.txt");
        //写入文件的数据
        InputStream in = new FileInputStream("F:\\javawork\\8-11.txt");
        //读取文件的数据
        Scanner sc = new Scanner (System.in);
        //将字节流向字符流转换。要启用从字节到字符的有效转换，
        //可以提前从底层流读取更多的字节
        OutputStreamWriter osw = new OutputStreamWriter(out);//写入
        System.out.println("请输入字符: ");
        osw.write(sc.next());
        System.out.println("写入成功");
        osw.flush();
        osw.close();
        InputStreamReader isr = new InputStreamReader(in);//读取
        char []cha = new char[1024];
        int len = isr.read(cha);
        System.out.println(new String(cha,0,len));//转换为字符串
        isr.close();
    }
}
```

运行结果：

请输入字符：
我爱中国，我爱世界
写入成功
我爱中国，我爱世界

运行截图：

8.4.3　BufferedReader 类与 BufferedWriter 类

BufferedReader 类和 BufferedWriter 类的作用是为其他 Reader 和 Writer 提供缓冲功能，缓冲中的数据保存在内存中，而原始数据可能保存在硬盘或 NandFlash 中，无论文件大小都去硬盘读取或写入，当文件较小时，会导致访问硬盘的次数增多，减少硬盘的寿命。

1. BufferedReader 类

从字符输入流中读取文本，缓冲各个字符，从而实现字符、数组和行的高效读取。可以指定缓冲区的大小，或者可使用默认的大小。在大多数情况下，默认值就足够大了。通常，Reader 所作的每个读取请求都会导致对底层字符或字节流进行相应的读取请求。主要使用方法如下：

（1）void mark(int readAheadLimit)：标记流中的当前位置。

（2）boolean markSupported()：判断此流是否支持 mark() 操作。

（3）int read()：读取单个字符。

（4）int read(char[] cbuf, int off, int len)：将字符读入数组的某一部分。

（5）String readLine()：读取一个文本行。

（6）boolean ready()：判断此流是否已准备好被读取。

（7）void reset()：将流重置到最新的标记。

（8）long skip(long n)：跳过字符。

（9）void close()：关闭该输入流并释放与之关联的所有资源，以防止资源泄露。

2. BufferedWriter 类

将文本写入字符输出流，缓冲各个字符，从而提供单个字符、数组和字符串的高效写入。可以指定缓冲区的大小，或者使用默认的大小。在大多数情况下，默认值就足够大了。

该类提供了 newLine()方法，它使用平台自己的行分隔符概念，此概念由系统属性 line.separator 定义。并非所有平台都使用新行符 ('\n') 来终止各行，因此调用此方法来终止每个输出行要优于直接写入新行符。通常 Writer 将自己输出立即发送到底层字符或字节流。除非要求提示输出，否则建议用 BufferedWriter 包装所有 Writer 中的 write()，但操作可能会存在开销很高的 Writer（如 FileWriters 和 OutputStreamWriters）。主要使用的方法如下：

（1）void write(int c)：写入单个字符。

（2）void write(char[] cbuf, int off, int len)：写入字符数组的某一部分。

（3）void write(String s, int off, int len)：写入字符串的某一部分。

（4）void newLine()：写入一个行分隔符。

（5）void flush()：刷新该流的缓冲。

（6）void close()：关闭此输出流，但要先刷新它。

示例【C08_12】在 F 盘 javawork 中新建一个 8-12.txt 文档，使用 BufferedWriter 写入字母或文字（如"我爱中国，我爱世界 中国"），测试 BufferedReader 读取文件信息，并进行截图。代码如下：

```
import java.io.BufferedReader;
```

```
import java.io.BufferedWriter;
import java.io.FileReader;
import java.io.FileWriter;
import java.io.Reader;
import java.io.Writer;
import java.util.Scanner;
public class C08_12 {
    public static void main(String[] args) throws Exception {
        Writer out = new FileWriter("F:\\javawork\\8-12.txt");//写入文件的数据
        Reader in = new FileReader("F:\\javawork\\8-12.txt");//读取文件的数据
        Scanner sc = new Scanner (System.in);
        BufferedWriter osw = new BufferedWriter(out);//写入
        System.out.println("请输入字符: ");
        osw.write(sc.nextLine());//获得一行输入数据
        System.out.println("写入成功");
        osw.flush();
        osw.close();
        BufferedReader isr = new BufferedReader(in);//读取
        System.out.println( isr.readLine());//读取一行数据
        isr.close();
    }
}
```

运行结果：

请输入字符：
我爱中国，我爱世界 中国
写入成功
我爱中国，我爱世界　中国

运行截图：

8.5 其 他 流

8.5.1 读/写随机访问文件

RandomAccessFile 类的实例支持读取和写入随机访问文件。 随机访问文件的行为类似存储在文件系统中的大量字节，用游标或索引到隐含的数组读取字节，游标和数组称为文件指针；输入操作读取从文件指针开始的字节，并使文件指针超过读取的字节。如果在读/写模式下创建随机访问文件，则输出操作也可用；输出操作从文件指针开始写入字节，并将文件指针提前到写入的字节。写入隐式数组的当前端的输出操作会导致扩展数组。文件指针可以通过读取 getFilePointer 方法和设置 seek 方法。

简单来讲，I/O 字节流和包装流等都是按照文件内容的顺序来读/写的。而这个随机访问文件流可以在文件的任意地方写入数据，也可以读取任意地方的字节。

主要方法如下：

（1）void seek(long pos)：设置到此文件开头测量到的文件指针偏移量，在该位置发生下一个读/写操作。

（2）void setLength(long newLength)：设置此文件的长度。

构造方法如下：

（1）RandomAccessFile(File file, String mode)：创建从中读取和向其中写入（可选）的随机访问文件流，该文件由 file 参数指定。

（2）RandomAccessFile(String name, String mode)：创建从中读取和向其中写入（可选）的随机访问文件流，该文件具有指定名称。

8.5.2　管道流

PipedOutputStream 和 PipedInputStream 分别是管道输出流和管道输入流。它们的作用是让多线程可以通过管道进行线程间的通信。

PipedOutputStream 可以将管道输出流连接到管道输入流来创建通信管道。管道输出流是管道的发送端。通常，数据由某个线程写入 PipedOutputStream 对象，并由其他线程从连接的 PipedInputStream 中读取。不建议对这两个对象尝试使用单个线程，因为这样会造成该线程死锁。如果某个线程正在从连接的管道输入流中读取数据字节，但该线程不再处于活动状态，则该管道被视为处于毁坏状态。

PipedInputStream（管道输入流）提供要写入管道输出流的所有数据字节。通常，数据由某个线程从 PipedInputStream 对象中读取，并由其他线程将其写入相应的 PipedOutputStream 中。不建议对这两个对象尝试使用单个线程，因为这样会造成该线程死锁。管道输入流包含一个缓冲区，可在缓冲区限定的范围内将读操作和写操作分离开。如果向连接管道输出流提供数据字节的线程不存在，则认为该管道已损坏。

在使用管道通信时，必须将 PipedOutputStream 和 PipedInputStream 配套使用。使用管道通信的流程是：在线程 A 中向 PipedOutputStream 中写入数据，这些数据会自动发送到与 PipedOutputStream 对应的 PipedInputStream 中，进而存储在 PipedInputStream 的缓冲中；此时，线程 B 通过读取 PipedInputStream 中的数据，就可以实现线程 A 和线程 B 的通信。

8.5.3　序列流

SequenceInputStream 是序列流。它的作用是可以更方便地操作多个读取流，序列流内部有一个有序的集合容器，用于存储多个读取流对象。

SequenceInputStream 表示其他输入流的逻辑串联。它从输入流的有序集合的第一个输入流开始读取，直至文件末尾，接着从第二个输入流读取……依次类推，直至包含的最后一个输入流的文件末尾为止。

主要方法如下。

（1）int available()：返回不受阻塞，从当前底层输入流读取（或跳过）字节数的估计值，方法是通过下一次调用当前底层输入流的方法。

（2）void close()：关闭此输入流并释放与此流关联的所有系统资源。

（3）int read()：从此输入流中读取下一个字节。

（4）int read(byte[] b, int off, int len)：将最多 len 字节从此输入流读入 byte 数组。

小　结

本章主要讲述流的概念，File 如何处理磁盘上的文件，如何用字节流和字符流进行读/写操作。本章的内容很抽象，读者可以类比水流的方式，这样有助于理解字节流和字符流。

错误一：读文件为空。

示例：

```
System.out.println("请输入字符：");
    osw.write(sc.nextLine());
    System.out.println("写入成功");
    BufferedReader isr＝new BufferedReader(in);
    System.out.println( isr.readLine());
    isr.close();
}
请输入字符：
中国
写入成功
null
```

解决方案：需要在写完文件后，将文件先 flush()后，再关闭 close()。

错误二：readUTF()单个使用。

示例：

```
java.io.EOFException
at java.io.DataInputStream.readUnsignedShort(Unknown Source)
at java.io.DataInputStream.readUTF(Unknown Source)
at java.io.DataInputStream.readUTF(Unknown Source)
at eight.C08_10.main(C08_10.java:49)
```

解决方案：readUTF()要与 writeUTF()一同使用。

错误三：创建文件失败。

示例：

```
File file＝new File("F:\\javawork","8-1.doc");
```

解决方案：当 8-1.doc 创建文件失败时，应确保先创建上级文件夹。

课 后 练 习

1．在程序中写入"HelloJavaWorld 你好世界"，并输出到操作系统文件 Hello.txt 中。

2．在计算机 D 盘下创建一个 HelloWorld.txt 文件，判断它是文件还是目录，再创建一个目录 IOTest，将 HelloWorld.txt 移动到 IOTest 目录下，并遍历 IOTest 目录下的文件。

3．从磁盘读取一个文件到内存中，再打印到控制台。

4．从一个目录复制一张图片到另外一个目录下。

5．编写一个程序，把指定目录下的所有后缀名为".java"的文件都复制到另一个目录中，复制成功后，把所有后缀名".java"改成".txt"。

6．查看 D 盘中的所有文件和文件夹名称，并且使用名称升序或降序、文件在前和文件夹在后、文件大小等排序。

第 9 章

Java 多线程

我们可以在同一时间完成很多工作，如在同一时间思考、听音乐、看书等。同样，用户使用一台计算机可以同时打印、浏览网页、播放音乐等。这种同时工作的思想称作并发。如打开的音乐播放器是计算机分配出的资源，而计算机资源分配最小的单位是进程。每个进程都有独立的代码和数据空间，一个进程包含 1-n 个线程，线程是程序执行流的最小单元。

Java 中的线程与并发是非常重要的概念。由于 Java 提供了并发机制，因此程序员可以在程序中执行多个线程，每个线程完成一个功能，并与其他线程并发执行，这种机制称为多线程。

通过本章的学习，可以掌握以下内容：

☞ 了解线程

☞ 掌握实现线程的 3 种方式

☞ 掌握线程的生命周期

☞ 掌握多线程的操作方法

☞ 掌握线程优先级

☞ 掌握线程同步机制

☞ 了解死锁

9.1　线　程　概　述

线程是指程序在执行过程中，能够执行程序代码的一个执行单元。Java 给多线程编程提供了内置的支持。一个线程指的是进程中一个单一顺序的控制流，一个进程中可以并发多个线程，每个线程并行执行不同的任务。进程是指一段正在执行的程序。而线程有时也称轻量级进程，它是程序执行的最小单元，一个进程包括由操作系统分配的内存空间，包含一个或多个线程。一个线程不能独立存在，它必须是进程的一部分。一个进程一直运行，直到所有的非守护线程都结束运行后才能结束。多线程能使程序员编写高效率的程序以达到充分利用 CPU 的目的。在 Java 语言中，线程有 5 种状态，包括新建、就绪、运行、挂起和死亡，线程的 5 种状态如图 9-1 所示。

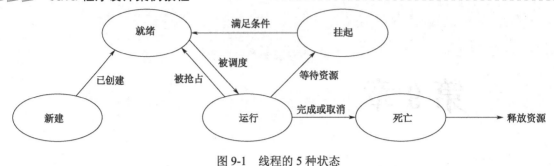

图 9-1　线程的 5 种状态

9.2　线 程 机 制

线程并不是 Java 中的概念，这个名词来源于操作系统。操作系统使用分时管理进程，按照时间片轮转执行每个进程。一个进程含有一个到多个线程，在运行 Java 程序时，由于资源和时间的分配都是有限的，那么遵守线程机制可以有效保证程序的正常和高效运转。线程机制包括线程的声明周期、线程的优先级、线程的操作和线程的安全。

9.2.1　线程实现的方式

Java 虚拟机允许应用程序并发地运行多个线程。在 Java 语言中，多线程的实现一般有以下 3 种方法：

1. 继承 Thread 类，重写 run()方法

Thread 本质上也是一个实现了 Runnable 接口的实例，它代表一个线程的实例，并且启动线程的唯一方法是通过 Thread 类的 start()方法。start()方法是一个 native 方法，它将启动一个新线程，并执行 run()方法。这种方式通过自定义直接继承 Thread 类，并重写 run()方法，就可以启动新线程并执行自己定义的 run()方法。需要注意的是，调用 start()方法后并不是立即执行多线程代码，而是使该线程变为可运行态（Runnable），何时运行多线程代码是由操作系统决定的。下例给出了 Thread 的使用方法：

示例【C09_01】继承 Thread 类，重写 run()方法，并测试程序。代码如下：

```java
public class C09_01 {
    public static void main(String[] args) {
        MyThread myThread = new MyThread();
        MyThread myThread1 = new MyThread();
        MyThread myThread2 = new MyThread();
        myThread.start();//启用线程
        myThread1.start();//再启用一个线程
        myThread2.start();//启用第三个线程
    }
}
class MyThread extends Thread{//MyThread继承Thread
    @Override
    public void run() {//重写run()方法
        for(int i = 0;i < 3;i++) {
            System.out.println(Thread.currentThread()+":"+i);
```

```
                //返回对当前正在执行的线程对象的引用
        }
            System.out.println("这是"+Thread.currentThread()+"线程");
    }
}
```

运行结果：

```
Thread[Thread-0,5,main]:0
Thread[Thread-0,5,main]:1
Thread[Thread-0,5,main]:2
Thread[Thread-1,5,main]:0
Thread[Thread-1,5,main]:1
Thread[Thread-1,5,main]:2
Thread[Thread-2,5,main]:0
这是Thread[Thread-1,5,main]线程
这是Thread[Thread-0,5,main]线程
Thread[Thread-2,5,main]:1
Thread[Thread-2,5,main]:2
这是Thread[Thread-2,5,main]线程
```

以上运行结果每次都可能不一样，主要是多线程的并发和时间片轮转导致。

2. 实现 Runnable 接口，并实现该接口的 run()方法

实现 Runnable 接口的主要步骤如下。

（1）自定义类并实现 Runnable 接口及该接口的 run()方法。

（2）创建 Thread 对象，用实现 Runnable 接口的对象作为参数实例化 Thread 对象。

（3）调用 Thread 对象的 start()方法。

示例【C09_02】 实现 Runnable 接口及该接口的 run()方法，并测试程序。代码如下：

```
public class C09_02 {
    public static void main(String[] args) {
        MyThread myThread = new MyThread();//线程对象
        Thread myThread1 = new Thread(myThread,"线程1");//新建第一个Thread
        Thread myThread2 = new Thread(myThread,"线程2");//新建第二个Thread
        Thread myThread3 = new Thread(myThread,"线程3");//新建第三个Thread
        myThread1.start();
        myThread2.start();
        myThread3.start();
    }
}
class MyThread implements Runnable{
    @Override
    public void run() {//重写run()方法
        for(int i = 0;i < 3;i++) {
System.out.println(Thread.currentThread().getName()+":"+i);
//返回对当前正在执行的线程对象的引用
        }
        System.out.println(Thread.currentThread());
    }
}
```

运行结果：

```
线程1:0
线程1:1
线程1:2
Thread[线程1,5,main]
线程3:0
线程3:1
线程3:2
线程2:0
线程2:1
线程2:2
Thread[线程2,5,main]
Thread[线程3,5,main]
```

其实，无论是通过继承 Thread 类还是通过使用 Runnable 接口来实现多线程的方法，最终都是通过 Thread 对象的 API 来控制线程的。在 myThread1、myThread2 和 myThread3 启用的线程执行 myThread 的 run()方法。

3. 实现 Callable 接口，重写 call()方法

Callable 接口实际是属于 Executor 框架中的功能类，Callable 接口与 Runnable 接口的功能类似，但提供了比 Runnable 更强大的功能，主要表现为以下 3 个方面：

（1）Callable 可以在任务结束后提供一个返回值，Runnable 接口无法提供这个功能。

（2）Callable 中的 call()方法可以抛出异常，而 Runnable 的 run()方法不能抛出异常。

（3）运行 Callable 可以得到一个 Futrue 对象，Futrue 对象表示异步计算的结果，它提供了检查计算是否完成的方法。由于线程属于异步计算模型，因此无法从其他线程中得到函数的返回值，在这种情况下，就可以使用 Futrue 来监视目标线程调用 call()方法的情况，当调用 Futrue 的 get()方法以获取结果时，当前线程就会阻塞，直到 call()方法结束返回结果。

示例【C09_03】实现 Callable 接口，重写 call()方法，并测试程序。代码如下：

```
import java.util.concurrent.Callable;
import java.util.concurrent.ExecutionException;
import java.util.concurrent.FutureTask;
public class C09_03 {
    public static void main(String[] args) throws InterruptedException,
ExecutionException {
        Callable<Integer> callable = new MyThread();
        FutureTask <Integer>futureTask = new FutureTask<>(callable);
        //执行Callable方式，需要FutureTask实现类的支持，用于接收运算结果
        Thread mThread = new Thread(futureTask);
        mThread.start();
        System.out.println("等待线程执行完毕");
        System.out.println(futureTask.get());//打印结果
    }
}
class MyThread implements Callable<Integer>{
    @Override
    public Integer call() throws Exception {//重写call()方法
        Integer sum = 0;
```

```
        for(int i = 0;i < 3;i++) {
            sum += i;
        }
        return sum;
    }
}
```
运行结果：

等待线程执行完毕

3

在以上 3 种方式中，前两种方式的线程执行完后都没有返回值，只有最后一种是带返回值的。当需要实现多线程时，一般推荐使用 Runnable 接口的方式，其原因是：第一，Thread 类中定义的多种方法会被派生类重写而造成浪费，而只有 run()方法是必须被重写的，在 run()方法中实现这个线程的主要功能，这当然是实现 Runnable 接口所需的方法。第二，很多 Java 开发人员认为，一个类仅在它们需要被加强或修改时才会被继承。因此，如果没有必要重写 Thread 类中的其他方法，那么通过继承 Thread 的实现方式与实现 Runnable 接口的效果相同，在这种情况下最好通过实现 Runnable 接口的方式来创建线程。

9.2.2　线程的生命周期

当线程被创建并启动后，它既不是一启动就进入执行状态，也不是一直处于执行状态。在线程的生命周期中，它要经过新建、就绪、运行、阻塞、死亡、锁定和等待 7 种运作状态。尤其是当线程启动后，它不可能一直"霸占"着 CPU 独自运行，所以 CPU 需要在多个线程间切换，于是线程状态也会多次在运行、阻塞间切换。Java 中处理多线程的详细线程状态图如图 9-2 所示。

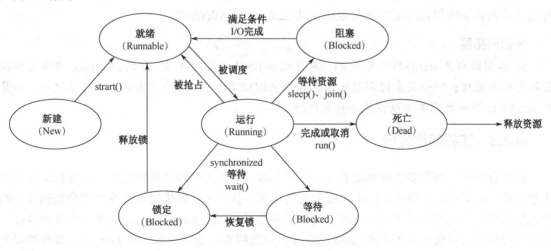

图 9-2　Java 中处理多线程的详细线程状态图

1．新建状态

当程序使用 new 关键字创建了一个线程后，该线程就处于新建状态，此时仅由 JVM 为其分配内存，并初始化其成员变量的值。例如，Thread thread = new Thread()。

2．就绪状态

当线程对象调用了 start()方法后，该线程处于就绪状态。Java 虚拟机会为其创建方法调用栈和程序计数器，等待调度运行。

3．运行状态

如果处于就绪状态的线程获得了 CPU，并开始执行 run()方法的线程执行体，则该线程处于运行状态。

4．阻塞状态

当处于运行状态的线程失去所占用的资源后，便进入阻塞状态。一般阻塞有以下 3 种情况：

（1）等待阻塞：通过调用线程的 wait()方法，让线程等待某工作的完成。

（2）同步阻塞：线程在获取 synchronized 同步锁失败（因为锁被其他线程占用）后，会进入同步阻塞状态。

（3）其他阻塞：通过调用线程的 sleep()、join()或发出 I/O 请求时，线程会进入阻塞状态。当 sleep()状态超时、join()等待线程终止或超时、I/O 处理完毕时，线程重新转入就绪状态。

5．死亡状态

当一个 run()方法执行完或出现异常时，线程就会进入死亡，并释放所有资源。

6．锁定状态

锁定状态（Blocked）与 I/O 的阻塞是不同的，它不是一般意义上的阻塞，而是特指被 synchronized 块阻塞，即与线程同步有关的一个状态。

7．等待状态

在 Java 中一般是 wait()方法让当前线程进入等待状态，等待状态会让当前线程释放它所持有的锁直到其他线程调用此对象的 notify()方法或 notifyAll()方法。

> ❋**知识拓展**
>
> ◇ 启用线程是 start()而不是 run()，调用 start()方法来启动线程，系统会把 run()方法当作线程执行体来处理；但如果直接调用线程对象的 run()方法，则 run()方法就会立即被执行，而且在 run()方法返回之前其他线程无法并发执行。

9.2.3　线程的优先级

在任意时刻，当有多个线程处于可运行状态时，运行系统总是首先挑选一个优先级最高的线程执行，只有当线程停止、退出或由于某些原因不执行时，低优先级的线程才会被执行；两个优先级相同的线程同时等待执行时，运行系统会以 round-robin 的方式选择一个线程执行。为使某些线程可以优先得到 CPU 资源，Java 可以给线程设置优先级。在 Java 中，线程的优先级用 setPriority()方法设置，线程的优先级分为 1～10 个等级，如果小于 1 或大于 10，则抛出异常 throw new IllegalArgumentException()，默认值是 5。

设置线程的优先级方法 setPriority()，该方法也是 thread 类成员通常的形式。

final void setPriority(int level)中的 level 指定了对所调用的线程新的优先级设置。level 的值必须在 MIN_PRIORITY 到 MAX_PRIORITY 的范围内。

示例【C09_04】新建两个线程 A 和 B，将 A 线程的优先级设置高于 B 线程的优先级，并测试程序。代码如下：

```
public class C09_04{
    public static void main(String[] args){
        Thread a = new MyThread("A");//创建A线程
        Thread b = new MyThread("B");//创建B线程
        a.setPriority(7); //设置优先级
        b.setPriority(1);
        a.start();
        b.start();
    }
}
class MyThread extends Thread{
    public MyThread(String n){
        super(n);
    }
    public void run(){
     for(int i = 0; i< 3; i++){
            System.out.print(getName());
        }
    }
}
```

运行结果：

```
AAABBB
```

虽然通过线程的优先级无法保证线程按照优先级的顺序执行，但是优先级较高的线程可以获取 CPU 资源的概率较大，优先级较低的线程也并非没有机会执行。

9.2.4　操作线程的方法

线程的常见操作方法有线程修改名称、线程休眠、线程同步、线程等待和线程死锁等方法。

1. 线程修改名称

所有线程程序的每一次执行都会有不同的运行结果，因为它会根据自己的情况进行资源抢占，如果想要区分每一个线程，就必须依靠线程的名字。对于线程名字一般会在其启动之前进行定义，不建议为启动之后的线程进行更改名称或是为不同的线程设置重复的名称。

示例【C09_05】新建一个 A 线程，将 A 线程的名字修改为 B，并测试程序。代码如下：

```
public class C09_05 {
    public static void main(String[] args){
        MyThread1 mt = new MyThread1() ;
        Thread t1 = new Thread(mt) ;
        t1.setName("A线程");//设置名字A
        t1.start() ;
        Thread t2 = new Thread(mt) ;
        t2.setName("B线程");//更换名字
        t2.start();
    }
}
class MyThread1 extends Thread{
```

```
public void run(){
    System.out.print(Thread.currentThread().getName());
    //返回对当前正在执行的线程对象的引用
    }
}
```

运行结果：

A线程B线程

2. 线程休眠

线程休眠的主要原因是线程设置了优先级。有可能出现优先级较高的线程没有处理完成，优先级别较低的线程得不到运行，但在优先级别较高线程需要使用优先级别较低的线程配合处理程序时，优先级别较高的线程应该让出 CPU，通常的做法是让该线程休眠。sleep()的作用是让当前线程休眠，即当前线程会从"运行状态"进入"休眠（阻塞）状态"。sleep()会指定休眠时间，线程休眠的时间会大于或等于该休眠时间，在线程重新被唤醒时，它会由"阻塞状态"变为"就绪状态"，从而等待 CPU 的调度执行。sleep()有以下两种具体的实现方法：

（1）sleep（long millis）：线程睡眠 millis 毫秒。

（2）sleep（long millis, int nanos）：线程睡眠 millis 毫秒 + nanos 纳秒。

示例【C09_06】分别使用继承 Thread 类和实现 Runnable 接口的方法创建两个线程，每个线程打印 5 次，使继承 Thread 类等待 50 毫秒，使实现 Runnable 接口等待 50 毫秒和 40 纳秒。代码如下：

```
public class C09_06 {
    public static void main(String[] args) {
        MyThread myThread = new MyThread();//创建MyThread线程
        Thread myRunnable = new Thread(new MyRunnable());//创建MyRunnable线程
        myThread.start();
        myRunnable.start();
    }
}
class MyThread extends Thread{//MyThread继承Thread
    @Override
    public void run() {//重写run()方法
        for(int i = 0;i < 5;i++) {
                System.out.println("MyThread第"+(i+1)+"次打印");
                try {//捕捉异常
                    Thread.sleep(50);//等待50ms
                } catch (InterruptedException e) {
                    e.printStackTrace();
                }
            }
    }
}
class MyRunnable implements Runnable{//MyRunnable实现Runnable
    @Override
    public void run() {//重写run()方法
        for(int i = 0;i < 5;i++) {
                System.out.println("MyRunnable第"+(i+1)+"次打印");
```

```
                    try {//捕捉异常
                        Thread.sleep(50,40);//等待50ms40ns
                    } catch (InterruptedException e) {
                        e.printStackTrace();
                    }
                }
            }
        }
```

运行结果：

```
MyRunnable第1次打印
MyThread第1次打印
MyRunnable第2次打印
MyThread第2次打印
MyThread第3次打印
MyRunnable第3次打印
MyThread第4次打印
MyRunnable第4次打印
MyRunnable第5次打印
MyThread第5次打印
```

因为 sleep()是静态方法，所以最好的调用方法就是 Thread.sleep()。线程的 sleep()方法应该写在线程的 run()方法中，以便使其对应的线程睡眠。

3．线程同步

当多个控制线程共享相同的内存时，需要确保每个线程看到一致的数据。如果每个线程使用的变量都是其他线程不会读取或修改的，那么就不会存在一致性问题。同样，如果变量是只读的，多个线程同时读取该变量也不会有一致性问题。但是，当某个线程可以修改变量，而其他线程也可以读取或修改这个变量时，就需要对这些线程进行同步，以确保它们在访问变量的存储内容时不会访问到无效的数值。当一个线程修改变量时，其他线程在读取这个变量的值时就可能会看到不一致的数据。在变量修改时间多于一个存储器访问周期的处理器结构中，当存储器读与存储器写这两个周期交叉时，这种潜在的不一致性就会出现。当然，这种行为是与处理器结构相关的，但是可移植性程序并不能对使用何种处理器结果做出假设。Java 使用 synchronized 处理线程同步问题，由于 Java 的每个对象都有一个内置锁，因此当用此关键字修饰方法时，内置锁会保护整个方法。在调用该方法前，需要获得内置锁，否则就处于阻塞状态。

synchronized 实现同步的机制是指 synchronized 依靠"锁"机制进行多线程同步。"锁"有两种：一种是对象锁；另一种是类锁。

（1）依靠对象锁锁定。

在初始化一个对象时，自动有一个对象锁。synchronized 方法锁依靠对象锁工作，多线程访问 synchronized()方法，一旦某个进程抢到锁后，其他进程只能排队等待。通常，synchronized 方法锁的语法格式如下：

```
synchronized void method{}等同于
void method{
    synchronized(this) {
        …
    }
}
```

（2）synchronized {static 方法}

static 方法属于类方法（注意：这里的类不是指类的某个具体对象），那么 static 获取到的锁就是当前调用这个方法的对象所属的类（而不再是由这个类产生的某个具体对象）。通常，synchronized 块锁的语法格式如下：

```
synchronized(syncObject){}等同于
void method{
   synchronized(Obl.class)
}
```

示例【C09_07】synchronized 的示例。代码如下：

```java
public class MySynchronized {
    public synchronized static void method1() throws InterruptedException {
        System.out.println("线程1开始的时间: :" + System.currentTimeMillis());
        Thread.sleep(6000);
        System.out.println("方法1开始执行的时间:" + System.currentTimeMillis());
    }
    public synchronized static void method2() throws InterruptedException {
        while (true) {
            System.out.println("方法2正在运行");
            Thread.sleep(200);//休眠200ms
        }
    }
    static MySynchronized instance1 = new MySynchronized();// 第一个实例
    static MySynchronized instance2 = new MySynchronized();// 第二个实例
    public static void main(String[] args) {
        Thread thread1 = new Thread(new Runnable() {// 匿名类
                @Override
                public void run() {// 重写run()方法
                    try {
                        instance1.method1();
                    } catch (InterruptedException e) {
                        e.printStackTrace();
                    }
                    for (int i = 1; i < 4; i++) {
                        try {
                            Thread.sleep(200);
                        } catch (InterruptedException e) {
                            e.printStackTrace();
                        }
                        System.out.println("线程1还活着");
                    }
                }
            });
        Thread thread2 = new Thread(new Runnable() {
            @Override
            public void run() {
                try {
                    instance2.method2();
```

```
                } catch (InterruptedException e) {
                    e.printStackTrace();
                }
            }
        });
        thread1.start();
        thread2.start();
    }
}
```

运行结果：

线程1开始的时间：1543941024668
方法1开始执行的时间：1543941030669
方法2正在运行
方法2正在运行
线程1还活着
线程1还活着
方法2正在运行
线程1还活着
方法2正在运行

❋ **知识拓展**

◇ 锁是和对象相关联的，每个对象都有一把锁，为了执行 synchronized 语句，线程必须能够获得 synchronized 语句中表达式指定的对象的锁。一个对象只有一把锁，因此该锁被一个线程获得之后这个对象就不再拥有这把锁，线程在执行完 synchronized 语句后，将获得锁交还给该对象。

4．线程等待

wait()方法让当前线程进入等待状态，同时，wait()方法也会让当前线程释放它所持有的锁，直到其他线程调用此对象的 notify()方法或 notifyAll()方法。使用 notify()方法和 notifyAll()方法的作用是唤醒当前对象上的等待线程，其中 notify()方法唤醒单个线程，而 notifyAll()方法唤醒所有的线程。

示例【C09_08】线程等待与唤醒的实例。代码如下：

```
public class C09_08 {
    public static void main(String[] args) {
        Mythread myThread = new Mythread("A");
        synchronized(myThread) {
            try {// 启动线程myThread
                System.out.println(Thread.currentThread().getName()+" start
myThread");
                myThread.start();// 主线程等待myThread通过notify()唤醒
                System.out.println(Thread.currentThread().getName()+" wait()");
                myThread.wait();
                // 不是myThread线程等待，而是当前执行wait()的线程等待
                System.out.println(Thread.currentThread().getName()+" continue");
            } catch (InterruptedException e) {
                e.printStackTrace();
```

```
            }
        }
    }
}
class Mythread extends Thread{
    public Mythread(String name) {
        super(name);
    }
    public void run() {
        synchronized (this) {
            try {
                Thread.sleep(1000);//使当前线程阻塞1s，确保主程序的
                                    //myThread.wait(); 执行之后再执行 notify()
            } catch (Exception e) {
                e.printStackTrace();
            }
            System.out.println(Thread.currentThread().getName()+" call notify()");
            // 唤醒当前的wait()的线程
            this.notify();
        }
    }
}
```

运行结果：

```
main start myThread
main wait()
A call notify()
main continue
```

5. 线程死锁

死锁是指多个进程在运行过程中，因争夺资源而造成的一种僵局。当进程处于这种僵持状态时，若无外力作用，则它们都将无法向前推进。导致死锁的根源在于不适当地运用 synchronized 关键词来管理线程对特定对象的访问。Synchronized 关键词的作用是确保在某个时刻只有一个线程被允许执行特定的代码块，因此，被允许执行的线程首先必须拥有对变量或对象的排他性访问权。当线程访问对象时，线程会给对象加锁，而这个锁导致其他也想访问同一对象的线程被阻塞，直至第一个线程释放它加在对象上的锁。

示例【C09_09】多个锁间的嵌套产生死锁。代码如下：

```
public class C09_09 {
    public static void main(String[] args) {
        DieLock d1 = new DieLock(true);
        DieLock d2 = new DieLock(false);
        Thread t1 = new Thread(d1);
        Thread t2 = new Thread(d2);
        t1.start();
        t2.start();
    }
}
class MyLock {
```

```
    public static Object obj1 = new Object();
    public static Object obj2 = new Object();
}
class DieLock implements Runnable {
    private boolean flag;
    DieLock(boolean flag) {
        this.flag = flag;
    }
    public void run() {//重写run()方法
        if (flag) {
            while (true) {
                synchronized (MyLock.obj1) {//循环锁
                    System.out.println(Thread.currentThread().getName()
                        + "...if...obj1...");
                    synchronized (MyLock.obj2) {
                        System.out.println(Thread.currentThread().getName()
                            + "...if...obj2...");
                    }
                }
            }
        } else {
            while (true) {
                synchronized (MyLock.obj2) {
                    System.out.println(Thread.currentThread().getName()
                        + "...else...obj2...");
                    synchronized (MyLock.obj1) {
                        System.out.println(Thread.currentThread().getName()
                            + "...else...obj1...");
                    }
                }
            }
        }
    }
}
```

运行结果：

```
Thread-0...if...obj1...
Thread-1...else...obj2...
```

产生死锁原因是线程 0 想要得到 obj2 锁以进行下面的操作，而 obj2 锁被线程 1 所占有；线程 1 想得到 obj1 锁以进行下面的操作，而 obj1 锁被线程 0 所占有。

9.2.5　线程安全

Java 线程安全是在多线程编程时计算机程序代码中的一个概念。在拥有共享数据的多条线程并行执行的程序中，线程安全的代码会通过同步机制保证各个线程都可以正常且正确地执行，不会出现数据污染等意外情况。一个对象是否是线程安全的，取决于该对象是否被多线程访问，这是指程序中访问对象的方式，而不是对象要实现的功能。要使对象是线程安全的，要采用同步机制来协同对对象可变状态的访问。Java 常用的同步机制是 Synchronized，还包括 volatile 类型的变量、显示锁及原子变量。

示例【C09_10】手动创建一个线程不安全的类，然后在多线程中使用这个类，并测试这个类的效果。代码如下：

```java
public class C09_10 {
    public static void main(String[] args) {
        MyRunnable myRunnable = new MyRunnable();
        for(int i = 0; i < 5; i++) {//启用5个线程
            new Thread(myRunnable).start();
        }
    }
}
class MyRunnable implements Runnable{
    Count count = new Count();
    @Override
    public void run() {//重写run()方法
        count.count();
    }
}
class Count{//计数类
    private int sum;
    public void count (){
        for (int i = 0; i <= 5; i++){
            sum += i;
        }
        System.out.println(Thread.currentThread().getName() + "-" + sum);
    }
}
```

运行结果：

```
Thread-0-30
Thread-4-75
Thread-3-60
Thread-2-45
Thread-1-30
```

期望的每一个线程结果是 30，运行的结果却不是，这是由于存在成员变量的类用于多线程时是不安全的，不安全体现在这个成员变量可能发生非原子性的操作，而变量定义在方法内，也就是局部变量，是线程安全的。

小　　结

线程是一个比较重要的概念，在实际开发中都会涉及线程。本章主要讲述 Java 多线程机制，包括线程的概念、线程生命周期、线程的基本方法等。

课 后 练 习

1. 简述程序、进程和线程之间的关系，以及什么是多线程程序。

2．试简述 Thread 类的子类或实现 Runnable 接口两种方法的异同。

3．在 Java 中 wait()方法和 sleep()方法有什么不同？

4．在 Java 中 Runnable 和 Callable 有什么不同？

5．创建 2 个线程，其中一个输出 1～52，另一个输出 A～Z。输出格式要求为 12A 34B 56C 78D。

6．使用 3 个线程，使 ABC 循环输出 10 次。

第 10 章

Java 网络编程

网络编程是指编写的程序使若干台计算机能够互相通信。网络编程最主要的工作就是在发送端把信息通过规定好的协议进行组装包，在接收端按照规定好的协议把包进行解析，从而提取出对应的信息，达到通信的目的。本章从计算机网络基本概念到 Java 网络编程逐一向读者解释 Java 网络编程。

通过本章的学习，可以掌握以下内容：
- ☞ 了解计算机网络
- ☞ 了解网络程序设计基础
- ☞ 掌握 URL 类
- ☞ 学会编写 TCP 和 UDP 的程序

10.1　网络基本概念

10.1.1　计算机网络

计算机网络是指通过通信介质、通信设备和相关协议，把分散在各个地方的计算机设备连接起来，达到资源共享、数据传输的一个庞大系统。计算机网络可以从很多方面进行划分，如按照地域划分为：广域网、城域网和局域网，按照拓扑结构划分为：星形结构、总线型结构和树状结构等。计算机网络涉及硬件与软件、结构与算法、数据与通信。网络编程主要用于计算机网络的协议。网络 4 层模型与协议如图 10-1 所示。

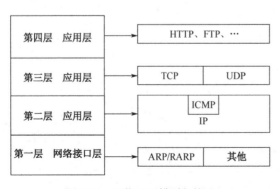

图 10-1　网络 4 层模型与协议

10.1.2　IP 地址

IP（Internet Protocol）网络互联的协议，也就是为计算机网络相互连接进行通信而设计的协议。在互联网中，它是能使连接到网上的所有计算机网络实现相互通信的一套规则，规定了计算机在互联网上进行通信时应当遵守的规则。任何厂家生产的计算机系统，只要遵守 IP 协议就可以与互联网互联互通。正是因为有了 IP 协议，互联网才得以迅速发展，成为世界上最大的、开放的计算机通信网络。因此，IP 协议也称"互联网协议"。

IP 地址是进行 TCP/IP 通信的基础，每个连接到网络上的计算机都必须有一个 IP 地址。目前使用的 IP 地址是 32 位的，通常以点分十进制表示。例如：192.168.0.181。IP 地址的格式为：IP 地址（网络地址、主机地址）或者 IP 地址（主机地址、子网地址、主机地址）。一个简单的 IP 地址其实包含了网络地址和主机地址两部分重要的信息。为了便于网络寻址及层次化构造网络，每个 IP 地址包括两个标识（ID）：即网络 ID 和主机 ID。同一个物理网络上的所有机器都用同一个网络 ID，网络上的每个主机（包括网络上工作站、服务器和路由器等）都有一个主机 ID 与其相对应。

10.1.3　TCP 与 UDP

TCP（Transmission Control Protocol）传输控制协议和 UDP（User Datagram Protocol）用户数据报协议属于传输层协议。其中 TCP 提供 IP 环境下的数据可靠传输，它提供的服务包括数据流传送、可靠性、有效流控、全双工操作和多路复用。通过面向连接、端到端和可靠的数据包发送。通俗来讲，它是事先为所发送的数据开辟出连接好的通道，然后再进行数据发送；而 UDP 则不为 IP 提供可靠性、流控或差错恢复功能。一般来说，TCP 对应的是可靠性要求高的应用，而 UDP 对应的则是可靠性要求低、传输经济的应用。TCP 和 UDP 是主要网络编程对象，一般不需要关心 IP 层是如何处理数据的。

10.2　使用 URL 的网络编程

Java 网络编程可以通过网络或远程连接来实现应用。Java 语言提供了 Java.net.URL 和 Java.net.URL.Connection 两个类的一些方法实现访问 Internet。URL 是统一资源定位符，对可以从互联网上得到资源的位置和访问方法的一种简洁表示，是互联网上标准资源的地址。它为计算机提供了导航功能，主要的功能是定位计算机资源。

10.2.1　URL 类

要使用 URL 类，首先必须了解 URL 的基本格式和 URL 如何创建对象。URL 的一般格式如下：

语法格式：

协议://用户名:密码@子域名.域名.顶级域名:端口号/目录/文件名.文件后缀?参数=值#标志

示例：

```
https://www.oracle.com/technetwork/cn/java/javase/documentation/api-jsp-136079-
zhs.html
```

格式解释：

协议（protocol）：协议可以是 HTTP、FTP 和 Telnet 等。

主机（host:port）：主机名，如 www.oracle.com。

端口号（port）：80，以上 URL 实例并未指定端口，因为 HTTP 协议默认的端口号为 80。

文件路径（path）：资源名，如 api-jsp-136079-zhs.html。

标志（anchor）：可选。

常见方法：

1．URL 类的构造方法

（1）URL（String spec）：根据 String 表示形式创建 URL 对象。

（2）URL（String protocol、String host、int port、String file）：根据指定 protocol、host、port 号和 file 创建 URL 对象。

（3）URL（String protocol、String host、int port、String file、URLStreamHandler handler）：根据指定的 protocol、host、port 号、file 和 handler 创建 URL 对象。

（4）URL（String protocol、String host、String file）：根据指定的 protocol 名称、host 名称和 file 名称创建 URL。

（5）URL（URL context、String spec）：通过在指定的上下文中对给定的 spec 进行解析创建 URL。

（6）URL（URL context、String spec、URLStreamHandler handler）：通过在指定的上下文中用指定的处理程序对给定的 spec 进行解析来创建 URL。

2．URL 类常用方法

（1）int getDefaultPort()：获取与此 URL 关联协议的默认端口号。

（2）String getFile()：获取 URL 的文件名。

（3）String getHost()：获取 URL 的主机名。

（4）String getPath()：获取 URL 的路径部分。

（5）int getPort()：获取 URL 的端口号。

（6）String getProtocol()：获取 URL 的协议名称。

（7）String getQuery()：获取 URL 的查询部分。

（8）String getRef()：获取 URL 的锚点（也称"引用"）。

（9）String getUserInfo()：获取 URL 的 userInfo 部分。

（10）openStream()：打开到 URL 的连接并返回一个用于从该连接读入的 InputStream。

（11）openConnection()：返回一个 URLConnection 对象，它表示到 URL 所引用的远程对象的连接。

示例【C10_01】利用 URL 读取甲骨文公司的 API（https://www.oracle.com/technetwork/cn/java/javase/documentation/api-jsp-136079-zhs.html）的 URL 信息。代码如下：

```java
import java.io.IOException;
import java.net.URL;
public class C10_01 {
    public static void main(String[] args) {
        try {
            URL url = new URL("https://www.oracle.com/technetwork/cn/java/
            javase/documentation/api-jsp-136079-zhs.html");//URL
            System.out.println("URL 为: " + url.toString());//打印URL
            System.out.println("协议为: " + url.getProtocol());//获得协议
            System.out.println("验证信息: " + url.getAuthority());//获得验证信息
            System.out.println("文件名及请求参数: " + url.getFile());//获得文件名
及请求参数
```

```
            System.out.println("主机名: " + url.getHost());//获得主机名
            System.out.println("路径: " + url.getPath());//获得路径
            System.out.println("端口: " + url.getPort());//获得端口号
            System.out.println("默认端口: " + url.getDefaultPort());//获得默认端口号
            System.out.println("请求参数: " + url.getQuery());//获得请求参数
            System.out.println("定位位置: " + url.getRef());//获得标志
        } catch (IOException e) {
            e.printStackTrace();
        }
    }
}
```

运行结果：

```
URL 为: https://www.oracle.com/technetwork/cn/java/javase/documentation/
        api-jsp-136079-zhs.html
协议为: https
验证信息: www.oracle.com
文件名及请求参数: /technetwork/cn/java/javase/documentation/api-jsp-136079-
                zhs.html
主机名: www.oracle.com
路径: /technetwork/cn/java/javase/documentation/api-jsp-136079-zhs.html
端口: -1
默认端口: 443
请求参数: null
定位位置: null
```

示例【C10_02】利用 URL 读取甲骨文公司的 API（https://www.oracle.com/technetwork/cn/java/javase/documentation/api-jsp-136079-zhs.html）的网络资源信息。代码如下：

```
import java.io.BufferedReader;
import java.io.IOException;
import java.io.InputStreamReader;
import java.net.MalformedURLException;
import java.net.URL;
public class C10_02 {
    public static void main(String[] args) {
        String sinfo = null;
        try {
            URL url = new URL("https://www.oracle.com/technetwork/cn/java/
            javase/documentation/api-jsp-136079-zhs.html");//构造URL的对象
            InputStreamReader isr = new InputStreamReader(url.openStream(),
            "UTF-8");//使用URL的open方法构造输入流并设置编码//UTF-8
            BufferedReader br = new BufferedReader(isr);//创建缓冲流
            while((sinfo = br.readLine()) != null ){
                System.out.println(sinfo);//读取资源
            }
        } catch (MalformedURLException e) {
            e.printStackTrace();
        } catch (IOException e) {
```

```
            e.printStackTrace();
        }
    }
}
```

运行结果：

```
Console ⌗                                                    ■ ✕ ✖ | ▯ ▯ ◎ ◙ | ☞ ▯ ▾ ▯
<terminated> C10_02 [Java Application] C:\Program Files\Java\jre1.8.0_191\bin\javaw.exe (2018年12月9日 下午4:18:15)
    </tr>
    <tr>
        <td colspan="3">
        <div id="downWrapper">
        <div id="downMain">
        <div class="downLoad"><a target="" href="/technetwork/cn/topics/newtojava/overview/index.html">Java 新手入门</a></div>
        <div class="downLoad"><a target="" href="http://www.oracle.com/technetwork/java/api-141528.html?ssSourceSiteId=otncn">API</a></div>
        <div class="downLoad"><a target="" href="http://wikis.sun.com/display/code/Home">代码示例与应用程序</a></div>
        <div class="downLoad"><a target="" href="http://education.oracle.com/pls/web_prod-plq-dad/db_pages.getpage?page_id=315&amp;amp;p_org_id=100
        <div class="downLoad"><a target="" href="/technetwork/cn/java/javaee/index-jsp-142942-zhs.html">文档</a></div>
        <div class="downLoad"><a target="" href="/technetwork/cn/java/blueprints-141945-zhs.html">Java BluePrints</a></div>
        <div class="downLoad"><a target="" href="http://www.java.com">Java.com</a></div>
        <div class="downLoad"><a target="" href="http://www.java.net">Java.net</a></div>
        <div class="downLoad"><a target="" href="ssLINK/038108">学生开发人员</a></div>
        <div class="downLoad"><a target="" href="/technetwork/cn/java/index-jsp-135888-zhs.html">教程</a></div>
        </div>
        </div>
        </td>
    </tr>
```

❋ **知识拓展**

◇ 在示例【10_02】案例中，方法 openStream()只能读取网络资源。

10.2.2 URLConnection 类

抽象类 URLConnection 它代表应用程序和 URL 间的通信链接。此类的实例可用于读取和写入此 URL 引用的资源。一般对一个已经建立的 URL 对象调用 openConnection()，就可以返回一个 URLConnection 对象，使用的格式如下：

语法格式：

```
URL url = new URL("https://www.oracle.com");
URLConnection uc = url.openConnection();
```

格式解释：

　　URL：表示 URL 类型。

　　url：建立一个 URL 类的对象。

　　uc：接收 url 返回的对象。

　　url.openConnection()：返回一个 URL 对象。

常见方法：

1．URLConnection 的构造方法

URLConnection(URL url)：构造一个到指定 URL 的 URL 连接。

2．URLConnection 常用方法

（1）boolean getAllowUserInteraction()：返回此对象的 allowUserInteraction 字段的值。

（2）static boolean getDefaultAllowUserInteraction()：返回 allowUserInteraction 字段的默认值。

（3）InputStream getInputStream()：返回从此打开的连接读取的输入流。

（4）OutputStream getOutputStream()：返回写入此连接的输出流。

（5）String getRequestProperty(String key)：返回此连接指定的一般请求属性值。

（6）getURL()：返回此 URLConnection 的 URL 字段的值。

（7）long getDate()：返回 date 头字段的值。

（8）boolean getUseCaches()：返回此 URLConnection 的 useCaches 字段的值。

（9）static String guessContentTypeFromName（String fname）：根据 URL 的指定"file"部分尝试确定对象的内容类型。

（10）static String guessContentTypeFromStream（InputStream is）：根据输入流的开始符尝试确定输入流的类型。

（11）void setAllowUserInteraction（boolean allowuserinteraction）：设置 URLConnection 的 allowUserInteraction 字段的值。

（12）void setConnectTimeout(int timeout)：设置一个指定的超时值（以毫秒为单位），该值将在打开到此 URLConnection 引用的资源的通信链接时使用。

示例【C10_03】利用 URLConnection 连接甲骨文公司（https://www.oracle.com）并在资源后加入"I love Java"。代码如下：

```java
import java.io.BufferedReader;
import java.io.IOException;
import java.io.InputStreamReader;
import java.net.MalformedURLException;
import java.net.URL;
import java.net.URLConnection;
public class C10_03 {
    public static void main(String[] args) {
        String sinfo = null;
        String sinput = "I love Java";
        try {
            URL url = new URL("https://www.oracle.com");//构造URL的对象
            URLConnection uc = url.openConnection();//建立URLConnection
            InputStreamReader isr = new InputStreamReader(uc.getInputStream(),
            "UTF-8");//使用URLConnection的//getInputStream()方法构造输入流并设
                      置编码UTF-8
            BufferedReader br = new BufferedReader(isr);//创建缓冲流
            while((sinfo = br.readLine()) != null ){
                System.out.println(sinfo);//读取资源
            }
            System.out.println(sinput);//输出添加信息
            br.close();
        } catch (MalformedURLException e) {
            e.printStackTrace();
        } catch (IOException e) {
            e.printStackTrace();
        }
    }
}
```

运行结果：

```
Console 🖾 📄 InputStreamReader.class
<terminated> C10_03 [Java Application] C:\Program Files\Java\jre1.8.0_191\bin\javaw.exe (2018年12月9日 下午4:37:21)
<!-- OCOM HomePage EndBodyAdminContainer -->
<!--DTM embed_code - Footer -->
<script type="text/javascript">_satellite.pageBottom();</script>
<!--End-->


<!-- END: oWidget_C/_Raw-Text/Display -->

<!-- end : ocom/common/global/components/framework/layoutAssetEndBodyInfo -->

    </body>
    <!-- end : Framework/HomePage -->
</html>
I love Java
```

❋ 知识拓展

◇ URLConnection 类可提供对 HTTP 首部的访问。

◇ URLConnection 可运行用户配置服务器的请求参数。

◇ URLConnection 可以获取从服务器发过来的数据，也可以向服务器发送数据。

10.3　使用 Socket 的网络编程

Socket 编程现在得到了广泛的应用，在 Windows 上可以使用 Socket 进行网络编程，Linux 也可以使用 Socket 实现网络编程。不仅在平台上 Socket 得到广泛的认可，许多语言也都可以使用 Socket 编程，本节将对 Socket 进行详细讲解。

10.3.1　Socket 通信

Socket（套接字）相对 URL 是靠近底层进行通信的。套接字为网络编程提供了一系列方法，应用程序可以利用 Socket 提供的 API 实现网络通信。Socket 英文翻译是"插头"的意思，在网络编程中就像线连接若干个"插头"连接在客户端和服务器端。

在 Java.net 包中定义了两个类 Socket 和 ServerSocket，分别来实现双相连接的 client 和 server，而在 client 和 server 被称为一个 Socket。建立连接时需要寻址信息为计算机的 IP 地址和端口号。

10.3.2　Socket 通信的一般流程

Socket 通信工作分为构建客户端和服务器端两部分。

1．客户端

（1）使用 Socket 类创建 Socket 对象，用于发送数据。

（2）打开连接到 Socket 的 I/O 流，使用方法 getInputStream()获取输入流，使用方法 getOutputStream 获得输出流。

（3）按照相关协议对 Socket 进行读/写操作，通过读操作读取信息，通过写操作写出信息。

（4）关闭 Socket，释放资源。

2．服务器端

（1）使用 ServerSocket 类创建 ServerSocket 对象，用于接收数据和响应客户端。

（2）打开连接到 ServerSocket 的 I/O 流，使用方法 getInputStream()获取输入流，使用方法 getOutputStream 获得输出流。

（3）按照相关协议对 ServerSocket 进行读/写操作，通过读操作读取信息，通过写操作写出信息。

（4）关闭 ServerSocket，释放资源。

通信流程如图 10-2 所示。

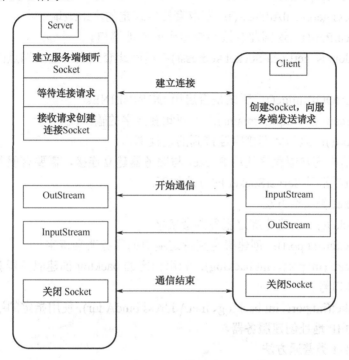

图 10-2　通信流程

10.3.3　创建客户端与服务器端

客户端的 Socket 主要用于连接 ServerSocket。常见的方法如下：

1．Socket 类构造方法

（1）Socket()：通过系统默认类型的 SocketImpl 创建未连接套接字。

（2）Socket（InetAddress address、int port）：创建一个流套接字并将其连接到指定 IP 地址的指定端口号。

（3）Socket（InetAddress address、int port, InetAddress localAddr、int localPort）：创建一个套接字并将其连接到指定远程地址上的指定远程端口。

（4）Socket（Proxy proxy）：创建一个未连接的套接字并指定代理类型（如果有），该代理不管其他设置如何都应被使用。

（5）Socket（SocketImpl impl）：使用用户指定的 SocketImpl 创建一个未连接 Socket。

（6）Socket（String host、int port）：创建一个流套接字并将其连接到指定主机上的指定端口号。

（7）Socket（String host、int port、InetAddress localAddr、int localPort）：创建一个套接字并将其连接到指定远程主机上的指定远程端口。

2. Socket 类普通方法

（1）getChannel()：返回与此数据报套接字关联的唯一 SocketChannel 对象。

（2）InetAddress getInetAddress()：返回套接字连接的地址。

（3）InputStream getInputStream()：返回此套接字的输入流。

（4）boolean getKeepAlive()：测试是否启用 SO_KEEPALIVE。

（5）InetAddress getLocalAddress()：获取套接字绑定的本地地址。

（6）int getLocalPort()：返回此套接字绑定到的本地端口。

（7）SocketAddress getLocalSocketAddress()：返回此套接字绑定的端点的地址，如果尚未绑定则返回 null。

（8）boolean getOOBInline()：测试是否启用 OOBINLINE。

（9）OutputStream getOutputStream()：返回此套接字的输出流。

（10）int getPort()：返回此套接字连接到的远程端口。

在 Socket 通信中客户端程序使用 Socket 与服务器建立连接，需要有服务器建立一个等待连接客户端 Socket，常见 ServerSocket 的方法如下：

1）ServerSocket 类构造方法

（1）ServerSocket()：创建非绑定服务器套接字。

（2）ServerSocket(int port)：创建绑定到特定端口的服务器套接字。

（3）ServerSocket(int port、int backlog)：利用指定的 backlog 创建服务器套接字，并将其绑定到指定的本地端口号。

（4）ServerSocket(int port、int backlog、InetAddress bindAddr)：使用指定的端口、侦听 backlog 和要绑定到的本地 IP 地址创建服务器。

2）ServerSocket 类普通方法

（1）int getSoTimeout()：获取 SO_TIMEOUT 的设置。

（2）protected void implAccept(Socket s)：ServerSocket 的子类使用此方法重写 accept()方法以返回其套接字子类。

（3）boolean isBound()：返回 ServerSocket 的绑定状态。

（4）boolean isClosed()：返回 ServerSocket 的关闭状态。

（5）Socket accept()：侦听并接收到此套接字的连接。

（6）void bind(SocketAddress endpoint)：将 ServerSocket 绑定到特定地址（IP 地址和端口号）。

（7）void bind(SocketAddress endpoint、int backlog)：利用指定的 backlog 将 ServerSocket 绑定到特定地址（IP 地址和端口号）。

（8）void close()：关闭此套接字。

（9）ServerSocketChannel getChannel()：返回与此套接字关联的唯一 ServerSocketChannel 对象（如果有）。

（10）InetAddress getInetAddress()：返回此服务器套接字的本地地址。

（11）int getLocalPort()：返回此套接字在其上侦听的端口。

示例【C10_04】服务器和一个客户端的通信示例。代码如下：

```java
Socket服务端
import java.io.BufferedReader;
import java.io.IOException;
import java.io.InputStream;
import java.io.InputStreamReader;
import java.io.OutputStream;
import java.io.PrintWriter;
import java.net.ServerSocket;
import java.net.Socket;
public class C10_04 {
    public static void main(String[] args) {
        try {
            ServerSocket serverSocket = new ServerSocket(6666);
            //端口设置端口号
            System.out.println("服务端已启动，等待客户端连接..");
            Socket socket = serverSocket.accept();
            // 侦听并接受到此套接字的连接,返回一个Socket对象
            InputStream inputStream = socket.getInputStream();
            // 得到一个输入流，接收客户端传递的信息
            InputStreamReader inputStreamReader = new InputStreamReader(
                    inputStream);// 提高效率，将自己字节流转为字符流
            BufferedReader bufferedReader = new BufferedReader(
                    inputStreamReader);// 加入缓冲区
            String temp = null;
            String info = "";
            while ((temp = bufferedReader.readLine()) != null) {
                info += temp;
                System.out.println("已接收到客户端连接");
                System.out.println("服务端接收到客户端信息：" + info + ",当前客户
                端ip为："+ socket.getInetAddress().getHostAddress());
            }
            OutputStream outputStream = socket.getOutputStream();
            // 获取一个输出流，向服务端发送信息
            PrintWriter printWriter = new PrintWriter(outputStream);
            // 将输出流包装成打印流
            printWriter.print("你好，服务端已接收到您的信息");
            printWriter.flush();
            socket.shutdownOutput();// 关闭输出流
            // 关闭相对应的资源
            printWriter.close();
            outputStream.close();
            bufferedReader.close();
            inputStream.close();
            socket.close();
```

```
            } catch (IOException e) {
                e.printStackTrace();
            }
        }
}
```

运行结果：

```
C:\Users\Administrator\Desktop\Socket>java Server
服务端已启动，等待客户端连接.
```

Socket客户端
```java
import java.io.BufferedReader;
import java.io.IOException;
import java.io.InputStream;
import java.io.InputStreamReader;
import java.io.OutputStream;
import java.io.PrintWriter;
import java.net.Socket;
import java.net.UnknownHostException;
import java.util.Scanner;
public class C10_05 {
    public static void main(String[] args) {
        try {
            // 创建Socket对象
            Socket socket = new Socket("localhost", 6666);
            OutputStream outputStream = socket.getOutputStream();
            // 获取一个输出流，向服务端发送信息
            PrintWriter printWriter = new PrintWriter(outputStream);
            // 将输出流包装成打印流
            Scanner sc = new Scanner(System.in);
            System.out.println("请输入你的名字");//输入信息
            String s = sc.nextLine();
            printWriter.print("服务端你好，我是"+s);
            printWriter.flush();//刷新输出流
            socket.shutdownOutput();// 关闭输出流

            InputStream inputStream = socket.getInputStream();
            // 获取一个输入流，接收服务端的信息
            InputStreamReader inputStreamReader = new InputStreamReader(
                    inputStream);// 包装成字符流，提高效率
            BufferedReader bufferedReader = new BufferedReader(
                    inputStreamReader);// 缓冲区
            String info = "";
            String temp = null;// 临时变量
            while ((temp = bufferedReader.readLine()) != null) {
                info += temp;
```

```
                System.out.println("客户端接收服务端发送信息: " + info);
            }
            // 关闭相对应的资源
            bufferedReader.close();
            inputStream.close();
            printWriter.close();
            outputStream.close();
            socket.close();
        } catch (UnknownHostException e) {
            e.printStackTrace();
        } catch (IOException e) {
            e.printStackTrace();
        }
    }
}
```

运行结果:

```
C:\Users\Administrator\Desktop\Socket>java Client
请输入你的名字
```

当在客户端输入名字后运行结果如下:
服务端

```
C:\Users\Administrator\Desktop\Socket>java Server
服务端已启动, 等待客户端连接..
已接收到客户端连接
服务端接收到客户端信息: 服务端你好,我是张三,当前客户端ip为: 127.0.0.1
```

客户端

```
C:\Users\Administrator\Desktop\Socket>java Client
请输入你的名字
张三
客户端接收服务端发送信息: 你好, 服务端已接收到您的信息
```

在现实生活中,往往服务端的个数远远小于客户端的个数,在示例【C10_04】中只能建立一对一的连接,就是一个客户端必须有一个服务器。这样会造成资源的浪费。为了实现在服务器上可以监听多个客户端的请求,需要使用多线程。即服务在端口上监听客户端的请求,如果有立即启用一个线程处理的请求。而服务器本身在启动线程之后立马恢复到监听状态。

示例【C10_05】服务器和多个客户端的通信示例。代码如下:
```
Socket服务端
import java.io.BufferedOutputStream;
import java.io.BufferedReader;
import java.io.IOException;
import java.io.InputStreamReader;
import java.io.PrintWriter;
import java.net.ServerSocket;
```

```java
import java.net.Socket;
public class C10_06 {
    public static void main(String[] args) throws Exception{
        ServerSocket serverSocket = new ServerSocket(6666);
        System.out.println("服务器已经打开等待连接...");
        boolean flag = true;
        while(flag) {//主线程用来连接客户端，每次连接一个则开启一个新线程
            Socket s = serverSocket.accept();
            new Thread(new UserThread(s)).start();
        }
    }
} //处理用户的连接
class UserThread implements Runnable{//启用线程
    private Socket s ;
    public UserThread(Socket s){
        this.s = s;
    }
    public void run() {
        System.out.println("已经与客户端连接...");
        System.out.println(s.getInetAddress().getHostAddress()+"已经连接");
        //获取输入/输出流
        try {
            BufferedReader br = new BufferedReader
            (new InputStreamReader(s.getInputStream()));
            PrintWriter ps = new PrintWriter
            (new BufferedOutputStream(s.getOutputStream()));
            boolean bool = true;
            while(bool){
                String info = br.readLine();
                if("".equals(info)||"bye".equals(info)){
                    bool = false;
                }else{
                    System.out.println(info);
                    ps.println("echo:"+info);
                    ps.flush();
                }
            }
            br.close();
            ps.close();
        } catch (IOException e) {
            // TODO Auto-generated catch block
            e.printStackTrace();
        }
    }
}
```

运行结果：

```
C:\Users\Administrator\Desktop\Socket>java C10_06
服务器已经打开等待连接。。。
```

```
Socket服务端
import java.io.BufferedOutputStream;
import java.io.BufferedReader;
import java.io.IOException;
import java.io.InputStreamReader;
import java.io.PrintStream;
import java.net.Socket;
import java.net.UnknownHostException;
import java.util.Scanner;
public class C10_07{
    private static Socket s ;
    public static void main(String[] args) {
        try {
            s = new Socket("localhost",6666);//定义端口号
            Scanner input = new Scanner(System.in);
            PrintStream ps = new PrintStream
            (new BufferedOutputStream(s.getOutputStream()));
            BufferedReader br = new BufferedReader
            (new InputStreamReader(s.getInputStream()));
            boolean flag = true;
            while(flag){//输入消息
                System.out.println("请输入消息：");
                String info = input.nextLine();
                if("bye".equals(info)){
                    flag = false;
                    }else{
                        ps.println(info);
                        ps.flush();
                        System.out.println(br.readLine());
                    }
            }
            br.close();
            ps.close();
            //抛出异常
        } catch (UnknownHostException e) {
            e.printStackTrace();
        } catch (IOException e) {
            e.printStackTrace();
        }
    }
}
```

打开两个客户端运行结果:

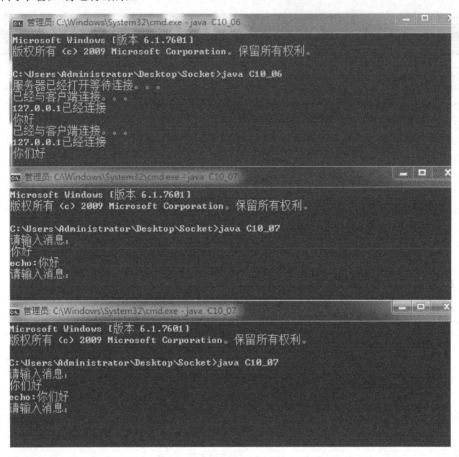

※知识拓展

◇ 在可以使用池的概念，让服务器端拥有若干 ServerSocekt，每当有客户端发送请求时，动态的给客户端一个池中的服务器。

10.4　DatagramSocket 与 DatagramPacket

Java 使用 DatagramSocket 代表 UDP 协议的 Socket，DatagramSocket 本身只是码头，不维护状态，不能产生流，它的唯一作用就是接收和发送数据报。Java 使用 DatagramPacket 来代表数据报，DatagramSocket 接收和发送的数据都是通过 DatagramPacket 对象完成的。

Java 使用 DatagramSocket 发送数据报时，DatagramSocket 并不知道将该数据报发送到哪里，而是由 DatagramPacket 自身决定数据报的目的地。就像码头并不知道每个集装箱的目的地，码头只是将这些集装箱发送出去，而集装箱本身包含了该集装箱的目的地。

DatagramSocket 类实现了一个发送和接收数据报的 socket，传输层协议使用 UDP，不能保证数据报的可靠传输。DatagramSocket 主要有 send、receive 和 close 3 个方法。send 用于发送一个数据报，Java 提供了 DatagramPacket 对象用来表达一个数据报；receive 用于接收一个数据报，调用该方法后，一直阻塞接收到数据报或者超时；close 是关闭一个 socket。

1．DatagramSocket 类

DatagramSocket 类构造方法如下：

（1）DatagramSocket()：构造数据报套接字并将其绑定到本地主机上任何可用的端口。

（2）DatagramSocket (DatagramSocketImpl impl)：创建带有指定 DatagramSocketImpl 的未绑定数据报套接字。

（3）DatagramSocket (int port)：创建数据报套接字并将其绑定到本地主机上的指定端口。

（4）DatagramSocket (int port、InetAddress laddr)：创建数据报套接字，将其绑定到指定的本地地址。

（5）DatagramSocket (SocketAddress bindaddr)：创建数据报套接字，将其绑定到指定的本地套接字地址。

DatagramSocket 类普通方法如下：

（1）int getSoTimeout()：获取 SO_TIMEOUT 的设置。

（2）int getTrafficClass()：从此 DatagramSocket 上发送的包获取 IP 数据报头中的流量类别或服务类型。

（3）boolean isBound()：返回套接字的绑定状态。

（4）boolean isClosed()：返回是否关闭了套接字。

（5）boolean isConnected()：返回套接字的连接状态。

（6）receive (DatagramPacket p)：从此套接字接收数据报包。

（7）getLocalAddress()：获取套接字绑定的本地地址。

（8）int getLocalPort()：返回此套接字绑定的本地主机上的端口号。

（9）SocketAddress getLocalSocketAddress()：返回此套接字绑定的端点的地址，如果尚未绑定则返回 null。

（10）int getPort()：返回此套接字的端口。

2．DatagramPacket 类

DatagramPacket 类构造方法如下：

（1）DatagramPacket (byte[] buf：int length)、构造 DatagramPacket，用来接收长度为 length 的数据包。

（2）DatagramPacket (byte[] buf、int length、InetAddress address、int port)：构造数据报包，用来将长度为 length 的包发送到指定主机上的指定端口号。

（3）DatagramPacket (byte[] buf、int offset、int length)：构造 DatagramPacket，用来接收长度为 length 的包，在缓冲区中指定了偏移量。

（4）DatagramPacket (byte[] buf、int offset、int length、InetAddress address、int port)：构造数据报包，用来将长度为 length、偏移量为 offset 的包发送到指定主机上的指定端口号。

（5）DatagramPacket (byte[] buf、int offset、int length、SocketAddress address)：构造数据报包，用来将长度为 length、偏移量为 offset 的包发送到指定主机上的指定端口号。

（6）DatagramPacket (byte[] buf、int length、SocketAddress address)：构造数据报包，用来将长度为 length 的包发送到指定主机上的指定端口号。

DatagramSocket 类普通方法如下：

（1）InetAddress getAddress()：返回某台机器的 IP 地址，此数据报将要发往该机器或者是

从该机器接收到的。

（2）byte[] getData()：返回数据缓冲区。

（3）int getLength()：返回将要发送或接收到的数据的长度。

（4）int getOffset()：返回将要发送或接收到的数据的偏移量。

（5）int getPort()：返回某台远程主机的端口号，此数据报将要发往该主机或是从该主机接收到的。

（6）SocketAddress getSocketAddress()：获取要将此包发送到的或发出此数据报的远程主机的 SocketAddress（通常为 IP 地址 + 端口号）。

（7）void setAddress (InetAddress iaddr)：设置要将此数据报发往的那台机器的 IP 地址。

（8）void setData (byte[] buf)：设置数据缓冲区。

（9）void setData (byte[] buf, int offset, int length)：设置数据缓冲区。

（10）void setLength (int length)：设置长度。

10.5　TCP 与 UDP 的 Socket 网络编程

Socket 主要是基于传输层的两个协议进行工作的，这两个协议是本章 10.1.3 节中的 TCP 与 UDP，基于 TCP/IP 协议的 Socket 编程可以实现可靠、双向、一致、点对点的主机与 Internet 之间的连接。基于 UDP 协议的 Socket 通信，UDP 以数据报作为数据的传输载体，在进行传输时，首先要把传输的数据定义成数据报（Datagram），在数据报中指明数据要到达的 Socket（主机地址和端口号），然后将数据以数据报的形式发送出去就可以到达目的地。UDP 即一种数据包协议。Socket 编程通过相关的协议可以实现通信，在计算机网络中，Socket 是用户进程与传输层之间的一个抽象层，Socket 抽象层位置如图 10-3 所示。

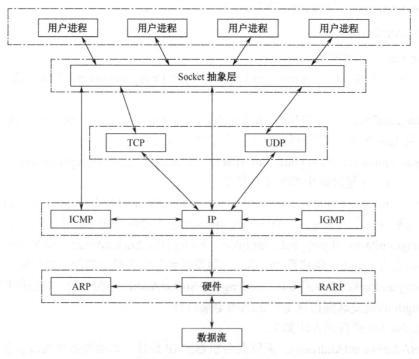

图 10-3　Socket 抽象层位置

示例【C10_06】利用 TCP 协议实现 Socket 编程。代码如下：

```java
Server端
import java.net.ServerSocket;
import java.io.*;
import java.net.*;
import java.util.Scanner;
public class C10_09{
    public static void main(String[] args) throws Exception {
        new TCPServer().listen();
    }
}
class TCPServer{
    private static final int PORT = 6666;   //定义一个端口号
    public void listen() throws Exception{     //定义监听，抛出异常
        ServerSocket serversocket = new ServerSocket(PORT);
        Socket client = serversocket.accept();//调用方法接收数据
        OutputStream os = client.getOutputStream();
        System.out.println("开始与客户端交互数据");
        Scanner sc = new Scanner(System.in);
        String s = sc.nextLine();
        os.write(s.getBytes());
        Thread.sleep(5000);      //模拟执行其他功能的占用时间
        System.out.println("结束交互");
        os.close();

    }
}
Client端
import java.net.*;
import java.net.Socket;
public class C10_09{
    public static void main(String[] args) throws Exception {
        new TCPClient().connect();
    }
}
class TCPClient{
    private static final int PORT=6666;//服务器端口号
    public void connect() throws Exception{    //创建一个socket并连接到给出地址和
                                               //端口号的计算机
        Socket client = new Socket(InetAddress.getLocalHost(),PORT);
        java.io.InputStream is = client.getInputStream(); //得到接收数据的流
        byte[] buf = new byte[1024];   //定义缓冲区
        int len = is.read(buf);   //读入缓冲区
        System.out.println(new String(buf,0,len));//将缓冲区中的数据输出
        client.close();    //关闭释放资源
    }
}
```

运行结果：

基于 UDP 的 Socket 编程与基于 TCP 的 Socket 编程稍有不同，socket、server 和 client 都用 DatagramSocket 实现。下面例子是 Server 端等待从 Client 端接收一条消息，然后再给客户端发送一个消息。服务器端首先实例化 DatagramSocket 对象，然后为其绑定一个本机地址，并开始监听。一直阻塞状态下等待从客户端接收数据报。然后从数据报中获取数据报的源地址，接着用这个源地址作为目的地址打包一个数据报并发送出去。

示例【C10_7】 利用 UDP 实现 Socket 编程。代码如下：

```java
发送端
import java.io.IOException;
import java.net.*;
import java.util.Scanner;
public class C10_10 implements Runnable{
    public void run() {//创建一个发送消息的套接字
        DatagramSocket sendSocket = null;
        try {
            sendSocket = new DatagramSocket();
        } catch (SocketException e) {
            e.printStackTrace();
        }
        while (true) {
            try {
                System.out.println("发送端发送消息");
                Scanner sc = new Scanner(System.in);
                String msg = sc.next();
                byte [] bytes = msg.getBytes();//发送的内容转换为字节数组
                InetAddress ip = InetAddress.getByName("172.0.0.1");
                //接收内容的IP地址
                DatagramPacket datagramPacket = new DatagramPacket(bytes,
                bytes.length,ip,6666); //创建要发送的数据包，然后用套接字发送
                sendSocket.send(datagramPacket);//用套接字发送数据包
            } catch (SocketException e) {
                e.printStackTrace();
            } catch (UnknownHostException e) {
```

```
                e.printStackTrace();
            } catch (IOException e) {
                e.printStackTrace();
            }
        }
    }
    public static void main(String[] args){
        C10_10 c11 = new C10_10();
        Thread thread = new Thread(c11);
        thread.start();
    }
}
```
接收端
```
import java.io.IOException;
import java.net.DatagramPacket;
import java.net.DatagramSocket;
import java.net.InetAddress;
import java.net.SocketException;
public class C10_11 implements Runnable {
    public void run() {
        System.out.println("接收端");// 创建接收消息的套接字
        DatagramSocket receviceSocket = null;
        try {
            receviceSocket = new DatagramSocket(6666);
        } catch (SocketException e) {
            e.printStackTrace();
        }
        while (true) {
            try {
                byte[] bytes = new byte[2048];// 创建一个数据包来接收消息
                DatagramPacket datagramPacket = new DatagramPacket(bytes,
                bytes.length);// 用套接字接收数据包
                receviceSocket.receive(datagramPacket);
                // 得到发送端的ip地址对象
                InetAddress ip = datagramPacket.getAddress();
                // 将接收到的消息转换为字符串
                String rec = new String(datagramPacket.getData());
                System.out.println(ip.getHostAddress() + "发送的消息为: " + rec);

            } catch (SocketException e) {
                e.printStackTrace();
            } catch (IOException e) {
                e.printStackTrace();
            }
        }
    }
    public static void main(String[] args) {
        C10_11 c11 = new C10_11();
```

```
        Thread thread = new Thread(c11);
        thread.start();
    }
}
```

运行结果：

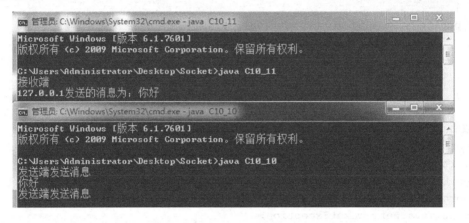

✻ **知识拓展**

◇ 在 TCP 程序中需要先启用服务器端，否则会出现异常。而 UDP 则不同，无论先启用接收端还是发送端都不会出现异常。

小　　结

本章主要介绍网络编程的几种基本形式，其中包括 URL 类和 Socket 类等知识点。Socket 编程是现在使用较多的一种网络编程。熟练掌握 Socket 编程，能区别 TCP 和 UDP。

课后练习

1. 网络的基本模型有哪几种？
2. 什么是 URL？
3. 获取网络服务器的相关信息。
4. 把客户端的一个文件内容发到服务端，在服务端把数据存储到一个文件中，相当于复制文件。
5. 客户端向服务器写字符串（键盘输入），服务器将字符串（键盘键入）的字符翻转之后写回，客户端再次读取到的是翻转后的字符串。

第 11 章

Java GUI 编程

在早期计算机系统中，计算机向用户提供的是单调、枯燥、纯字符状态的"命令行界面（CLI）"，如 DOS 命令窗口。著名的 Microsoft 公司推出了风靡全球的 Windows 操作系统，它凭借着优秀的图形化用户界面，一举奠定了操作系统标准的地位。在图形用户界面风行于世的今天，一个应用软件没有良好的图形用户界面（Graphical User Interface，GUI）是无法让用户接受的。而 Java 语言也深知这一点的重要性，它提供了一套可以轻松构建 GUI 的工具。

通过本章的学习，可以掌握以下内容：

☞ 了解 AWT 和 Swing 间关系
☞ 掌握常见 GUI 组件的使用
☞ 掌握常见的布局管理器
☞ 理解事件处理机制及关系

11.1　GUI 的组件概述

Java 语言是通过 AWT（抽象窗口化工具包）和 Swing 来提供 GUI 组件的。

11.1.1　Java.awt 包和 Javax.swing 包

Java.awt 是最原始的 GUI 工具包，是 Java 基础类的核心部分之一，它存放在 Java.awt 包中。现在有许多功能已被 Swing 取代并得到了很大的增加与提高，因此一般很少再使用 Java.awt，但是 AWT 中还是包含了最核心的功能，而 Swing 是在 AWT 基础上，Java 提供了一组丰富的与平台无关的方式来创建图形用户界面的库。它可以在任意平台系统上工作。Swing 与 AWT 的关系图如图 11-1 所示。

11.1.2　GUI 设计及实现的一般步骤

GUI 设计及实现一般分为以下几个步骤：

1. 建容器

首先要创建一个 GUI 应用程序，然后创建一个用于容纳所有其他 GUI 组件元素的载体，这个载体在 Java 中称为容器。典型的容器包括窗口（Window）、框架（Frame/JFrame）、对话框（Dialog/JDialog）和面板（Panel/JPanel）等。只有先创建了这些容器，其他界面元素如按钮（Button/JButton）、标签（Label/JLabel）和文本框（TextField/JTextField）等才有地方存放。

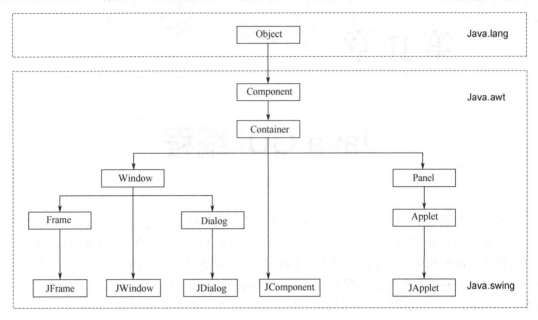

图 11-1　Swing 与 AWT 的关系图

2．加组件

为了实现 GUI 应用程序的功能，并且与用户交换，需要在容器上添加各种组件/控件。这需要根据具体的功能要求来决定用什么样的组件。例如，需要提示信息的，可用标签（Label/JLabel）；需要输入少量文本的，可用文本框（TextField/JTextField）；需要输入较多文本的，可用文本区域（TextArea/JTextArea）；需要输入密码的，可用密码域（JPasswordField）等。

3．安排组件

与传统的 Windows 环境下的 GUI 软件开发工具不同，为了更好地实现跨平台，Java 程序中各组件的位置、大小一般不是以绝对量来衡量的，而是以相对量来衡量的。例如，程序各组件的位置是按"东/East""西/West""南/South""北/North""中/Center"这种方位来标识的，称为东、西、南、北、中布局管理器（Borderlayout）。此外还有流布局管理器（Flowlayout）、网格布局管理器（Gridlayout）、卡片布局（Cardlayout）。因此，在组织界面时，除考虑所需的组件种类外，还需要考虑如何安排这些组件的位置与大小。这一般是通过设置布局管理器（Layout Manager）及其相关属性来实现的。

4．添加事件

为了完成一个 GUI 应用程序所应具备的功能，除适当地安排各种组件产生美观的界面外，还需要处理各种界面元素事件，以便真正实现与用户的交换，完成程序的功能。在 Java 程序中这一般是通过实现适当的事件监听者接口来完成的。如果需要响应按钮事件，就需要实现 ActionListener 监听者接口；如果需要响应窗口事件，就需要实现 WindowListener 监听者接口。

11.2 Swing 基本组件

11.2.1 组件和容器

组件：界面中的组成部分，如按钮、标签和菜单；

容器：容器也是组件的一种，能容纳其他组件，如窗口和面板。

在 Java 中，所有的 swing 都在 java.swing 包中。

组件类 JComponent 和它的子类——容器类 JContainer 是两个非常重要的类。JComponent 及子类的继承关系如图 11-2 所示。

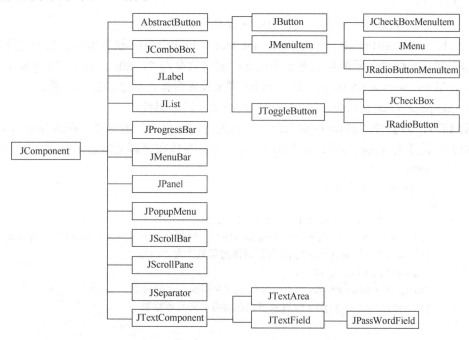

图 11-2 JComponent 及子类的继承关系

（1）组件类 JComponent 包含了按钮类 JButton、复制按钮类 JCheckBox、标签类 JLabel、列表类 JList、文本框类 JTextField 与多行文本域类 JTextArea 等，由它们创建的对象称为组件，是构成图形界面的基本组成部分。

（2）容器类 JContainer 作为组件类的个子类，实际上也是一个组件，具有组件的所有性质，但它是用来容纳其他组件和容器的，主要包括面板类 JPanel、结构类 JFrame、对话框类 JDialog 等。由这些类创建的对象称为容器，可通过组件类提供的 public add()方法将组件添加到容器中，即一个容器通过调用 add()方法将组件添加到该容器中。这样用户可以操作在容器中呈现的各种组件，以达到与系统交互的目的。

11.2.2 框架

程序员想要编写一个图形用户界面，首先需要创建一个窗体，而框架（JFrame）是一个容器，就是通常意义的窗体。它用来设计应用程序的图形化用户界面，可以将其他的组件（标签、按钮、菜单、复选框）添加其中。

如果想要创建一个窗体，可以使用 javax.swing.JFrame 类来完成。JFrame 类的常用操作方法如下：

（1）JFrame()：创建一个初始时不可见的新窗体。

```
JFrame jf = new JFrame();//创建一个窗体
```

（2）JFrame (String title)：创建一个新的、初始不可见的、具有指定标题的窗体。

```
JFrame jf = new JFrame("java程序");//创建一个名为"Java程序"的窗体
```

（3）setSize (int width、int height)：设置窗的体大小。

（4）setVisible (boolean b)：设置窗体的可见性。

（5）setSize (Dimension d)：通过 Dimension 类来调整组件的大小，使其宽度为"d.width"，高度为"d.height"。

（6）setLocation (int x、int y)：设置窗体在屏幕的显示位置。

（7）public void setBounds (int a、int b、int width、int height)：设置窗口的初始位置是(a,b)，即距屏幕左侧 a 个像素、距屏幕上方 b 个像素；窗口的宽为"width"，高为"height"。

（8）void setLocation (Point p)：通过 Point 类来设置窗体在屏幕的显示位置。

（9）Component add (Component comp)：向容器中增加组件。

示例【C11_01】 使用 JFrame 类创建一个名为"Java 程序"的窗体，在屏幕显示窗体中，将窗体的大小设置为（500,500），并利用 Point 类设置窗体在屏幕上的显示位置。代码如下：

```
import java.awt.Point;
import javax.swing.JFrame;
public class C11_01 {
    public static void main(String[] args) {
        JFrame jf = new JFrame("java程序");//创建一个名为"Java程序"的窗体
        jf.setVisible(true);//设置窗体的可见性为"true"
        jf.setSize(500,500);
        Point p = new Point(500,500);//声明point的对象
        jf.setLocation(p);//设置窗体在屏幕上的显示位置
    }
}
```

运行结果：

程序运行之后，会在屏幕上显示一个名为"Java 程序"的窗体，注意：如果没有 jf.setVisible(true)这条语句，则窗体不会显示。

11.2.3　标签

标签（JLabel）的作用是显示信息的，标签可以显示一行只读文本、一个图像或带图像的文本，即对位于其后的界面组件进行说明。标签的显示内容是不能被修改的。

如果你想要创建一个标签，则可以使用 javax.swing. JLabel 类来完成。JLabel 类的常用操作方法如下：

（1）JLabel()：创建无图像并且其标题为空字符串的 JLabel 标签。

```
JLabel jf = new JLabel ();//创建一个标签
```

（2）JLabel (String title)：创建具有指定文本的 JLabel 实例。

```
JLabeljf = new JLabel ("java程序");//创建一个名为"Java程序"的窗体
```

（3）JLabel(String text、int horizontalAlignment)：创建具有指定文本和水平对齐方式的 JLabel 实例。对齐方式有 JLabel.LEFT、JLabel.CENTER 和 JLabel.RIGHT 3 种，分别表示左对齐、居中和右对齐。

```
JLabeljf = new JLabel ("java程序",JLabel.LEFT);//创建一个名为"Java程序"
                                          //并居左的窗体
```

（4）setText (String text)：设置该标签要显示的文本。

（5）getText()：返回该标签所显示的文本字符串。

示例【C11_02】创建一个标签，设置显示内容为"Java"，将其设置为居中，并添加到一个名为"Java 程序"的窗体中。代码如下：

```java
import java.awt.Point;
import javax.swing.JFrame;
import javax.swing.JLabel;
public class C11_02 {
    public static void main(String[] args) {
        JFrame jf = new JFrame("java程序");//创建一个名为"Java程序"的窗体
        jf.setVisible(true);//设置窗体的可见性为true
        jf.setSize(250,250);
        Point p = new Point(250,250);
        jf.setLocation(p);//设置窗体在屏幕上的显示位置
        JLabel jl = new JLabel("java", JLabel.CENTER);//创建标签对象，并将其居中对齐
        jf.add(jl);//将该标签添加到名为"java程序"的窗体中
    }
}
```

运行结果：

11.2.4 按钮

按钮（JButton）是用于触发特定动作的组件。使用 javax.swing.JButton 可以创建一个按钮对象，其常用操作方法如下：

（1）JButton()：创建不带有设置文本或图标的按钮。

```
JButton jt = new JButton();//创建一个按钮
```

（2）JButton (String text)：创建一个带文本的按钮。

```
JButton jt = new JButton("提交");//创建名为"提交"的窗体
```

（3）JButton (String text、Icon icon)：创建一个带初始文本和图标的按钮。

（4）setLabel (String label)：设置按钮显示的文本。

（5）getLabel()：得到按钮显示的文本。

（6）setBounds (int x、int y、int width、int height)：设置按钮的大小及其显示方法。

示例【C11_03】创建一个按钮，设置显示内容为"提交"，将其添加到一个名为"Java 程序"的窗体中。代码如下：

```java
import java.awt.Point;
import javax.swing.JButton;
import javax.swing.JFrame;
public class C11_03 {
    public static void main(String[] args) {
        JFrame jf = new JFrame("java程序");//创建一个名为"Java程序"的窗体
        jf.setVisible(true);//设置窗体的可见性为true
        jf.setSize(250,250);
        Point p = new Point(250,250);
        jf.setLocation(p);//设置窗体在屏幕上的显示位置
        JButton jt = new JButton("提交");//创建一个名为"提交"的按钮对象
        jf.add(jt);//将按钮添加到窗体中
    }
}
```

运行结果：

11.2.5 面板

一个界面只可以有一个 JFrame 窗体组件，但是可以有多个面板（JPanel）组件，而 JPanel 上也可以使用 FlowLayout、BorderLayout 和 GridLayout 等各种布局管理器，这样可以组合使用，以达到较为复杂的布局效果。与框架不同，面板是一个透明的容器，既没有标题，也没有边框。面板是不能作为最外层的容器单独存在的，它必须作为一个组件放置到其他容器中（一般是框架），然后再把组件添加到里面。JPanel 常见操作方法如下：

（1）JPanel()：创建具有双缓冲和流布局的新 JPanel。

```
JPanel jp1 = new JPanel();//创建面板
```

（2）JPanel(boolean isDoubleBuffered)：创建具 FlowLayout 和指定缓冲策略的新 JPanel。

（3）JPanel(LayoutManager layout)：创建具有指定布局管理器的新缓冲 JPanel。

（4）JPanel(LayoutManager layout、boolean isDoubleBuffered)：创建具有指定布局管理器和缓冲策略的新 JPanel。

示例【C11_04】创建一个按钮，设置显示内容为"提交"，将其添加到一个名为"Java 程序"的容器中。代码如下：

```
import java.awt.GridLayout;
import javax.swing.JButton;
import javax.swing.JFrame;
import javax.swing.JLabel;
import javax.swing.JPanel;
public class C11_08 {
    public static void main(String[] args) {
        JFrame jf = new JFrame("面板示例");//创建一个名为"面板示例"的窗体
        //创建组件
        JPanel jp1 = new JPanel();//创建面板
        JPanel jp2 = new JPanel();
        JLabel jl1 = new JLabel("一线城市");
        JLabel jl2 = new JLabel("二线城市");
        //创建按钮组件
        JButton jb1 = new JButton("北京");
        JButton jb2 = new JButton("上海");
        JButton jb3 = new JButton("广州");
        JButton jb4 = new JButton("深圳");
        JButton jb5 = new JButton("杭州");
        JButton jb6 = new JButton("成都");
        JButton jb7 = new JButton("武汉");
        JButton jb8 = new JButton("重庆");
        JButton jb9 = new JButton("南京");
        jf.setLayout(new GridLayout(2,1));//两行一列网格布局
            //把组件添加JPanel
            jp1.add(jl1);
            jp1.add(jb1);
            jp1.add(jb2);
            jp1.add(jb3);
            jp1.add(jb4);
            jp2.add(jl2);
            jp2.add(jb5);
            jp2.add(jb6);
            jp2.add(jb7);
            jp2.add(jb8);
            //将JPanel添加到框架中
            jf.add(jp1);
```

```
        jf.add(jp2);
        //设置窗体的属性
        jf.setSize(420, 200);                    //设置界面的大小
        jf.setLocation(200, 200);                //设置界面的初始位置
        jf.setDefaultCloseOperation(JFrame.EXIT_ON_CLOSE);
        //设置虚拟机和界面一同关闭
        jf.setVisible(true);                     //设置界面的可视化
    }
}
```

运行结果：

11.2.6　菜单

菜单（JMenu）是图形用户界面中最常用的组件之一。菜单允许用户选择多个项目中的一个。在 Java 的可视化编程中，它提供了菜单栏相应的使用。Java 中的菜单，可以通过引入 java.swing 来实现。

菜单是非常重要的 GUI 组件，其界面提供的信息简明清晰，在用户界面中经常使用。Java 的菜单组件是由多个类组成的，主要有 JMenuBar（菜单栏）、JMenu（菜单）、JMenuItem（菜单项）和 JPopupMenu（弹出菜单）。

JMenuBar 是相关的菜单栏，该组件可以添加菜单，而添加的菜单会排成一行，一般一个窗体中有一个即可。JMenu 菜单栏可以显示一个个菜单，该组件可以添加子菜单，也可以添加菜单，添加的菜单会排成一列。JMenu 有两种功能，一是在菜单栏中显示；二是当它被加入另一个 JMenu 中时，会产生引出子菜单的效果。JMenuItem 是 JMenu 目录下的菜单，可以添加到菜单中。关于菜单的基本操作有以下几个方面：

① 创建菜单栏，并将它设置到某个窗口中。

② 创建菜单条，并将它添加到菜单栏中。

③ 创建菜单项，并将它添加到菜单条中。

④ 创建完菜单栏后，需要创建菜单条。

（1）JMenuBar

JMenuBar 是在制作菜单栏时用到的一个组件。将 JMenu 对象添加到菜单栏中以构造菜单。当用户选择 JMenu 对象时，就会使其关联的菜单弹出（JPopupMenu），允许用户选择其上的某一个菜单项（JMenuItem）。JMenuBar 的操作方法如下：

① JMenuBar()：构造方法，创建新的菜单栏。

② JMenu add (JMenu c)：将指定的菜单追加到菜单栏的末尾。

③ JMenu getMenu (int index)：返回菜单栏中指定位置的菜单。

④ int getMenuCount()：返回菜单栏上的菜单数。

⑤ void setHelpMenu (JMenu menu)：设置用户在选择菜单栏中的"帮助"选项时显示的帮助菜单。

⑥ void setMargin (Insets m)：设置菜单栏的边框与其菜单间的空白。

⑦ void setBorderPainted (boolean b)：设置是否应该绘制边框。

（2）JMenu

JMenu 的实现是一个包含 JMenuItem 的弹出窗口，用户在选择 JMenuBar 上的项时会显示该 JMenuItem。除 JMenuItem 外，JMenu 还可以包含 JSeparator。菜单本质上是带有关联 JPopupMenu 的按钮。当按下"按钮"时，就会显示 JPopupMenu。如果"按钮"位于 JMenuBar 上，则该菜单为顶层窗口，如果"按钮"是另一个菜单项，则 JPopupMenu 就是"右拉"菜单。JMenu 的操作方法如下：

① JMenu()：构造没有文本的新 JMenu。

② JMenu (Action a)：构造一个从提供的 Action 获取其属性的菜单。

③ JMenu (String s)：构造一个新 JMenu，用提供的字符串作为其文本。

④ JMenu (String s, boolean b)：构造一个新 JMenu，用提供的字符串作为其文本，并指定其是否为分离式 (tear-off) 菜单。

⑤ add (Action a)：创建连接到指定 Action 对象的新菜单项，并将其追加到此菜单的末尾。

⑥ add (String s)：创建具有指定文本的新菜单项，并将其追加到此菜单的末尾。

⑦ addMenuListener (MenuListener l)：添加菜单事件的侦听器。

⑧ addSeparator()：将新分隔符追加到菜单的末尾。

⑨ createActionComponent (Action a)：创建添加到 JMenu 的 Action 的 JMenuItem。

⑩ createWinListener (JPopupMenu p)：创建弹出菜单的窗口关闭侦听器。

⑪ getItem (int pos)：返回指定位置的 JMenuItem。

⑫ getItemCount()：返回菜单上的项数，包括分隔符。

⑬ getMenuComponentCount()：返回菜单上的组件数。

⑭ getPopupMenu：返回与此菜单关联的弹出菜单。

⑮ insert (Action a、int pos)：在给定位置插入连接到指定 Action 对象的新菜单项。

⑯ JMenuItem insert (JMenuItem mi、int pos)：在给定位置插入指定的 JMenuitem。

⑰ insert (String s、int pos)：在给定位置插入具有指定文本的新菜单项。

⑱ insertSeparator (int index)：在指定的位置插入分隔符。

⑲ remove (Component c)：从此菜单移除组件 c。

⑳ remove (int pos)：从此菜单移除指定索引处的菜单项。

（3）JMenuItem

JMenuItem 是菜单中的项的实现。菜单项本质上是位于列表中的按钮。当用户选择"按钮"时，则执行与菜单项关联的操作。JPopupMenu 中包含的 JMenuItem 正好执行该功能。通过 Action 可以配置菜单，并进行一定程度的控制。JMenuItem 的操作方法如下：

① JMenuItem()：创建不带有设置文本或图标的 JMenuItem。

② JMenuItem (Action a)：创建从指定的 Action 获取其属性的菜单项。

③ JMenuItem (Icon icon)：创建带有指定图标的 JMenuItem。

④ JMenuItem (String text)：创建带有指定文本的 JMenuItem。

⑤ JMenuItem (String text、Icon icon)：创建带有指定文本和图标的 JMenuItem。

⑥ JMenuItem (String text、int mnemonic)：创建带有指定文本和键盘助记符的 JMenuItem。

⑦ isArmed()：返回菜单项是否被"调出"。

⑧ setArmed (boolean b)：将菜单项标识为"调出"。

⑨ setEnabled (boolean b)：启用或禁用菜单项。

示例【C11_05】创建一个名为"记事本"的窗体程序，利用 JMenuBar、JMenu 和 JMenuItem 将其呈现的效果图如下：

代码如下：

```java
import java.awt.event.KeyEvent;
import javax.swing.JFrame;
import javax.swing.JMenu;
import javax.swing.JMenuBar;
import javax.swing.JMenuItem;
public class C11_05 {
    public static void main(String[] args) {
        JFrame jf = new JFrame("记事本");//创建一个名为"记事本"的窗体
        JMenuBar jmb = new JMenuBar();//创建菜单栏
        //创建一级菜单
        JMenu file = new JMenu("文件(F)");
        JMenu edit = new JMenu("编辑(E)");//定义菜单
        JMenu format = new JMenu("格式(O)");//定义菜单
        JMenu check = new JMenu("查看(V)");//定义菜单
        JMenu help = new JMenu("帮助(H)");//定义菜单
        jf.setJMenuBar(jmb);//把菜单栏设置到窗口
        // 一级菜单添加到菜单栏
        jmb.add(file);  //把文件添加到菜单栏中
        jmb.add(edit);//把编辑添加到菜单栏中
        jmb.add(format);//把格式添加到菜单栏中
        jmb.add(check);//把查看添加到菜单栏中
        jmb.add(help);//把帮助添加到菜单栏中
        //创建"文件"一级菜单的子菜单
        JMenuItem newMenuItem = new JMenuItem("新建(N)");
        JMenuItem openMenuItem = new JMenuItem("打开(O)");
        JMenuItem saveMenuItem = new JMenuItem("保存(S)");
        JMenuItem saveAsMenuItem = new JMenuItem("另存为(A)");
        JMenuItem pageSetMenuItem = new JMenuItem("页面设置(U)");
        JMenuItem printMenuItem = new JMenuItem("打印(P)");
        JMenuItem exitMenuItem = new JMenuItem("退出(X)");
        // 子菜单添加到一级菜单
```

```
        file.add(newMenuItem);
        file.add(openMenuItem);
        file.add(saveMenuItem);
        file.add(saveAsMenuItem);
        file.add(pageSetMenuItem);
        file.add(printMenuItem);
    //为子菜单添加快捷方式
    newMenuItem.setMnemonic(KeyEvent.VK_N);//为新建添加快捷方式 "N"
    openMenuItem.setMnemonic(KeyEvent.VK_O);//为打开添加快捷方式 "o"
    saveMenuItem.setMnemonic(KeyEvent.VK_S);//为保存添加快捷方式 "S"
    file.addSeparator();        // 添加一条分割线
    file.add(exitMenuItem);
    //创建 "编辑" 一级菜单的子菜单
    JMenuItem copyMenuItem = new JMenuItem("复制(C)");
    JMenuItem pasteMenuItem = new JMenuItem("粘贴(V)");
    //为子菜单添加快捷方式
    copyMenuItem.setMnemonic(KeyEvent.VK_C);//为新建添加快捷方式 "c"
    pasteMenuItem.setMnemonic(KeyEvent.VK_V);//为打开添加快捷方式 "v"
    // 子菜单添加到一级菜单
    edit.add(copyMenuItem);
    edit.add(pasteMenuItem);
        //设置界面的属性
        jf.setSize(600, 600);                //设置界面的像素
        jf.setLocation(500, 500);            //设置界面的初始位置
        jf.setDefaultCloseOperation(JFrame.EXIT_ON_CLOSE);
        //设置虚拟机和界面一同关闭
        jf.setVisible(true);                 //设置界面的可视化
    }
}
```

运行结果 1:

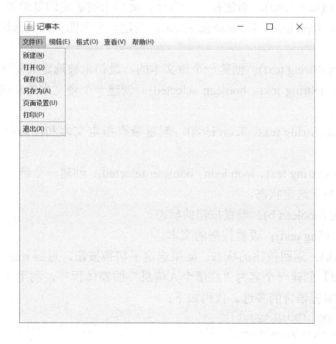

运行结果 2：

11.2.7　复选框

复选框（JCheckBox）是一个可以被选定和取消选定的项，它将其状态显示给用户。按照惯例，可以选定组中任意数量的复选框。复选框允许用户可以选择一个或多个选项。复选框提供一个制造单一选择开关的方法，它包括一个小框和一个标签。单选复选框，可将其状态从"开"更改为"关"或从"关"更改为"开"。JCheckBox 类的操作方法如下：

（1）JCheckBox()：创建一个没有文本、没有图标并且最初未被选定的复选框。

（2）JCheckBox (Action a)：创建一个复选框，其属性从所提供的 Action 中获取。

（3）JCheckBox (Icon icon)：创建有一个图标、最初未被选定的复选框。

（4）JCheckBox (Icon icon、boolean selected)：创建一个带图标的复选框，并指定其最初是否处于选定状态。

（5）JCheckBox (String text)：创建一个带文本的、最初未被选定的复选框。

（6）JCheckBox (String text、boolean selected)：创建一个带文本的复选框，并指定其最初是否处于选定状态。

（7）JCheckBox (String text、Icon icon)：创建带有指定文本和图标的、最初未选定的复选框。

（8）JCheckBox (String text、Icon icon、boolean selected)：创建一个带文本和图标的复选框，并指定其最初是否处于选定状态。

（9）setSelected (boolean b)：设置按钮的状态。

（10）setText (String text)：设置按钮的文本。

（11）isSelected()：返回按钮的状态。如果选定了切换按钮，返回 true；否则，返回 false。

示例【C11_06】 创建一个名为"注册个人信息"的窗体程序，利用 JCheckBox 实现对喜欢的运动、网站、编程语言的多选。代码如下：

```
import java.awt.GridLayout;
import javax.swing.JButton;
```

```java
import javax.swing.JCheckBox;
import javax.swing.JFrame;
import javax.swing.JLabel;
import javax.swing.JPanel;
public class C11_06 {
    public static void main(String[] args) {
        JFrame jf = new JFrame("注册个人信息");
        //创建一个名为"注册个人信息"的窗体
        //创建组件
        JPanel jp1 = new JPanel();//创建面板
        JPanel jp2 = new JPanel();
        JPanel jp3 = new JPanel();
        JPanel jp4 = new JPanel();
        JButton jb1 = new JButton("注册");//创建按钮
        JButton jb2 = new JButton("取消");
        JLabel jlb1 = new JLabel("你喜欢的运动");//创建标签
        JLabel jlb2 = new JLabel("你喜欢的网站");//创建标签
        JLabel jlb3 = new JLabel("你喜欢的编程语言");//创建标签
        JCheckBox jcb1_1 = new JCheckBox("足球");//创建复选框
        JCheckBox jcb1_2 = new JCheckBox("篮球");
        JCheckBox jcb1_3 = new JCheckBox("网球");
        JCheckBox jcb2_1 = new JCheckBox("哔哩哔哩");//创建复选框
        JCheckBox jcb2_2 = new JCheckBox("爱奇艺");
        JCheckBox jcb2_3 = new JCheckBox("微博");
        JCheckBox jcb2_4 = new JCheckBox("百度");
        JCheckBox jcb3_1 = new JCheckBox("C");//创建复选框
        JCheckBox jcb3_2 = new JCheckBox("C++");
        JCheckBox jcb3_3 = new JCheckBox("Java");
        JCheckBox jcb3_4 = new JCheckBox("Python");
        //设置布局管理器
        jf.setLayout(new GridLayout(5,1));//3行1列网格布局
        //添加组件
        jf.add(jp1);  //添加5个面板
        jf.add(jp2);
        jf.add(jp3);
        jf.add(jp4);
        jp1.add(jlb1);//添加面板1的组件
        jp1.add(jcb1_1);
        jp1.add(jcb1_2);
        jp1.add(jcb1_3);
        jp2.add(jlb2);//添加面板2的组件
        jp2.add(jcb2_1);
        jp2.add(jcb2_2);
        jp2.add(jcb2_3);
        jp2.add(jcb2_4);
        jp3.add(jlb3);  //添加面板3的组件
        jp3.add(jcb3_1);
        jp3.add(jcb3_2);
        jp3.add(jcb3_3);
        jp3.add(jcb3_4);
```

```
//添加面板4的组件
jp4.add(jb1);
jp4.add(jb2);
//设置窗体的属性
jf.setSize(600, 500); //设置界面的像素
jf.setLocation(200, 200);//设置界面的初始位置
jf.setDefaultCloseOperation(JFrame.EXIT_ON_CLOSE);
                        //设置虚拟机和界面一同关闭
jf.setVisible(true);        //设置界面的可视化
    }
}
```

运行结果：

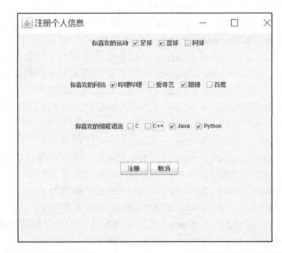

注意：同一组复选按钮必须先创建 ButtonGroup，然后把复选框组件放入 ButtonGroup 中，才能在面板中添加复选框。

若想实现上述程序中喜欢运行的单选，则添加代码如下：

```
ButtonGroup bg1 = new ButtonGroup();//定义按钮组
bg1.add(jcb1_1);        //只有把复选框放入按钮组作用域中才能实现单选
bg1.add(jcb1_2);
bg1.add(jcb1_3);
```

运行结果：

11.2.8　单选框

单选框（JRadioButton）的功能与此按钮项可被选择或取消选择，并可为用户显示其状态。与 ButtonGroup 对象配合使用可创建一组按钮，一次只能选择其中的一个按钮（创建一个 ButtonGroup 对象并用其 add 方法将 JRadioButton 对象包含在此组中）。

注：ButtonGroup 对象为逻辑分组，不是物理分组。要创建按钮面板，仍需要创建一个 JPanel 或类似的容器对象，并将 Border 添加到其中以便将面板与周围的组件分开。JRadioButton 类的操作方法如下：

（1）JRadioButton()：创建一个初始化为未选择的单选按钮，其文本未设定。

（2）JRadioButton (Icon icon、boolean selected)：创建一个具有指定图像和选择状态的单选按钮，但无文本。

（3）JRadioButton (String text)：创建一个具有指定文本的状态为未选择的单选按钮。

（4）JRadioButton (String text、boolean selected)：创建一个具有指定文本和选择状态的单选按钮。

（5）JRadioButton (String text、Icon icon)：创建一个具有指定的文本和图像，并初始化未选择的单选按钮。

（6）setSelected (boolean b)：设置按钮的状态。

（7）setText (String text)：设置按钮的文本。

（8）isSelected()：返回按钮的状态。如果选定了切换按钮，返回 true；否则，返回 false。

示例【C11_07】创建一个名为"登录"的窗体程序，该登录界面不需要输入账号和密码，只需选择登录角色登录即可，利用 JRadioButton 实现对登录角色的选择。代码如下：

```java
import java.awt.GridLayout;
import javax.swing.ButtonGroup;
import javax.swing.JButton;
import javax.swing.JFrame;
import javax.swing.JLabel;
import javax.swing.JPanel;
import javax.swing.JRadioButton;
public class C11_07 {
    public static void main(String[] args) {
        JFrame jf = new JFrame("登录");//创建一个名为"登录"的窗体
        //创建组件
        JPanel jp1 = new JPanel();//创建面板
        JPanel jp2 = new JPanel();
        ButtonGroup bg1 = new ButtonGroup(); //定义按钮组
        JButton jb1 = new JButton("登录");//创建按钮
        JButton jb2 = new JButton("取消");
        JLabel jlb1 = new JLabel("选择");//创建标签
        JRadioButton jrb1 = new JRadioButton("学生");
        JRadioButton jrb2 = new JRadioButton("教师");
        JRadioButton jrb3 = new JRadioButton("管理员");
        //设置布局管理器
        jf.setLayout(new GridLayout(2,1)); //两行一列网格布局
        //添加组件
```

```
            jf.add(jp1);//添加2个面板
            jf.add(jp2);
            jp1.add(jlb1);//添加面板1的组件
            jp1.add(jrb1);
            jp1.add(jrb2);
            jp1.add(jrb3);
            bg1.add(jrb1);//必须要把单选框放入按钮组作用域中才能实现单选
            bg1.add(jrb2);
            bg1.add(jrb3);
            jp2.add(jb1);
            jp2.add(jb2);
            //设置窗体的属性
            jf.setSize(320, 200);//设置界面的大小
            jf.setLocation(200, 200);//设置界面的初始位置
            jf.setDefaultCloseOperation(JFrame.EXIT_ON_CLOSE);//设置虚拟机和
                                                    //界面一同关闭

            jf.setVisible(true);//设置界面的可视化
    }
}
```

运行结果：

注意：同一组单选按钮必须先创建 ButtonGroup，然后把单选框组件放入 ButtonGroup 中，才能在面板中添加单选框。

11.2.9 组合框

组合框（JComboBox）也被称为下拉列表。组合框是将按钮或可编辑字段与下拉列表组合的组件。用户可以从下拉列表中选择值，下拉列表在用户请求时显示。如果使组合框处于可编辑状态，则组合框将包括用户可在其中键入值的可编辑字段。与单选框类似，组合框（下拉列表）也是强制用户从一组可能的元素中仅仅选择一个。JComboBox 类的操作方法如下：

（1）JComboBox()：创建具有默认数据模型的 JComboBox。

（2）JComboBox (ComboBoxModel aModel)：创建一个 JComboBox，其选项取自现有的 ComboBoxModel。

（3）JComboBox (Object[] items)：创建包含指定数组中的元素的 JComboBox。

（4）JComboBox (Vector<?> items)：创建包含指定 Vector 中的元素的 JComboBox。

（5）addItem (Object anObject)：向列表添加项。

（6）getItemCount()：获取组合框的条目总数。

（7）removeItem (Object ob)：删除指定选项。

（8）removeItemAt (int index)：删除指定索引的选项。

（9）insertItemAt (Object ob，int index)：在指定的索引处插入选项。

（10）getSelectedIndex()：获取所选项的索引值（从 0 开始）。

（11）getSelectedItem()：获得所选项的内容。

（12）setEditable (boolean b)：设为可编辑。组合框的默认状态是不可编辑的，需要调用本方法设定为可编辑，才能响应选择输入事件。

示例【C11_08】创建一个名为"选择城市"的窗体程序，该界面利用 JComboBox 实现对用户城市的选择。代码如下：

```java
import java.awt.GridLayout;
import javax.swing.JButton;
import javax.swing.JComboBox;
import javax.swing.JFrame;
import javax.swing.JLabel;
import javax.swing.JPanel;
public class C11_08 {
    public static void main(String[] args) {
        JFrame jf = new JFrame("选择城市");    //创建一个名为"选择城市"的窗体
        //创建组件
        JPanel jp1 = new JPanel();    //创建面板
        JPanel jp2 = new JPanel();
        //ButtonGroup bg1 = new ButtonGroup();    //定义按钮组
        JButton jb1 = new JButton("确定");        //创建按钮
        JButton jb2 = new JButton("取消");
        JLabel jlb1 = new JLabel("选择城市"); //创建标签
         String city[] = { "北京","上海","广州" ,"郑州","南京","武汉" };
         JComboBox selectCity = new JComboBox(city);
        //设置布局管理器
        jf.setLayout(new GridLayout(2,1)); //两行一列网格布局
        //添加组件
        jf.add(jp1);//添加2个面板
        jf.add(jp2);
        jp1.add(jlb1);//添加面板1的组件
        jp1.add(selectCity);
        jp2.add(jb1);//添加面板2的组件
        jp2.add(jb2);
        //设置窗体的属性
        jf.setSize(420, 200);//设置界面的大小
        jf.setLocation(200, 200);//设置界面的初始位置
        jf.setDefaultCloseOperation(JFrame.EXIT_ON_CLOSE);
        //设置虚拟机和界面一同关闭
        jf.setVisible(true);//设置界面的可视化
    }
}
```

运行结果：

11.2.10 列表

列表（JList）是显示对象列表并且允许用户选择一个或多个项的组件。JList 以列表的形式展示多个选项。其中的选项内容由一个 ListModel 实例来维护。JList 不实现直接滚动，若需要滚动显示，则可以结合 JScrollPane 实现滚动效果。列表与组合框的外观不同，组合框主要在单击时才会显示下拉列表，而列表会在屏幕上持续占用固定行数的空间。JList 类的操作方法如下：

（1）JList()：构造一个具有空的、只读模型的 JList。

（2）JList (ListModel dataModel)：根据指定的非 null 模型构造一个显示元素的 JList。

（3）JList (Object[] listData)：构造一个 JList，使其显示指定数组中的元素。

（4）JList (Vector<?> listData)：构造一个 JList，使其显示指定 Vector 中的元素。

（5）getSelectedIndex()：返回最小的选择单元索引，如果只选择了列表中单个项时，则返回被选择的索引号。

（6）setSelectionMode (int SelectionMode)：设置列表的选择模式，是多选还是单选。

（7）getModel()：返回保存由 JList 组件显示的项列表的数据模型。

（8）getSelectedIndices()：返回所选的全部索引的数组（按升序排列）。

对于列表是多选还是单选。可以通过 ListSelectionModel 接口来实现，此接口定义了下列常量来表示 SelectionMode 属性的值：

（1）MULTIPLE_INTERVAL_SELECTION：一次选择一个或多个连续的索引范围。

（2）static int SINGLE_INTERVAL_SELECTION：一次选择一个连续的索引范围。

（3）static int SINGLE_SELECTION：一次选择一个列表索引。

示例【C11_09】创建一个名为"选择喜欢的城市"的窗体程序，该界面利用 JList 实现对用户城市的多选。代码如下：

```
import java.awt.GridLayout;
import javax.swing.JButton;
import javax.swing.JFrame;
import javax.swing.JLabel;
import javax.swing.JList;
import javax.swing.JPanel;
import javax.swing.ListSelectionModel;
public class C11_09 {
    public static void main(String[] args) {
        JFrame jf = new JFrame("选择喜欢的城市");  //创建一个名为"选择喜欢的城市"
                                                //的窗体
```

```
//创建组件
JPanel jp1 = new JPanel();//创建面板
JPanel jp2 = new JPanel();
//ButtonGroup bg1 = new ButtonGroup();//定义按钮组
JButton jb1 = new JButton("确定");//创建按钮
JButton jb2 = new JButton("取消");
JLabel jlb1 = new JLabel("选择城市"); //创建标签
 String city[] = { "北京","上海","广州" ,"郑州","南京","武汉" };
JList jl = new JList(city);
//设置喜欢的城市可以多选
jl.setSelectedIndex(ListSelectionModel.MULTIPLE_INTERVAL_SELECTION);
//设置布局管理器
jf.setLayout(new GridLayout(2,1));//两行一列网格布局
//添加组件
jf.add(jp1);//添加2个面板
jf.add(jp2);
jp1.add(jlb1);//添加面板1的组件
jp1.add(jl);
jp2.add(jb1);//添加面板2的组件
jp2.add(jb2);
//设置窗体的属性
jf.setSize(560, 300);//设置界面的大小
jf.setLocation(200, 200);//设置界面的初始位置
jf.setDefaultCloseOperation(JFrame.EXIT_ON_CLOSE);//设置虚拟机和界面
                                                  //一同关闭

jf.setVisible(true);//设置界面的可视化
}
}
```

运行结果：

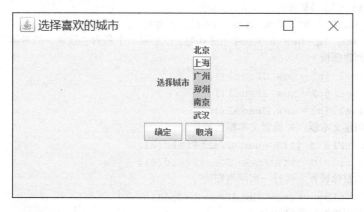

11.2.11 文本框

文本框（JTextField）用来显示或编辑一个单行文本。用户需要在窗体程序中输入账号时，可以利用 JTextField 来实现这一操作。JTextField 类的操作方法如下：

（1）JTextField()：构造一个新的 TextField。

（2）JTextField (Document doc、String text、int columns)：构造一个新的 JTextField，它使

用给定文本存储模型和给定的列数。

（3）JTextField (int columns)：构造一个具有指定列数的新 TextField。

（4）JTextField (String text)：构造一个用指定文本初始化的新 TextField。

（5）JTextField (String text, int columns)：构造一个用指定文本和列初始化的新 TextField。

（6）setFont (Font font)：设置字体。

（7）setScrollOffset (int scrollOffset)：获取滚动偏移量（以像素为单位）。

（8）setDocument (Document doc)：将编辑器与一个文本文档关联，这里的意思就是将此文本框与一个文本文档关联，这将会保持内容一致，如果一个改变了，则另外一个也会改变。

（9）setInputVerifier (verifier)：设置验证方式，如果此文本不能通过验证，那么就不能将焦点聚焦到下一个组件上，会一直聚焦在这个文本框上。

（10）setDragEnabled (boolean x)：设置在文本框中是否能够拖放文本，当为 true 时，则是能够，这里的意思就是将文本选中后能不能将文本拖走。

（11）addActionListener (ActionListener action)：添加监听机制，输入文本按回车键即可触发，和按钮的监听机制相同。

（12）write (InfileWriter writer)：将文本框中的内容输入文件中。

（13）addKeyListener (KeyListener event)：添加键盘监听，在文本框中输入内容时会触发键盘，其中有按下、释放和键入的动作。

示例【C11_10】创建一个名为"登录"的窗体程序，利用 JTextField 类等创建文本框和其他组件。代码如下：

```java
import java.awt.GridLayout;
import javax.swing.JButton;
import javax.swing.JFrame;
import javax.swing.JLabel;
import javax.swing.JPanel;
import javax.swing.JTextField;
public class C11_10 {
    public static void main(String[] args) {
        JFrame jf = new JFrame("登录");//创建一个名为"登录"的窗体
        //创建面板
        JPanel jp1 = new JPanel();
        JPanel jp2 = new JPanel();
        JPanel jp3 = new JPanel();
        //创建文本框，并设置文本框的列数
        JTextField jtf1 = new JTextField(8);
        JTextField jtf2 = new JTextField(8);
        //将窗体设置为两行一列网格布局
        jf.setLayout(new GridLayout(3,1));
        //将面板添加到窗体中
        jf.add(jp1);
        jf.add(jp2);
        jf.add(jp3);
        //创建标签
        JLabel jl1 = new JLabel("用户名：");
        JLabel jl2 = new JLabel("密码：");
        //将标签用户名和文本框添加到面板1中
```

```
            jp1.add( jl1);
            jp1.add(jtf1);
            //将标签密码和文本框添加到面板2中
            jp2.add( jl2);
            jp2.add(jtf2);
            //创建按钮
            JButton jb1 = new JButton("登录");
            JButton jb2 = new JButton("取消");
            //将按钮添加到面板3中
            jp3.add(jb1);
            jp3.add(jb2);
            jf.setSize(350, 200);//设置窗体的大小
            jf.setLocation(400, 400);//设置窗体的出现位置
            jf.setVisible(true);//设置窗体的可见性
    }
}
```

运行结果：

在示例【C11_10】中，主要设置了两个文本框、两个标签和两个按钮。在生成的窗体程序中，可以输出文本信息，如下图所示。在该图中输入密码的文本信息为"1234"，并不是大家通常看到的"****"，即输入的密码并没有以某种符号来进行加密。

11.2.12　文本区域

在许多情况下，用户可能还需要输入一些文字，这时就需要用到文本输入框。与文本框只能用来显示和编辑单行文本相比，文本区域框（JTextArea）可以接受用户的多行输入。JTextArea除了允许多行编辑外，其他基本用法与 JTextField 基本一致。创建文本区域使用 javax.swing、JTextArea 和 JTextField 类的操作方法如下：

（1）TextArea()：构造新的 TextArea。

（2）JTextArea (String text)：构造显示指定文本的新的 TextArea。

（3）JTextArea (int rows、int columns)：构造具有指定行数和列数新的空 TextArea。

（4）JTextArea (String text、int rows、int columns)：构造具有指定文本、行数和列数的新的TextArea。

（5）setText()：在文本区域中设置文本信息，同时清楚文本区域中的原有文本信息。

（6）append (String str)：将给定文本追加到文档结尾。

（7）setFont (Font f)：设置当前字体。

（8）Insert (String str、int pos)：将指定文本插入指定位置。

（9）replaceRange (String str、int start、int end)：用给定的新文本替换从指示的起始位置到结尾位置的文本。

（10）setTabSize (int size)：设置选项卡要扩大到的字符数。

（11）getText()：获取文本区域中的文本信息。

示例【C11_11】创建一个名为"登录"的窗体程序，利用 JTextField 类等创建文本框和其他组件。代码如下：

```
import java.awt.GridLayout;
import javax.swing.JButton;
import javax.swing.JFrame;
import javax.swing.JLabel;
import javax.swing.JPanel;
import javax.swing.JTextArea;
public class C11_11 {
    public static void main(String[] args) {
        JFrame jf = new JFrame("登录");//创建一个名为"登录"的窗体
        //创建面板
        JPanel jp1 = new JPanel();
        JPanel jp2 = new JPanel();
        //创建文本区域，并设置文本区域的行数和列数
        JTextArea jta = new JTextArea(50,20);
        //将窗体设置为两行一列网格布局
        jf.setLayout(new GridLayout(2,1));
        //将面板添加到窗体中
        jf.add(jp1);
        jf.add(jp2);
        //创建标签组件
        JLabel jl1 = new JLabel("其他信息：");
        //将标签和文本区域添加到面板1中
        jp1.add( jl1);
        jp1.add(jta);
        //创建按钮组件
        JButton jb1 = new JButton("确定");
        JButton jb2 = new JButton("取消");
        //将按钮组件添加到面板2中
        jp2.add(jb1);
        jp2.add(jb2);
        jf.setSize(260, 200);//设置窗体的大小
        jf.setLocation(400, 400);//设置窗体的出现位置
        jf.setVisible(true);//设置窗体的可见性
    }
}
```

运行结果：

在示例【C11_11】中，主要设置了一个文本区域、一个标签和两个按钮。在生成的窗体程序中，可以在文本区域中输入多行信息。

11.2.13 滚动条

滚动条（JScrollBar）也称为滑块，用来表示一个相对值，该值代表指定范围内的一个整数。例如，用 Word 编辑文档时，编辑窗右边的滑块对应当前编辑位置在整个文档中的相对位置，可以通过移动选择新的编辑位置。在 Swing 中，用 JScrollBar 类实现和管理可调界面。JScrollBar 类的操作方法如下：

（1）JScrollBar（int dir、int init、int width、int low、int high）：dir 表示滚动条的方向。JScrollBar 类定义了两个常量，JScrollBar.VERTICAL 表示垂直滚动条；JScrollBar.HORIZONTAL 表示水平滚动条。init 表示滚动条的初始值，该值确定滚动条滑块开始时的位置；width 表示滚动条滑块的宽度；最后两个参数指定滚动的下界和上界。注意滑块的宽度可能影响滚动条可得到的实际的最大值。例如，滚动条的范围为 0～255，滑块的宽度为 10，并利用滑块的左端或顶端来确定它的实际位置。那么滚动条可以达到的最大值是指定最大值减去滑块的宽度。所以滚动条的值不会超过 245。

（2）setUnitIncrement()：设置增量，即单位像素的增值。

（3）getUnitIncrement()：获取增量。

（4）setBlockIncrement()：设置滑块增量，即滑块的幅度。

（5）getBlockIncrement()：获取滑块增量。

（6）setMaxinum()：设置最大值。

（7）getMaxinum()：获取最大值。

（8）setMininum()：设置最小值。

（9）getMininum()：获取最小值。

（10）setValue()：设置新值。

（11）getValue()：获取当前值。

示例【C11_12】创建一个名为"滚动条示例"的窗体程序，利用 JTextField 类等创建文本框和其他组件。代码如下：

```java
import java.awt.BorderLayout;
import java.awt.Container;
import javax.swing.JFrame;
import javax.swing.JPanel;
import javax.swing.JScrollBar;
import javax.swing.JTextArea;
public class C11_12 {
```

```
        JScrollBar scrollBar1;
        JPanel panel1;
        public C11_12() {
            JFrame f = new JFrame("滚动条示例");//创建一个名为"滚动条示例"的窗体
            Container contentPane = f.getContentPane();
            JTextArea jta = new JTextArea(34,56);//设置文本区域的行数和列数
            jta.setLineWrap(true);//设置文本区域中在输入文本信息时是可以自动换行的
            panel1 = new JPanel();
            scrollBar1 = new JScrollBar();// 建立一个空的JScrollBar
            scrollBar1.setOrientation(JScrollBar.HORIZONTAL);//设置滚动轴方向为水
                                                            //平方向
            scrollBar1.setValue(0);// 设置默认滚动轴位置在0刻度的地方。
            scrollBar1.setVisibleAmount(20);// extent值设为20
            scrollBar1.setMinimum(10);// minmum值设为10
            scrollBar1.setMaximum(60);// maximan值设为60,因为minmum值设为10,可滚动
                        //的区域大小为60-20-10＝30个刻度,滚动范围在10~40中
            scrollBar1.setBlockIncrement(5);//当鼠标在滚动轴列上按一下时,滚动轴一次所
                                        //跳的区块大小为5个刻度
            contentPane.add(panel1, BorderLayout.CENTER);
            //contentPane.add(scrollBar1, BorderLayout.EAST);
            contentPane.add(scrollBar1, BorderLayout.SOUTH);
            contentPane.add(jta, BorderLayout.NORTH);
            f.setSize(450, 500);
            f.setVisible(true);
        }
        public static void main(String[] args) {
            new C11_12();
        }
    }
```

运行结果:

在示例【C11_12】中,主要设置了一个文本区域、一个面板和一个滚动条。

11.2.14　工具栏

工具栏（JToolBar）相当于一个组件的容器，它提供了一个用来显示常用控件的容器组件，可以添加按钮、微调控制器等组件到工具栏中。每个添加的组件会被分配一个整数的索引，来确定这个组件的显示顺序。另外，组件可以位于窗体的任何一个边框，也可以成为一个单独的窗体。一般来说，工具栏主要是用图标来表示，位于菜单栏的下方，也可以成为浮动的工具栏，形式很灵活。JToolBar 类的操作方法如下：

（1）JToolBar()：建立一个新的 JToolBar，位置为默认的水平方向。

（2）JToolBar(int orientation)：建立一个指定的 JToolBar。

（3）JToolBar (String name)：建立一个指定名称的 JToolBar。

（4）JToolBar (String name、int orientation)：建立一个指定名称和位置的 JToolBar。注意：在工具栏为浮动工具栏时才会显示指定的标题，指定的方向一般用静态常量 HORIZONTAL 和 VERTICAL，分别表示水平和垂直方向构造 JToolBar 组件。

（5）在使用 JToolBar 时一般都采用水平方向的位置，因此在构造时多是采用 JToolBar()中的构造方式来建立 JToolBar。如果需要改变方向时再用 JToolBar 内的 setOrientation()方法来改变设置，或是以拖动鼠标的方式来改变 JToolBar 的位置。

（6）public JButton add (Action a)：向工具栏中添加一个指派动作的新的 Button

（7）public void addSeparator()：将默认大小的分隔符添加到工具栏的末尾。

（8）public Component getComponentAtIndex (int i)：返回指定索引位置的组件。

（9）public int getComponentIndex (Component c)：返回指定组件的索引。

（10）public int getOrientation()：返回工具栏的当前方向。

（11）public boolean isFloatable()：获取 Floatable 属性，以确定工具栏是否能拖动，如果可以，则返回 true；否则，返回 false。

（12）public boolean isRollover ()：获取 Rollover 状态，以确定当鼠标经过工具栏按钮时，是否绘制按钮的边框，如果需要绘制，则返回 true；否则，返回 false。

（13）public void setFloatable(boolean b)：设置 Floatable 属性，如果要移动工具栏，则此属性必须设置为 true。

示例【C11_13】创建一个名为"工具栏示例"的窗体程序，利用 JToolBar 类等创建工具栏和其他组件。代码如下：

```
import java.awt.BorderLayout;
import java.awt.Dimension;
import javax.swing.JButton;
import javax.swing.JFrame;
import javax.swing.JToolBar;
public class C11_13 {
    public static void main(String[] args) {
        JFrame jf = new JFrame("工具栏示例");
        jf.setBounds(400, 400, 400, 400);
        jf.setDefaultCloseOperation(JFrame.EXIT_ON_CLOSE);
        final JToolBar toolBar = new JToolBar("工具栏");// 创建一个名为"工具栏"
                                                        // 的窗体
        toolBar.setFloatable(false);// 设置为不允许拖动
        final JButton newButton = new JButton("新建");// 创建按钮对象
```

```
        toolBar.add(newButton);// 添加到工具栏中
        toolBar.addSeparator();// 添加默认大小的分隔符
        final JButton saveButton = new JButton("保存");// 创建按钮对象
        toolBar.add(saveButton);// 添加到工具栏中
        toolBar.addSeparator(new Dimension(20, 0));// 添加指定大小的分隔符
        final JButton exitButton = new JButton("退出");// 创建按钮对象
        toolBar.add(exitButton);// 添加到工具栏中
        jf. add(toolBar, BorderLayout.NORTH);
        jf.setVisible(true);
    }
}
```

运行结果：

11.2.15 其他组件

1. 密码框

密码框（JPasswordField）表示可编辑的单行文本的密码文本组件。JPasswordField 是 JTextField 的子类，它们的主要区别是 JPasswordField 不会显示出用户输入的东西，只会显示出程序员设定的一个固定字符，如"*"或"#"，从而隐藏用户的真实输入，实现一定程度的保密。JPasswordField 类的操作方法如下：

（1）JPasswordField()：构造一个新 JPasswordField，使其具有默认文档、为 null 的开始文本字符串和为 0 的列宽度。

（2）JPasswordField (String text)：构造一个使用给定文本存储模型和给定列数的新 JPasswordField。

（3）JPasswordField (int columns)：构造一个具有指定列数的新 JPasswordField。

（4）JPasswordField (String text、int columns)：构造一个利用指定文本初始化的新 JPasswordField。

（5）char[] getPassword()：获取密码框输入的密码。

（6）void setText (String text)：设置密码框的密码文本。

（7）void setFont (Font font)：设置密码框的字体。

（8）void setForeground (Color fg)：设置密码框的字体颜色。

（9）void setHorizontalAlignment (int alignment)：设置密码框输入内容的水平对齐方式。

（10）void setEchoChar (char c)：设置密码框默认显示的密码字符。

（11）void setEditable (boolean b)：设置密码框是否可编辑。

示例【C11_14】创建一个名为"密码框示例"的窗体程序，利用 JPasswordField 类等创建密码框和其他组件，代码如下：

```java
import javax.swing.JFrame;
import javax.swing.JLabel;
import javax.swing.JPasswordField;
public class C11_14 {
        public static void main(String[] args) {
                JFrame frame = new JFrame("密码框示例");// 创建一个名为"密码框示例"
                                                      // 的窗体
                JPasswordField jPasswordField1 = new JPasswordField();
                // 定义密文框
                JPasswordField jPasswordField2 = new JPasswordField();
                // 定义密文框
                jPasswordField2.setEchoChar('#');// 设置回显字符为#
                JLabel label1 = new JLabel("默认的回显:");
                JLabel label2 = new JLabel("设置的回显#:");
                frame.setLayout(null);//关闭窗口布局管理器使得后面的setBounds生效
                label1.setBounds(10, 10, 100, 20);//设置组件的出现位置和大小
                label2.setBounds(10, 40, 100, 20);//设置组件的出现位置和大小
                jPasswordField1.setBounds(110, 10, 80, 20);
                //设置组件的出现位置和大小
                jPasswordField2.setBounds(110, 40, 50, 20);
                //设置组件的出现位置和大小
                //将标签加到窗体中
                frame.add(label2);
                frame.add(label1);
                //将密码框加入窗体中
                frame.add(jPasswordField2);
                frame.add(jPasswordField1);
                frame.setSize(340, 150);//设置窗体的大小
                frame.setLocation(300, 200);//设置窗体的出现位置
                frame.setVisible(true);//设置窗体的可见性
        }
}
```

运行结果：

2. 对话框

Java 图形用具界面中可使用 Swing 类中的对话框类（JDialog）、对话框（JOptionPane）来实现。JDialog 是创建对话框窗口的主要类，可使用此类创建自定义的对话框。JOptionPane

有助于方便地弹出要求用户提供值或向其发出通知的标准对话框。下面针对 JOptionPane 类来进行说明，JOptionPane 类的操作方法如下：

（1）JOptionPane()：创建一个带有测试消息的 JOptionPane。

（2）JOptionPane (Object message)：创建一个显示消息的 JOptionPane 实例，使其使用 UI 提供的普通消息类型和默认选项。

（3）JOptionPane (Object message、int messageType)：创建一个显示消息的 JOptionPane 实例，使其具有指定的消息类型和默认选项。

（4）JOptionPane (Object message、int messageType、int optionType)：创建一个显示消息的 JOptionPane 实例，使其具有指定的消息类型和默认选项。

（5）JOptionPane (Object message、int messageType、int optionType、Icon icon) 创建一个显示消息的 JOptionPane 实例，使其具有指定的消息类型、选项和图标。

（6）showMessageDialog (Component parentComponent、Object message)：调出标题为"Message"的信息消息对话框。

（7）showMessageDialog (Component parentComponent、Object message、String title、int messageType)：调出对话框，它显示使用由 messageType 参数确定的默认图标的 message。

（8）showMessageDialog (Component parentComponent、Object message、String title, int messageType、Icon icon)：调出一个显示信息的对话框，为其指定所有参数。

有时对话框还需定义 message 的样式。外观管理器根据此值为对话框进行不同地布置，并且通常提供默认图标，常用的值如下：

（1）INFORMATION_MESSAGE：信息消息。

（2）WARNING_MESSAGE：警告消息。

（3）PLAIN_MESSAGE：未使用图标。

（4）QUESTION_MESSAGE：问题。

示例【C11_15】 创建一个名为"对话框示例"的窗体程序，利用 JOptionPane 类等创建对话框和其他组件。代码如下：

```java
import javax.swing.JFrame;
import javax.swing.JOptionPane;
public class C11_15 {
        public static void main(String[] args) {
            JFrame jf = new JFrame("对话框示例");// 创建一个名为"对话框示例"的窗体
            /*
             * 使用JOptionPane类的showMessageDialog方法调出标题为"通知"
             * 显示内容为"明天元旦要放假了！！！！"的信息消息对话框
             * 它显示使用由 messageType 参数确定的默认图标。
             */
            JOptionPane.showMessageDialog(jf, "明天元旦要放假了！！！！","通
知",JOptionPane.INFORMATION_MESSAGE);
            jf.setSize(340, 150);//设置窗体的大小
            jf.setLocation(300, 200);//设置窗体的出现位置
            jf.setVisible(true);//设置窗体的可见性
        }
}
```

运行结果：

3．JScrollPane 面板

在设置界面时，可能会遇到在一个较小的容器窗体中显示一个较大部分的内容，这时可使用 JScrollPane 面板，JScrollPane 面板是带滚动条的面板，也是一种容器，但常用于布置单个控件，并且不可以使用布局管理器。如果想在 JScrollPane 面板中放置多个控件，则需要将多个控件放置到 JPanel 面板上，然后将 JPanel 面板作为一个整体控件添加到 JScrollPane 控件上。JScrollPane 类的操作方法如下：

（1）JScrollPane()：创建一个空的（无视口的视图）JScrollPane，需要时水平和垂直滚动条都可显示。

（2）JScrollPane (Component view)：创建一个显示指定组件内容的 JScrollPane，只要组件的内容超过视图大小就会显示水平和垂直滚动条。

（3）JScrollPane (Component view、int vsbPolicy、int hsbPolicy)：创建一个 JScrollPane，它将视图组件显示在一个视口中，视图位置可使用一对滚动条控制。

（4）JScrollPane (int vsbPolicy、int hsbPolicy)：创建一个具有指定滚动条策略的空（无视口的视图）JScrollPane。

（5）setViewportView (Component view)：创建一个视口（如果有必要）并设置其视图。

示例【C11_16】创建一个名为"对话框示例"的窗体程序，并利用 JScrollPane 类和 JTextArea 类创建一个带滚动条的文本编辑器。代码如下：

```
import java.awt.BorderLayout;
import javax.swing.JFrame;
import javax.swing.JPanel;
import javax.swing.JScrollPane;
import javax.swing.JTextArea;
import javax.swing.border.EmptyBorder;
public class C11_16{
    public static void main(String[] args) {
        JFrame jf = new JFrame("滚动面板示例");
        JPanel  contentPane = new JPanel();
        contentPane.setBorder(new EmptyBorder(5,5,5,5));
        contentPane.setLayout(new BorderLayout(0,0));
        jf.setContentPane(contentPane);
        JScrollPane  scrollPane = new JScrollPane();
        contentPane.add(scrollPane,BorderLayout.CENTER);
        JTextArea textArea = new JTextArea();
        textArea.setText("盼望着，盼望着，东风来了，春天的脚步近了。"
            + "一切都像刚睡醒的样子，欣欣然张开了眼。"
            + "山朗润起来了，水涨起来了，太阳的脸红起来了。"
            +"小草偷偷地从土里钻出来，嫩嫩的，绿绿的。园子里，"
            + "田野里，瞧去，一大片一大片满是的。坐着，躺着，打两个滚，"
```

```
            + "踢几脚球，赛几趟跑，捉几回迷藏。风轻悄悄的，草软绵绵的。");
                //设置文本区域的显示信息

        textArea.setLineWrap(true);//设置文本区域自动换行
        scrollPane.add(textArea); //将文本区域添加到滚动面板中
        scrollPane.setViewportView(textArea);//为滚动面板对象放置组件对象
        jf.setDefaultCloseOperation(JFrame.EXIT_ON_CLOSE);
         //设置窗体的关闭方法为
        jf.setBounds(100, 100, 390, 140);//设置窗体的出现位置和窗体的大小
        jf.setVisible(true);    //设置窗体的可见性

        }
}
```

运行结果：

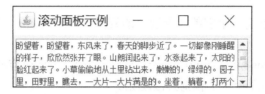

11.3   布局管理器

在 11.2 节学习了很多组件，在使用的过程中会发现，如果创建了很多组件并将其添加到窗体中，则有可能会发现，最终在界面出现的是最后添加的组件。这是因为在 Swing 中，每个组件在容器中都有一个具体的位置和大小，而在容器中摆放各种组件时，很难判断组件的具体位置和大小。为了使组件的出现位置更加合理，并且更好地管理界面，我们可以使用布局管理器直接在容器中控制组件的位置和大小，这样能更有效地处理整个窗体的布局。

11.3.1   流式布局

在流式布局（FlowLayout）中，组件按照加入的先后顺序和设置的对齐方式从左向右排列，当到达容器的边界时，组件将放置在下一行中继续排列。FlowLayout 可以左对齐、居中对齐和以右对齐的方式排列组件。FlowLayout 类的操作方法如下：

（1）FlowLayout()：构造一个新的 FlowLayout，它是居中对齐的，默认的水平和垂直间隙是 5 个单位。

（2）FlowLayout (int align)：构造一个新的 FlowLayout，它具有指定的对齐方式，默认的水平和垂直间隙是 5 个像素和 5 个参数值，其含义如下：

① 0 或 FlowLayout.LEFT：控件左对齐。

② 1 或 FlowLayout.CENTER：居中对齐。

③ 2 或 FlowLayout.RIGHT：右对齐。

④ 3 或 FlowLayout.LEADING：控件与容器方向开始边对应。

⑤ 4 或 FlowLayout.TRAILING：控件与容器方向结束边对应。

⑥ 如果是 0、1、2、3、4 外的整数，则为左对齐。

（3）FlowLayout (int align、int hgap、int vgap)：创建一个新的流布局管理器，它具有指定

的对齐方式及指定的水平和垂直间隙。

（4）Void setAlignment（int align）：设置此布局的对齐方式。

（5）setHgap（int hgap）：设置组件之间以及组件与 Container 的边之间的水平间隙。

（6）setVgap（int vgap）：设置组件之间以及组件与 Container 的边之间的垂直间隙。

示例【C11_17】创建一个名为"流式布局示例"的窗体程序，并利用 FlowLayout 类和 JButton 类等创建窗体程序。代码如下：

```java
import java.awt.FlowLayout;
import javax.swing.JButton;
import javax.swing.JFrame;
public class C11_17 {
    public static void main(String[] args) {
        JFrame jf = new JFrame("流式布局示例");
                //创建组件
            JButton jb1 = new JButton("张三");
            JButton jb2 = new JButton("李四");
            JButton jb3 = new JButton("王五");
            JButton jb4 = new JButton("马建");
            JButton jb5 = new JButton("刘洋");
            JButton jb6 = new JButton("蔡恩");
            //添加组件
        jf.add(jb1);//流式布局是流动的，所以可以直接添加
        jf.add(jb2);
        jf.add(jb3);
        jf.add(jb4);
        jf.add(jb5);
        jf.add(jb6);
        //设置布局管理器
        jf.setLayout(new FlowLayout());//如果不设置，则JFrame默认的是
                                    //BorderLayout边界布局管理器
            //设置窗体
        jf.setSize(200, 200);//设置窗体的大小
        jf.setLocation(200, 200);//设置窗体的初始位置
        jf.setDefaultCloseOperation(JFrame.EXIT_ON_CLOSE);//设置关闭窗体后
                                                    //虚拟机一同关闭
        jf.setVisible(true);//设置窗体的可见性
        }
}
```

运行结果：

注意：不限制它所管理的组件大小，允许它们有最佳大小。当容器被缩放时，组件的位置可能会发生变化，但组件的大小不变。

11.3.2 边界布局

边界布局（BorderLayout）是布置容器的边框布局，它可以对容器组件进行安排，并调整其大小，使其符合下列五个区域：北、南、东、西和中。每个区域最多只能包含一个组件，并通过相应的常量进行标识：NORTH、SOUTH、EAST、WEST 和 CENTER。当使用边框布局将一个组件添加到容器中时，要使用这 5 个常量之一。BorderLayout 类的操作方法如下：

（1）BorderLayout()：构造一个组件之间没有间距（默认间距为 0 像素）的新边框布局。

（2）BorderLayout (int hgap、int vgap)：构造一个具有指定组件（hgap 为横向间距，vgap 为纵向间距）间距的边框布局。

（3）getHgap()：返回组件之间的水平间距。

（4）getVgap()：返回组件之间的垂直间距。

（5）removeLayoutComponent (Component comp)：从此边框布局中移除指定组件。

（6）setHgap (int hgap)：设置组件之间的水平间距。

（7）setVgap (int vgap)：设置组件之间的垂直间距。

示例【C11_18】创建一个名为"流式布局示例"的窗体程序，并利用 FlowLayout 类和 JButton 类等创建窗体程序。代码如下：

```
import java.awt.BorderLayout;
import javax.swing.JButton;
import javax.swing.JFrame;
public class C11_18 {
    public static void main(String[] args) {
        JFrame jf = new JFrame("边界布局示例");
        jf.setLayout(new BorderLayout());//设置布局
        jf.setVisible(true);//设置dialog显示
        JButton but1 = new JButton("南");
        JButton but2 = new JButton("北");
        JButton but3 = new JButton("中");
        JButton but4 = new JButton("西");
        JButton but5 = new JButton("东");
        jf.add(but1,BorderLayout.SOUTH);//南边
        jf.add(but2,BorderLayout.NORTH);//北边
        jf.add(but3,BorderLayout.CENTER);//中间
        jf.add(but4,BorderLayout.WEST);//西边
        jf.add(but5,BorderLayout.EAST);//东边
        jf.setSize(200, 200);                //设置窗体的大小
        jf.setLocation(200, 200);            //设置窗体的初始位置
        jf.setDefaultCloseOperation(JFrame.EXIT_ON_CLOSE); //设置关闭窗体后
                                             //虚拟机一同关闭
        jf.setVisible(true);                 //设置窗体的可见性
    }

}
```

运行结果：

假设想要更复杂的布局能够在东、西、南、北和中的位置加入中间容器，中间容器需要再进行布局，并加入对应的组件。

示例【C11_19】创建一个名为"复杂流式布局示例"的窗体程序，在中间的容器中添加 6 个按钮组件。代码如下：

```java
import java.awt.BorderLayout;
import java.awt.FlowLayout;
import javax.swing.JButton;
import javax.swing.JFrame;
import javax.swing.JPanel;
public class C11_19 {
    public static void main(String args[]) {
        JFrame jf = new JFrame("复杂边界布局示例");
        JPanel p = new JPanel();
        jf.setLayout(new BorderLayout(5,5));
        //  jf. setFont(new Font("Helvetica", Font.PLAIN, 14));
        jf.getContentPane().add("North", new JButton("北"));
        jf.getContentPane().add("South", new JButton("南"));
        jf.getContentPane().add("East",  new JButton("东"));
        jf.getContentPane().add("West",  new JButton("西"));
        //设置面板为流式布局居中显示，组件横、纵间距为5个像素
        p.setLayout(new FlowLayout(1,5,5));
        //使用循环加入button，注意每次加入的button对象名称都是b，
        //但button每次均是用new新生成的，全部代表不同的button对象
        for(int i = 1;i<7;i++){
        //String.valueOf(i)，将数字转换为字符
            JButton b = new JButton(String.valueOf(i));
            p.add(b); //将button加入面板中
        }
        jf.getContentPane().add("Center",p);  //将面板加入中间位置
        jf.pack();  //让窗口自适应组建大小
        jf.setVisible(true);
        jf.setDefaultCloseOperation(JFrame.EXIT_ON_CLOSE);
        jf.setLocationRelativeTo(null);//让窗口居中显示
    }
}
```

运行结果：

注意：如果窗体采用 BorderLayout 布局，在使用 add 方法添加组件到窗体容器中时，必须注明添加到哪个位置。

11.3.3 网格布局

网格布局（GridLayout）是一个布局处理器，它以矩形网格形式对容器的组件进行布置。GridLayout 布局将容器分割成多行多列，组件被填充到每个网格中，添加到容器中的组件首先放置在左上角的网格中，然后从左到右放置其他的组件，当占满该行的所有网格后，接着继续在下一行从左到右放置组件。GridLayout 类的操作方法如下：

（1）GridLayout()：创建具有默认值的网格布局，即每个组件占据一行一列。

（2）GridLayout (int rows、int cols)：创建具有指定行数和列数的网格布局。rows 为行数，cols 为列数。

（3）GridLayout (int rows、int cols、int hgap、int vgap)：创建具有指定行数、列数及组件水平、纵向一定间距的网格布局。

（4）etColumns()：获取此布局中的列数。

（5）getHgap()：获取组件之间的水平间距。

（6）getRows()：获取此布局中的行数。

（7）getVgap()：获取组件之间的垂直间距。

（8）removeLayoutComponent (Component comp)：从布局移除指定组件。

（9）setColumns (int cols)：将此布局中的列数设置为指定值。

（10）setHgap (int hgap)：将组件之间的水平间距设置为指定值。

（11）setRows (int rows)：将此布局中的行数设置为指定值。

（12）setVgap (int vgap)：将组件之间的垂直间距设置为指定值。

（13）toString()：返回此网格布局的值的字符串表示形式。

示例【C11_20】 创建一个名为"网格布局示例"的窗体程序，利用 GridLayout 和 JButton 创建一个四行二列的网格布局，并将按钮添加到网格中。代码如下：

```java
import java.awt.GridLayout;
import javax.swing.JButton;
import javax.swing.JFrame;
public class C11_20 {
    public static void main(String[] args) {
        JFrame jf = new JFrame("网格布局示例");//创建一个名为"网格布局示例"的窗体
        GridLayout gl = new GridLayout(4, 2);//创建一个四行二列的网格布局
        jf.setLayout(gl);//设置窗体的布局
        String str="按钮";//声明一个字符串
        for (int i = 1; i < 9; i++) { //向窗体中添加8个按钮
```

```
        jf.add(new JButton(str+i));
    }
    jf.setSize(340, 210);//设置窗体的大小
    jf.setLocation(500, 200);//设置窗体的出现位置
    jf.setVisible(true);//设置窗体的可见性
    }
}
```

运行结果：

由示例【C11_20】的运行结果可以看出，在网格中的所有组件的大小相同，并且随着窗体的大小改变，组件的相对位置不随容器的缩放而变化，但大小会变化。

11.3.4　其他部件布局

1．卡片布局

卡片布局（CardLayout）能够让多个组件共享一个显示空间，共享空间的组件之间的关系就像一叠牌，组件叠在一起。它将容器中的每个组件看作一张卡片，一次只能看一张卡片，容器则充当卡片的堆栈。当容器第一次显示时，第一个添加到 CardLayout 对象的组件为可见组件。

卡片布局管理器中的组件就像是幻灯片中的图片，一次只能看一张，但单击不同按钮会看到不同的图片。通过 CardLayout 类提供的方法可以切换该空间中显示的组件。在一些特定的条件下可能会用到卡片布局，虽然它不是一种特别重要的布局，但是在完成一些特殊的功能时比较好用。例如，模拟幻灯片，单击不同的按钮，会出现相应的变换图片。卡片布局可以添加多个组件，但同一时刻只能看见其中一个组件。

卡片的顺序由组件对象本身在容器内部的顺序决定。CardLayout 定义了一组方法，这些方法允许应用程序按顺序地浏览这些卡片，或者显示指定的卡片。CardLayout 类的操作方法如下：

（1）CardLayout()：创建一个间距大小为 0 的新卡片布局。

（2）CardLayout (int hgap、int vgap)：创建一个具有指定水平间距和垂直间距的新卡片布局。

（3）first (Container parent)：翻转到容器的第一张卡片。

（4）last (Container parent)：翻转到容器的最后一张卡片。

（5）next (Container parent)：翻转到指定容器的下一张卡片。

（6）previous (Container parent)：翻转到指定容器的前一张卡片。

（7）show (Container parent、String name)：翻转到使 addLayoutComponent 添加到此布局的具有指定 name 的组件。

（8）toString()：返回此卡片布局状态的字符串表示形式。

示例【C11_21】创建一个名为"卡片布局示例"的窗体程序，利用 CardLayout 和 JButton 创建可以切换标题的卡片布局，并将按钮添加到布局中。代码如下：

```java
import java.awt.BorderLayout;
import java.awt.CardLayout;
import java.awt.Container;
import java.awt.Panel;
import java.awt.event.ActionEvent;
import java.awt.event.ActionListener;
import javax.swing.JButton;
import javax.swing.JFrame;
public class C11_21 extends JFrame implements ActionListener{
    JButton nextbutton;
    JButton preButton;
    Panel cardPanel = new Panel();
    Panel controlpaPanel = new Panel();
    //定义卡片布局对象
    CardLayout card = new CardLayout();
    //定义构造函数
    public C11_21() {
            super("卡片布局管理器");
            setSize(400, 200);
            setDefaultCloseOperation(JFrame.EXIT_ON_CLOSE);
            setLocationRelativeTo(null);
            setVisible(true);
            //设置cardPanel面板对象为卡片布局
            cardPanel.setLayout(card);
            //循环，在cardPanel面板对象中添加5个按钮，
            //由于cardPanel面板对象为卡片布局，因此只显示最先添加的组件
            for (int i = 0; i < 5; i++) {
                cardPanel.add(new JButton("按钮"+i));
            }
            //实例化按钮对象
            nextbutton = new JButton("下一张卡片");
            preButton = new JButton("上一张卡片");
            //为按钮对象注册监听器
            nextbutton.addActionListener(this);
            preButton.addActionListener(this);
            controlpaPanel.add(preButton);
            controlpaPanel.add(nextbutton);
            //定义容器对象为当前窗体容器对象
            Container container = getContentPane();
            //将 cardPanel面板置在窗口边界布局的中间，窗口默认为边界布局
            container.add(cardPanel,BorderLayout.CENTER);
            // 将controlpaPanel面板放置在窗口边界布局的南边
            container.add(controlpaPanel,BorderLayout.SOUTH);
    }
    //实现按钮的监听触发时的处理
    public void actionPerformed(ActionEvent e){
```

```
                //如果用户单击nextbutton, 执行的语句
        if (e.getSource()==nextbutton){
            //切换cardPanel面板中当前组件之后的一个组件,若当前组件为最后添加的组件,
            //则显示第一个组件, 即卡片组件显示是循环的
                card.next(cardPanel);
        }
        if (e.getSource()==preButton){
            //切换cardPanel面板中当前组件之前的一个组件,若当前组件为第一个添加的组件,
            //则显示最后一个组件, 即卡片组件显示是循环的
                card.previous(cardPanel);
        }
    }
    public static void main(String[] args) {
    C11_21 card = new C11_21();
    }
}
```

运行结果 1:

单击程序中的"上一张卡片"或"下一张卡片",会显示另一张卡片的效果。

运行结果 2:

2. 网格袋布局

网格袋布局 GridBagLayout 是 GridLayout 的升级,它更加灵活,允许网格大小互不相同(一个格子可以纵向或横向跨越多个格子的长度),每个组件占用一个或多个的单元格,该单元格被称为显示区域。每个组件显示区域按从左到右、从上到下,依次排列。当窗口伸缩时里面的组件也会跟着一起精确地伸缩,构造器只有一种,即默认的无参构造器。

每个由 GridBagLayout 管理的组件都与 GridBagConstraints 的实例相关联。Constraints 对象指定组件的显示区域在网格中的具体放置位置,以及组件在其显示区域中的放置方式。除了Constraints 对象外,GridBagLayout 还考虑每个组件的最小大小和首选大小,以确定组件的大小。GridBagLayout 类的操作方法如下:

(1) GridBagConstraints getConstraints (Component comp): 获取指定组件的约束。

(2) float getLayoutAlignmentX (Container parent): 返回沿 x 轴的对齐方式。

（3）float getLayoutAlignmentY (Container parent)：返回沿 y 轴的对齐方式。

（4）int[][] getLayoutDimensions()：确定布局网格的列宽度和行高度。

（5）protected GridBagLayoutInfo getLayoutInfo (Container parent、int sizeflag)：为当前受管子级的集合填充 GridBagLayoutInfo 的实例。

（6）Point getLayoutOrigin()：在目标容器的图形坐标空间确定布局区域的原点。

（7）double[][] getLayoutWeights()：确定布局网格的行与列的权重。

示例【C11_22】创建一个名为"网格袋布局示例"的窗体程序，利用 GridBagLayout 和 JButton 创建一个包含 10 个按钮的网格袋布局，并将按钮添加到布局中。代码如下：

```
import java.awt.*;
import javax.swing.*;
public class C11_22 {
    private static final int EXIT_ON_CLOSE = 0;
    private JFrame f = new JFrame("网格袋布局示例");
    private GridBagLayout gbl = new GridBagLayout();      //创建一个名为"网格袋布局
                                                          //示例"的窗体
    private GridBagConstraints gbc = new GridBagConstraints();
    private JButton but[]=new JButton[11];//创建10个按钮存放的空间
    private void addButton(JButton but) {//添加按钮方法
        gbl.setConstraints(but, gbc);//给网格包布局设定约束器
        f.add(but);
    }
    public void init() {
        for(int i = 0;i<11;i++) {//显示出10个按钮
            but[i]=new JButton("Button"+i);
        }
        f.setLayout(gbl); //设定框架布局模式
        gbc.fill=GridBagConstraints.BOTH;//设定伸缩为两个方向的
        gbc.weighty = 1;//设定纵向肾伸缩比例为1：1
        //设置纵向的伸缩比例为1：1
        gbc.weightx = 2.5; // 第1行的3个都是1：1：1
        addButton(but[0]);
        addButton(but[1]);
        addButton(but[2]);
        //添加完第三个按钮，接下来的一个位置就是第一行的最后一个，所以添加完第四个就换行了
        gbc.gridwidth = GridBagConstraints.REMAINDER;
        addButton(but[3]);//此行的最后一个
        // 第2行1个按钮，仍然保持REMAINDER换行状态
        addButton(but[4]);
        gbc.gridwidth = 2; // 第3行2个按钮，分别横跨2格
        gbc.weightx = 1;
        addButton(but[5]);
        gbc.gridwidth = GridBagConstraints.REMAINDER;//本行最后一个单元格
        addButton(but[6]);
        //7纵跨2个格子、8、9一上一下
        gbc.gridheight = 2;
        gbc.gridwidth = 1;
        gbc.weightx = 1;
```

```
            addButton(but[7]);
            //由于纵跨2格，因此纵向伸缩比例不需要调整，默认为1×2格，比例刚好
            gbc.gridwidth = GridBagConstraints.REMAINDER;
            gbc.gridheight = 1;
            gbc.weightx = 3;
            addButton(but[8]);
            addButton(but[9]);
            gbc.gridx = 2;
            gbc.gridy = 5;
            gbc.ipadx = 100;
            gbc.ipady = 50;
            Insets i = new Insets(10,10,10,10);  //设置外部填充区域
            gbc.insets = i;
            gbc.anchor=GridBagConstraints.EAST;
            addButton(but[10]);
            f.pack();
            f.setDefaultCloseOperation(EXIT_ON_CLOSE);
            f.setVisible(true);
        }
    public static void main(String[] args) {
        new C11_22().init();
    }
}
```

运行结果：

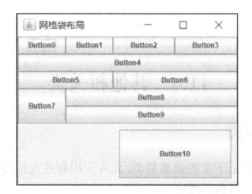

3．空布局

一般容器都有默认布局方式，但有时需要精确指定各个组件的大小和位置，这就需要用到空布局。首先利用 setLayout (null) 语句将容器的布局设置为 null 布局，调用组件的 setBounds (int x, int y、int width、int height) 方法设置组件在容器中的大小和位置，单位均为像素。x 为控件左边缘离窗体左边缘的距离，y 为控件上边缘离窗体上边缘的距离，width 为控件宽度，height 为控件高度。

示例【C11_23】 创建一个名为"空布局"的窗体程序，利用 JButton 创建带有两个按钮的空布局，并将按钮添加到布局中。代码如下：

```
import javax.swing.*;
public class C11_23{
    JButton botton1,botton2;
```

```
C11_23(JFrame jf) {
  jf.setBounds(100,100,250,150);  //设置窗体为空布局
  jf.setLayout(null);
  button1 = new JButton("按钮1");
  button2 = new JButton("按钮2");
  jf.getContentPane().add(button1);//设置按钮botton1的精确位置
  button1.setBounds(30,30,80,25);
  jf.getContentPane().add(button2);
  button2.setBounds(150,30,80,25);
  jf.setTitle("空布局");
  jf.setVisible(true);
  jf.setDefaultCloseOperation(JFrame.EXIT_ON_CLOSE);
  jf.setLocationRelativeTo(null);//让窗体居中显示
 }
 public static void main(String args[]){
   new C11_23(new JFrame());
 }
}
```

运行结果：

11.4 其他相关类

11.4.1 Graphics 类

Graphics 类是所有图形上下文的抽象基类，允许应用程序在组件（已经在各种设备上实现）以及闭屏图像上进行绘制，相当于画笔。

Graphics 对象可以绘制直线、三角形、矩形和椭圆等图形，还可以绘制这些图形的填充图形，并对这些图形的填充颜色、边框颜色、线条粗细进行设置。

由于 Graphics 是一个抽象类，在实际编程过程中，需要 Jpanel 面板作为画布。想在画板上画图，需要新建一个自定义类继承与 Jpanel，并覆盖 Jpanel 的 paint(Graphics g)方法。其中参数 g 是类 Graphics 的对象，当绘制图形时，系统会自动调用这个方法。当它被调用时，系统会自动创建与平台相关的 Graphics 对象传递给它，因此在该方法中可以运用这个对象来绘制图形。Graphics 类的操作方法如下：

（1）drawArc (int x、int y、int width、int height、int startAngle、int arcAngle)：绘制一个覆盖指定矩形的圆弧或椭圆弧边框。

（2）drawLine (int x1、int y1、int x2、int y2)：在此图形上下文的坐标系中，使用当前颜色在点 (x1、y1) 和点 (x2、y2) 之间画一条线。

（3）drawOval (int x、int y、int width、int height)：绘制椭圆的边框。

（4）drawPolygon (int[] xPoints、int[] yPoints、int nPoints)：绘制一个由 x 和 y 坐标数组定义的闭合多边形。

（5）drawPolygon (Polygon p)：绘制由指定的 Polygon 对象定义的多边形边框。

（6）drawPolyline (int[] xPoints、int[] yPoints、int nPoints)：绘制由 x 和 y 坐标数组定义的一系列连接线。

（7）drawRect (int x、int y、int width、int height)：绘制指定矩形的边框。

（8）drawRoundRect (int x、int y、int width、int height、int arcWidth、int arcHeight)：用此图形上下文的当前颜色绘制圆角矩形的边框。

（9）drawString (String str、int x、int y)：使用此图形上下文的当前字体和颜色绘制由指定 String 给定的文本。

（10）fillArc (int x、int y、int width、int height、int startAngle、int arcAngle)：填充覆盖指定矩形的圆弧或椭圆弧。

（11）fillOval (int x、int y、int width、int height)：使用当前颜色填充外接指定矩形框的椭圆。

（12）fillPolygon (int[] xPoints、int[] yPoints、int nPoints)：填充由 x 和 y 坐标数组定义的闭合多边形。

（13）fillPolygon (Polygon p)：用图形上下文的当前颜色填充指定 Polygon 对象定义的多边形。

（14）fillRect (int x、int y、int width、int height)：填充指定的矩形。

（15）fillRoundRect (int x、int y、int width、int height、int arcWidth、int arcHeight)：用当前颜色填充指定的圆角矩形。

（16）void finalize()：一旦不再引用此图形上下文，就释放它。

绘制图形的步骤：

① 创建窗体 JFrame 对象 jf。

② 创建画板 JPanel 对象的子类，并重写 paint()方法。

③ 在 paint()方法中，用画笔 Graphics 对象 graphics 的 draw×××()进行绘图，还可以使用 fill×××()进行填充。

④ 将子类对象添加到窗体中 jf.add（子类对象）。

示例【C11_24】创建一个名为"绘制图形示例"的窗体程序，利用 Graphics 的 drwa×××()方法和 fill×××()方法绘制直线、三角形、椭圆等图形并填充颜色。代码如下：

```
import java.awt.Color;
import java.awt.Graphics;
import javax.swing.JFrame;
import javax.swing.JPanel;
public class C11_24 {
public static void main(String[] args){
        JFrame jf = new JFrame("绘制图形示例"); //创建一个名为"绘制图形示例"的窗体
        jf.setDefaultCloseOperation(JFrame.EXIT_ON_CLOSE);
            //定义JFrame关闭时的操作（必需），有效避免不能关闭后台当前框体进程的问题
        jf.setSize(400, 400);//定义jf的相关属性
        jf.setLocation(200, 200);
```

```
            jf.setVisible(true);
            shapes sh = new shapes();
            jf.add(sh); //将需要呈现的图像添加进jf中
        }
}
class shapes extends JPanel{ //为自定义新建类名shapes并继承与JPanel类
    public void paint(Graphics g){//重写实现panit()方法
        g.setColor(Color.red); //设置图形的颜色为红色
            int x[]={30,30,70,50,90,100};//
            int y[]={150,175,190,220,250,280};
            g.drawString("图形绘制",20,20);//使用此图形上下文的当前字体和颜色
                                        //绘制由指定 String 给定的文本
            g.drawLine(60,60,100,60);//在此图形上下文的坐标系中，使用当前颜色在点
                                    //(x1, y1) 和点 (x2, y2) 之间画一条线
            g.drawRect(70,80,20,30);//绘制指定矩形的边框
            g.fillRect(200,100,20,30);//填充指定的矩形
            g.drawRoundRect(120,50,130,50,30,30);//绘制用此图形上下文的当前颜色
                                    //绘制圆角矩形的边框
            g.fillRoundRect(240,150,70,40,20,20);//用当前颜色填充指定的圆角矩形
            g.drawOval(90,100,50,40);//绘制椭圆的边框
            g.fillOval(270,200,50,40);//使用当前颜色填充外接指定矩形框的椭圆
            g.drawArc(170,80,60,50,0,120);//绘制一个覆盖指定矩形的圆弧或椭圆弧边框
            g.fillArc(280,250,60,50,30,120);//填充覆盖指定矩形的圆弧或椭圆弧
            g.drawPolygon(x,y,6);//绘制一个由 x 和 y 坐标数组定义的闭合多边形
        }
}
```

运行结果：

Graphics 相当于 Photoshop 中的画布，Graphics 实例对象在绘制图形时会调用相应工具的绘制方法（如 draw×××()、fill×××() 等），根据调用的方法不同绘制不同的图形。

11.4.2　Font 类

Font 类表示字体，可以使用它以可见方式呈现文本。字体提供将字符序列映射到字形序列所需要的信息，以便在 Graphics 对象和 Component 对象上呈现字形序列。Font 类的操作方法如下：

（1）getFamily()：返回此字体系列的名称，添加参数"Locale l"针对语言环境进行优化。

（2）getFontName()：返回此字体外观的名称，添加参数"Locale l"对语言环境进行优化。

（3）getName()：返回此字体的逻辑名称，注意此名称为字体的逻辑名称，即新建字体时第一个参数，即使计算机中无法找到此字体，该函数返回的依然是参数中指定的字体名称，也就是说，该函数返回的是新建字体时第一个参数的字符串值，即使字体名称中指定了字体系列的样式时，也会原封不动地返回。

（4）getSize()：整数形式返回该字体的磅值大小。

（5）getSize2D()：浮点数形式返回该字体的磅值大小。

（6）getStyle()：返回此字体的样式。

（7）isBold()：返回此字体的样式是否为粗体，粗斜体时为真。

（8）isItalic()：返回此字体的样式是否为斜体，粗斜体时为真。

（9）isPlain()：返回此字体的样式是否为普通。

（10）toString()：将此 Font 对象转换为字符串。

示例【C11_25】创建一个名为"字体示例"的窗体程序，利用 Font 的相关方法设置字体，并得到字体的相关信息。代码如下：

```java
import java.awt.Font;
import java.awt.GridLayout;
import javax.swing.JFrame;
import javax.swing.JLabel;

public class C11_25 {
    public static void main(String[] args){
        JFrame jf = new JFrame("字体示例");//创建一个名为"字体示例"的窗体
        JLabel labels[];//声明一个标签数组
        String names[] = {"getFamily:","getFontName:","getName:",
            "getSize:","getSize2D:","getStyle:","isBold:","isItalic:",
            "isPlain:","toString:"};
        Font font = new Font("Times New Roman Italic", Font.BOLD, 30);
                                        //新建一个 Font 对象
        jf.setLayout(new GridLayout(10,2,10,10));//将窗体设置为
            labels = new JLabel[20];
            for(int count = 0; count < 10; count++){
                labels[count*2] = new JLabel(names[count]);
            }
            labels[1] = new JLabel(font.getFamily());    //得到字体的系列名称
            labels[3] = new JLabel(font.getFontName());//得到字体外观名称
```

```
        labels[5] = new JLabel(font.getName());//得到Font的逻辑名称
        labels[7] = new JLabel("" + font.getSize());//得到字体的磅值大小
        labels[9] = new JLabel("" + font.getSize2D());//得到字体的磅值大小
        labels[11] = new JLabel("" + font.getStyle());//得到字体的样式
        labels[13] = new JLabel("" + font.isBold());
        //判断字体的样式是否为Bold
        labels[15] = new JLabel("" + font.isItalic());
        //判断字体的样式是否为Italic
        labels[17] = new JLabel("" + font.isPlain());
        //判断字体的样式是否为Plain
        labels[19] = new JLabel(font.toString());//将Font对象转换为字符串
        for(int count = 0; count < 20; count++)
        {
            labels[count].setFont(font);              //将文本设置为该字体
            jf.add(labels[count]);
        }
        jf.setVisible(true);//设置窗体的可见性
        jf.setSize(800,600);//设置窗体的大小
        jf.setDefaultCloseOperation(JFrame.EXIT_ON_CLOSE);
    }
}
```

运行结果：

字体示例	— □ ×
getFamily:	*Times New Roman*
getFontName:	*Times New Roman Bold Italic*
getName:	*Times New Roman Italic*
getSize:	*30*
getSize2D:	*30.0*
getStyle:	*1*
isBold:	*true*
isItalic:	*false*
isPlain:	*false*
toString:	*java.awt.Font[family=Times ...*

11.4.3 Color 类

任何颜色都是由三原色组成 RGB，在 Java 中可以使用 Color 类来设置颜色。Color 类的构造方法和常用方法如下：

（1）brighter()：返回一个比当前颜色浅一级的 Color 对象。

（2）darker()：返回一个比当前颜色深一级的 Color 对象。

（3）equals(Object)：比较两个颜色对象是否颜色相同。

（4）getColor(String)：获取某个字符串的系统属性的值，所对应的颜色，返回一个 Color 对象，否则返回 null。

（5）getColor(String nm、Color c)：查找系统属性中的一种颜色。

（6）getColor(String nm、int v)：查找系统属性中的一种颜色。

示例【C11_26】设置当前绘图颜色为蓝色。代码如下：

```
public void paint(Graphics g){
        super.paint(g);
        Graphics2D gTwo = (Graphics2D)g;
        g.SetColor(Color.blue)
        ...
}
```

11.5 事 件

一个图形用户界面制作完成的仅是程序最开始的工作，如果想要组件发挥作用，就需要对相应的组件进行事件处理。事件处理分为三个部分：事件源、事件对象和监听器。事件执行流程如图 11-3 所示。

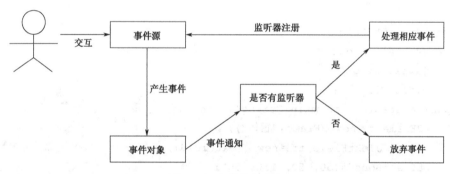

图 11-3 事件执行流程

1. 事件源

事件源（EventSource）是一个事件发生的场所，如单击按钮，事件源就是按钮，文本框获得焦点，事件源就是文本框。事件源不需要实现或继承任何接口或类，它是事件最初发生的地方。因为事件源需要注册事件监听器，所以事件源内需要有相应盛放事件监听器的容器。

2. 事件对象

事件对象（EventObject）是封装对图形用户界面的操作，如单击按钮，事件对象封装的就是单击，关闭窗口，事件对象封装的就是关闭。事件对象是事件状态对象的基类，它封装了事件源对象以及与事件相关的信息。所有 Java 的事件类都需要继承该类。在 Java 中有多种不同的事件对象，如下所示：

> 鼠标：单击、双击、滚轮等。

> 键盘：按下键盘、松开键盘等。

> 焦点：获得焦点、失去焦点等。

> 窗体：打开窗体、关闭窗体等。

以上是部分事件，事件类继承关系如图 11-4 所示。

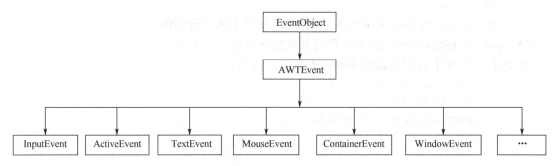

图 11-4 事件类继承关系

3. 监听器

监听器（EventObject）监听并负责处理事件的方法，事件监听器是由开发人员编写的，开发人员在事件监听器中，通过事件对象可以拿到事件源，从而对事件源上的操作进行处理。

示例【C11_27】 利用 JFrame 类、JButton 类和 JTextField 类，创建一个名为"窗体"的窗体，并在窗体上添加一个名为"点击"的按钮，创建一个空的文本框，当单击按钮后，文本框中显示"你点击了按钮！！"并将底色设置为红色，接着书写代码并测试程序。代码如下：

```java
import java.awt.Color;
import java.awt.event.*;
import javax.swing.*;
public class C11_27 {
    public static void main(String[] args) {
        JFrame f = new JFrame("窗体");
        final JTextField tf = new JTextField();
        tf.setBounds(50, 50, 150, 50);
        JButton b = new JButton("点击");//事件源
        b.setBounds(100, 100, 65, 30);
        b.addActionListener(new ActionListener() {//监听
            public void actionPerformed(ActionEvent e) {
                tf.setText("你点击了按钮！！");
                tf.setBackground(Color.red);
            }
        });
        f.add(b);
        f.add(tf);
        f.setSize(300, 250);
        f.setLocationRelativeTo(null);
        f.setLayout(null);
        f.setVisible(true);
    }
}
```

运行结果:

单击前:

单击后:

小　　结

本章主要介绍了 Java API 提供的实现图形用户界面的组件 Swing 及事件监听。其中包括用于设计图形用户界面的容器组件、中间件、基本组件和布局管理器等。事件监听结合图形化用户界面可以使界面更加丰富多彩。

通过本章学习,读者应该能够掌握基本的绘图、布局技术及事件的使用。

课　后　练　习

1. 布局管理器的作用是什么?
2. 文本与标签之间的区别是什么?
3. 如何设置一个菜单?
4. 创建一个主窗体,在窗体上分别绘制正方形、长方形、圆形和椭圆形。
5. 使用不同的颜色绘制出五环图形,并在五环显示年、月、日,字体为宋体,字号为 5 号字。
6. 利用 JFrame 创建一个名为"我的第一个窗体程序"的窗体,并设置窗体大小为 450×300。

7. 创建一个名为"登录"的窗体，该窗体中，包含用户名和密码，当单击"登录"按钮时，清空用户名与密码；当单击"取消"按钮时，窗体消失。

参 考 文 献

[1] 张桂珠，刘丽，陈爱国．Java 面向对象程序设计（第 2 版）[M]．北京：邮电大学出版社，2007．

[2] 王保罗．Java 面向对象程序设计[M]．北京：清华大学出版社，2003．

[3] 埃克尔．Java 编程思想[M]．北京：机械工业出版社，2007．

[4] Richard Hightower，Nicholas Lesiecki. Java 极限编程[M]．北京：机械工业出版社，2004．

反侵权盗版声明

电子工业出版社依法对本作品享有专有出版权。任何未经权利人书面许可，复制、销售或通过信息网络传播本作品的行为；歪曲、篡改、剽窃本作品的行为，均违反《中华人民共和国著作权法》，其行为人应承担相应的民事责任和行政责任，构成犯罪的，将被依法追究刑事责任。

为了维护市场秩序，保护权利人的合法权益，我社将依法查处和打击侵权盗版的单位和个人。欢迎社会各界人士积极举报侵权盗版行为，本社将奖励举报有功人员，并保证举报人的信息不被泄露。

举报电话：（010）88254396；（010）88258888

传　　真：（010）88254397

E-mail：dbqq@phei.com.cn

通信地址：北京市万寿路 173 信箱

　　　　　电子工业出版社总编办公室

邮　　编：100036